TABELLEN ZUR RÖNTGEN-EMISSIONS- UND ABSORPTIONS-ANALYSE

ANLEITUNGEN FÜR DIE CHEMISCHE
LABORATORIUMSPRAXIS
HERAUSGEGEBEN VON H. MAYER-KAUPP
BAND IX

TABELLEN ZUR RÖNTGEN-EMISSIONS- UND ABSORPTIONS-ANALYSE

VON

Dr. KONRAD SAGEL
WISSENSCHAFTL. MITARBEITER IM METALL-LABORATORIUM
DER METALLGESELLSCHAFT A.G. FRANKFURT (MAIN)

SPRINGER-VERLAG
BERLIN · GÖTTINGEN · HEIDELBERG
1959

ISBN-13: 978-3-642-92753-9   e-ISBN-13: 978-3-642-92752-2
DOI: 10.1007/978-3-642-92752-2

Alle Rechte, insbesondere das der Übersetzung in fremde Sprachen, vorbehalten
Ohne ausdrückliche Genehmigung des Verlages ist es auch nicht gestattet,
dieses Buch oder Teile daraus auf photomechanischem Wege
(Photokopie, Mikrokopie) zu vervielfältigen
© by Springer-Verlag OHG., Berlin · Göttingen · Heidelberg 1959
Softcover reprint of the hardcover 1st edition 1959

Die Wiedergabe von Gebrauchsnamen, Handelsnamen, Warenbezeichnungen usw. in diesem Buche berechtigt auch ohne besondere Kennzeichnung nicht zu der Annahme, daß solche Namen im Sinne der Warenzeichen- und Markenschutz-Gesetzgebung als frei zu betrachten wären und daher von jedermann benutzt werden dürften

Vorwort

Die heute in steigendem Umfange festzustellende Verwendung der Röntgenspektroskopie für chemisch-analytische Zwecke ließ es wünschenswert erscheinen, das für dieses Anwendungsgebiet der Röntgentechnik vorliegende Zahlenmaterial einmal zusammenzustellen und nach den Bedürfnissen des Analytikers zu erweitern. In Verbindung mit den im gleichen Verlag erschienenen „Tabellen zur Röntgenstrukturanalyse" von K. SAGEL dürften damit dem Chemiker, Physiker und Metallkundler die für das Gebiet der Materialprüfung mit Röntgenstrahlen notwendigen Hilfsmittel vollständig zur Verfügung stehen.

Der einleitende Textteil soll außer Hinweisen zur Benutzung der Tabellen einen kurzen Überblick über die Grundlagen der Röntgenspektroskopie geben. Für eine ausführliche Information sei auf die zitierten Veröffentlichungen verwiesen.

Dem Springer-Verlag sei für das freundliche Entgegenkommen bei der Herausgabe dieses Büchleins gedankt.

Frankfurt (Main), im Oktober 1958

K. SAGEL

Inhaltsverzeichnis

I. Grundlagen der Röntgenspektralanalyse

Seite

A. Gesetzmäßigkeiten des Röntgenspektrums 1
   1. Das Emissionsspektrum 1
   2. Das Absorptionsspektrum 7

B. Grundlagen der Röntgenspektroskopie 10
   1. Die BRAGGsche Gleichung 10
   2. Abweichungen von der BRAGGschen Gleichung 11

C. Qualitative Röntgenspektralanalyse 12
   1. Qualitative Emissionsanalyse 12
   2. Qualitative Absorptionsanalyse 15

D. Quantitative Röntgenspektralanalyse 17
   1. Quantitative Emissionsanalyse 18
   2. Quantitative Absorptionsanalyse 24

E. Spektralapparate 26
   1. Röntgenoptische Anordnungen 26
   2. Der Analysatorkristall 31
   3. Detektoren 33

F. Anwendungen der Röntgenspektralanalyse 35

II. Tabellen

1. Energien der verschiedenen Atomniveaus 37
2. Die Wellenlängen der K-Serie 40
3. Relative Linienintensitäten der K-Serie 43
4. Abstände zwischen den Spindubletten K_{α_1} und K_{α_2} 45
5. Die Wellenlängen der L-Serie 46
6. Relative Linienintensitäten der L-Serie 48
7. Die Wellenlängen der M-Serie 50
8. Die Wellenlängen der N-Serie 49
9. Verschiebung der K_α-Linien beim Übergang vom reinen Element zu einer Verbindung 52
10. Wellenlängen der Absorptionskanten 52
11. Absorptionssprünge der K- und L-Niveaus 53
12. Verschiebung der Absorptionskanten beim Übergang vom reinen Element zu einer Verbindung 53
13. Massenschwächungskoeffizient der Elemente 54
14. Nomogramm zur Bestimmung der Absorptionskoeffizienten . . 58
15. Charakteristische Daten einiger Analysatorkristalle 59
16. Reflexionswinkel und Wellenlängen für einen CaF_2-Kristall [Fl. (220)] 60

Inhaltsverzeichnis   VII

Seite

17. Reflexionswinkel und Wellenlängen für einen LiF_2-Kristall [Fl. (200)] 62
18. Reflexionswinkel und Wellenlängen für einen NaCl-Kristall [Fl. (200)] 65
19. Reflexionswinkel und Wellenlängen für einen $CaCO_3$-Kristall [Fl. (200)] 67
20. Reflexionswinkel und Wellenlängen für einen CaF_2-Kristall [Fl. (1$\underline{1}$1)] 70
21. Reflexionswinkel und Wellenlängen für einen Quarz-Kristall [Fl.(10$\underline{1}$1)] 72
22. Reflexionswinkel und Wellenlängen für einen Quarz-Kristall [Fl.(10$\overline{1}$0)] 75
23. Reflexionswinkel und Wellenlängen für einen Pentaerythrit-Kristall [Fl. (002)] 77
24. Reflexionswinkel und Wellenlängen für einen Gips-Kristall [Fl. (020)] 80
25. Reflexionswinkel und Wellenlängen für einen Glimmer-Kristall [Fl. (002)] 82
26. Reflexionswinkel und Wellenlängen für einen Zucker-Kristall [Fl. (100)] 85
27. Reflexionswinkel und Wellenlängen für einen β-Korund-Kristall [Fl.(0002)] 87
28. Sinusfunktion 90
29. Abweichungen vom BRAGGschen Gesetz 95
30. Brechungskorrektur der Kristalle 95
31. Die Wellenlängen der wichtigsten Röntgenlinien in 1. bis 4. Ordnung der Größe nach geordnet 98
32. Röntgenwellenlängen der Elemente bis zur 4. Ordnung der Größe nach geordnet 113
33. Vergleichslinien für quantitative Emissionsanalysen 130
34. Periodisches System der Elemente 131
35. Schalenbau und periodisches System der Elemente 132

Namenverzeichnis 133

Sachverzeichnis 134

Anhang (Ausschlagtafeln)

1. Übersichtstafel für die Verwendung eines CaF_2- u. LiF_2-Kristalls
2. Übersichtstafel für die Verwendung eines NaCl- u. $CaCO_3$-Kristalls
3. Übersichtstafel für die Verwendung eines CaF_2- u. Quarz-Kristalls
4. Übersichtstafel für die Verwendung eines Quarz- u. Pentaerythrit-Kristalls
5. Übersichtstafel für die Verwendung eines Gips- u. Glimmer-Kristalls
6. Übersichtstafel für die Verwendung eines Zucker- u. β-Korundkristalls

I. Grundlagen der Röntgenspektralanalyse

Die physikalischen Grundprinzipien der Röntgenspektralanalyse sind seit Jahrzehnten bekannt[1,2]. Das bekannteste Beispiel für die erfolgreiche Anwendung dieser Analysenmethode ist die Entdeckung einiger vorher fehlender Elemente im periodischen System. Daß trotzdem die Röntgenspektralanalyse, im Gegensatz zu der optischen, lange Zeit hindurch in der allgemeinen Laboratoriumspraxis wenig Eingang gefunden hat, mag vor allem auf die größeren experimentellen Anforderungen der Röntgenspektroskopie zurückzuführen sein. Die Verbesserung der im Handel befindlichen Röntgengeräte, Röntgenröhren und Strahlendetektoren, sowie die Konstruktion spezieller Zusatzeinrichtungen für die Röntgenspektralanalyse haben jedoch in den letzten Jahren eine zunehmende Verbreiterung dieser Methode zur Folge gehabt. Dabei benutzt man sowohl die charakteristische Strahlung der Elemente als auch deren Absorptionsspektrum zur qualitativen und quantitativen Bestimmung.

A. Gesetzmäßigkeiten des Röntgenspektrums
1. Das Emissionsspektrum

Der größte Teil der vom Anodenmaterial einer Röntgenröhre emittierten Strahlung besteht aus einem *Wellenlängenkontinuum* mit einer der Abb. 1 entsprechenden spektralen Verteilung. Für die kürzeste der in dieser Strahlung enthaltenen Wellenlänge λ_{min} läßt sich aus der Quantentheorie die Beziehung ableiten:

$$h \nu_{max} = V e, \qquad (1)$$

wobei V die Spannung zwischen Anode und Kathode, e die Elektronenladung, h die PLANCKsche Konstante und $\nu_{max} = \dfrac{c}{\lambda_{min}}$ die obere Frequenzgrenze bedeuten. Durch Umformung und Einsetzung der Konstanten erhält man daraus die experimentell schon mehrfach bestätigte Gleichung:

$$\lambda_{min}[KX] = \frac{h c}{e V} = \frac{12{,}37}{V[KV]} \, . \qquad (2)$$

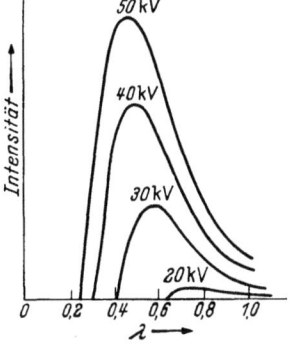

Abb. 1. Kontinuierliches Röntgenspektrum

Mit steigender Anodenspannung verschiebt sich die obere Frequenzgrenze und

---
[1] SIEGBAHN, M., u. E. FRIMAN: Ann. Physik **4**, 611 (1916).
[2] GLOCKER, R.: Materialprüfung mit Röntgenstrahlen, 4. Aufl., Berlin/Göttingen/Heidelberg: Springer 1958.

das Intensitätsmaximum ($\approx$ bei $\frac{2}{3}\,\nu_{max}$) nach kürzeren Wellenlängen hin, wobei die insgesamt ausgestrahlte Intensität (integrale Intensität) ungefähr proportional mit dem Quadrat der Spannung wächst. Die Form dieses kontinuierlichen Röntgenspektrums ist dabei für alle Elemente gleich.

Die klassische Theorie erklärt die Entstehung des Kontinuums aus der Bremsung der schnellen Elektronen im Anodenmaterial. Die Größe dieser negativen Beschleunigung hängt davon ab, unter welchen Bedingungen sich das Elektron in der Nähe der Gitteratome bewegt. Eine zeitliche Mittelung über den Bremsprozeß jedes einzelnen Elektrons sowie die Mittelung über alle Elektronen ergibt dann ein sich über alle Wellenlängen erstreckendes kontinuierliches Spektrum. Das Entstehen der scharfen oberen Grenze läßt sich allerdings nur mit Hilfe der Quantentheorie erklären.

Diesem kontinuierlichen Spektrum sind die *charakteristischen Emissionslinien* des Anodenmaterials überlagert. In der Abb. 2 ist dies für zwei verschiedene Anoden schematisch dargestellt. Ähnlich wie die optischen Atomspektren im sichtbaren und ultravioletten Gebiet besteht das Röntgenemissionsspektrum eines Elementes aus mehreren mit K, L, M, N usw. bezeichneten Liniengruppen mit verschiedenen Anregungsbedingungen, die eine eindeutige Identifizierung des Elementes ermöglichen.

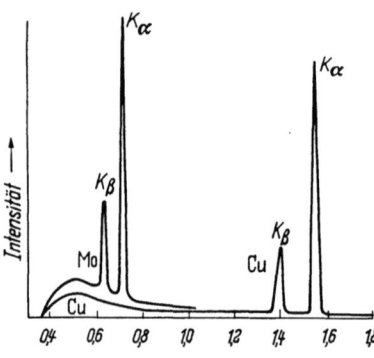

Abb. 2. Spektrale Intensitätsverteilungen einer Molybdän- und Kupferanode

Die Entstehung der Röntgenserien kann man an Hand des BOHRschen Atommodells in einfacher Weise deuten. Ist z. B. die Energie der anregenden Kathodenstrahlen größer als die Ionisierungsarbeit für die Atomelektronen eines bestimmten inneren Energieniveaus, dann kann ein Elektron aus diesem Niveau das Atom als Photoelektron verlassen. Der nunmehr in diesem Niveau frei gewordene Platz kann dann durch ein Elektron einer weiter außen vom Atomkern liegenden Elektronenschale ausgefüllt werden. Dieser Vorgang ist von der Emission eines Strahlenquants mit einer der Energiedifferenz der beiden Niveaus entsprechenden Frequenz begleitet. So wird die K-Serie dann emittiert, wenn K-Elektronen die Atome als Photoelektronen verlassen und die im K-Niveau frei gewordenen Plätze aus L-, M-, N-Elektronen ergänzt werden. Alle Linien, die beim Übergang von Elektronen eines niedrigeren Niveaus auf das K-Niveau als Endniveau emittiert werden, gehören zur K-Serie. Da das K-Niveau im Atom das Niveau höchster Energie ist, gehören zur K-Serie die Linien höchster Frequenz.

Die langwelligeren L-, M- und N-Serien werden immer verwickelter in ihrem Aufbau gemäß der zunehmenden Aufspaltung der Energieniveaus und der verschiedenen Übergangsmöglichkeiten. Die Abb. 3

1. Das Emissionsspektrum

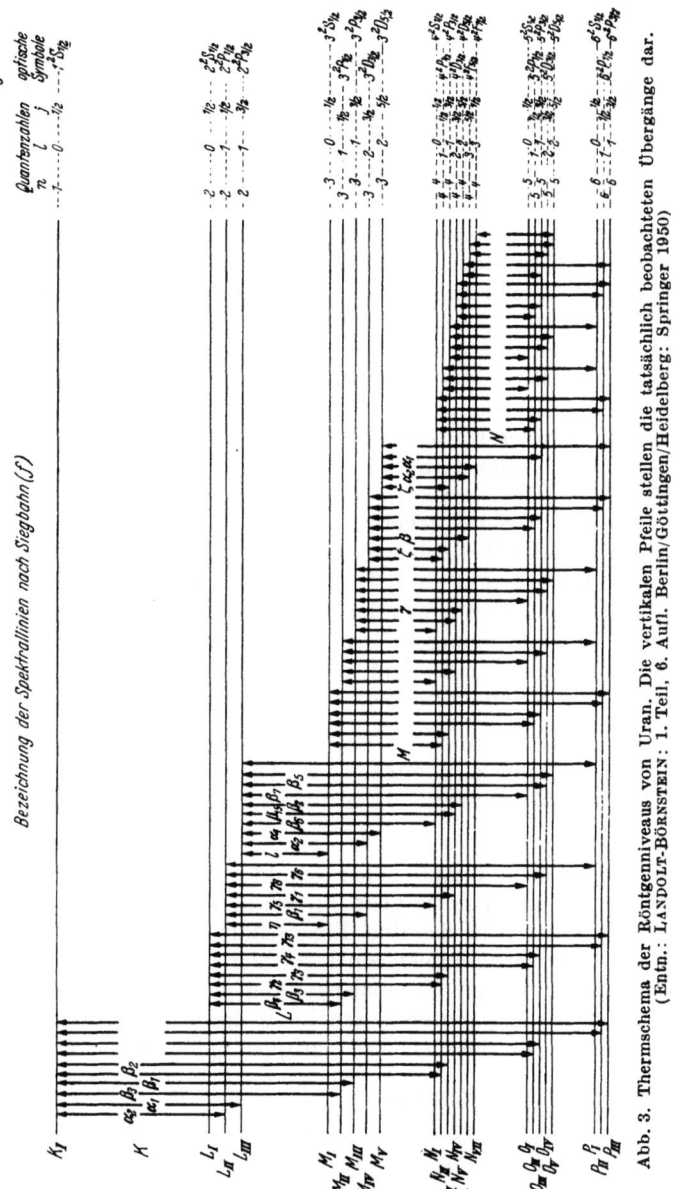

Abb. 3. Thermschema der Röntgenniveaus von Uran. Die vertikalen Pfeile stellen die tatsächlich beobachteten Übergänge dar. (Entn.: LANDOLT-BÖRNSTEIN: 1. Teil, 6. Aufl. Berlin/Göttingen/Heidelberg: Springer 1950)

zeigt als Beispiel solch ein vollständiges Röntgenniveauschema. Aus der Abbildung wird auch der Zusammenhang zwischen Termbezeichnung und Quantenzahl der entsprechenden Energieniveaus ersichtlich, wenn mit n, l und j die Haupt-, Azimutalen- und Spinquantenzahlen bezeichnet werden.

Die Energiewerte der verschiedenen Atomniveaus der Elemente sind in der Tab. 1 zusammengestellt. Dabei ist mit der Energie des i-ten Niveaus die Energie desjenigen Atomzustandes definiert, bei dem ein i-Elektron sehr weit vom Atom entfernt worden ist. Das Atom hat die Energie Null, wenn es ein äußeres Elektron verloren hat. Bei der Entfernung eines inneren Elektrons wird damit die Energie positiv und wird um so größer, je näher das entfernte Atom dem Kern war. Aus der Tabelle ist beispielsweise zu entnehmen, daß zur Ionisierung der K-Elektronen, also zur Erzeugung der K-Serie von Wolfram die erforderliche Spannung etwa 70 000 V, zur Erregung der L-Serie 12 000 und der M-Serie 3000 V beträgt. Bei Erhöhung dieser Mindestspannungen wird zwar die Intensität der Linien stärker, das Intensitätsverhältnis aber bleibt konstant.

Die *K-Serie* hat die einfachste Struktur. Sie besteht im wesentlichen aus vier Linien, die mit α_2, α_1, β_1 und β_2 bezeichnet werden. Die weiteren auch zur K-Serie gehörenden Linien sind der Tab. 2 zu entnehmen, in der alle Wellenlängen der K-Serie der Elemente in X-Einheiten zusammengestellt sind. Der Zusammenhang zwischen Bezeichnung, Anfang- und Endniveau der Linien geht ebenfalls daraus hervor. Tab. 3 enthält die bei einigen Elementen bestimmten relativen Linienintensitäten der K-Serien. Man sieht, daß das Intensitätsverhältnis der vier stärksten Linien für die

        leichten Elemente: $\alpha_1 : \alpha_2 : \beta_1 : \beta_2 \approx 100 : 50 : 15 : 0{,}1$,
        mittelschweren Elemente: $\alpha_1 : \alpha_2 : \beta_1 : \beta_2 \approx 100 : 50 : 28 : 6$,
        schweren Elemente: $\alpha_1 : \alpha_2 : \beta_1 : \beta_2 \approx 100 : 54 : 26 : 9$

beträgt.

Wie schon aus der Abb. 3 hervorgeht, ist die *L-Serie* wesentlich linienreicher als die K-Serie (Tab. 5). Sie läßt sich in 3 Untergruppen teilen, von denen jede dieselbe Eigenschaft wie die K-Gruppe hat, daß nämlich sämtliche Linien einer solchen Untergruppe beim Überschreiten einer gewissen Minimalspannung gleichzeitig auftreten und ihre Intensitäten bei weiterer Erhöhung der Spannung im gleichen Maße zunehmen. Zu diesen 3 Untergruppen gehören die Linien:

        1. Untergruppe: l, α_2, α_1, β_2, β_5, β_7,
        2. Untergruppe: η, β_1, γ_1,
        3. Untergruppe: β_4, β_3, γ_4.

Die entsprechenden Anregungsspannungen sind wieder der Tab. 1 zu entnehmen, und zwar gibt Spalte L_{I} die Spannung für die dritte Untergruppe, Spalte L_{II} die für die zweite und L_{III} die für die erste Untergruppe an. So betragen die Anregungsspannungen beispielsweise für Wolfram: 1. Untergruppe (L_{III}): 10100 V, 2. Untergruppe (L_{II}): 11500 V, 3. Untergruppe (L_I): 12000 V.

Die intensivste Linie der L-Serie ist die α_1-Linie, etwas schwächer sind α_2, β_1 und γ_1. In der Tab. 6 sind einige experimentell bestimmte Linienintensitäten angegeben. Für die mittelschweren und schweren Elemente erhält man etwa:

$$\alpha_1 : \alpha_2 : \beta_1 : \beta_2 : \beta_3 : \beta_4 : \gamma_1 : \gamma_2 : l : \eta = 100 : 12 : 52 : 20 : 8 : 5 : 10 : 2 : 3 : 1,3.$$

Die Linien L_{α_1} und L_{α_2} bilden ein Duplett wie K_{α_1, α_2}. Während aber beim K_α-Duplett das Intensitätsverhältnis etwa 2 : 1 beträgt, ist die L_{α_1}-Linie etwa 9- bis 10mal so intensiv wie L_{α_2}. Außerdem ist der Abstand der beiden Linien beim L_α-Duplett etwa doppelt so groß als beim K_α-Duplett. Die Differenz der Energiewerte zweier Linien eines Dupletts läßt sich berechnen aus der Beziehung[1]:

$$E = \frac{R h c \alpha^2 (Z - \sigma)^4}{n^3 l (l + 1)}, \qquad (4)$$

dabei bedeuten:

R = RYDBERG-Konstante = $1{,}097 \cdot 10^5$ [cm^{-1}],
h = PLANCKsche Konstante,
c = Lichtgeschwindigkeit,
α = Feinstrukturkonstante = $7{,}2981 \cdot 10^{-3}$,
Z = Ordnungszahl,
σ = Abschirmungskonstante (≈ 0 für K_α-Duplett, ≈ 2 für L_I, $\approx 3{,}5$ für $L_{II,III}$),
n = Hauptquantenzahl,
l = Azimutal-Quantenzahl.

Die nach dieser Formel berechneten Wellenlängenabstände der Spindupletten K_{α_1, α_2} einiger Elemente sind in der Tab. 4 angegeben.

Die Wellenlängen der M-Serie enthält die Tab. 7, einige der N-Serie Tab. 8. Wegen ihrer großen Absorbierbarkeit kommen sie jedoch, mit Ausnahme der Linien einiger schwerer Elemente, für den spektralanalytischen Nachweis kaum in Betracht.

Neben diesen tabularisch aufgeführten Hauptlinien des Röntgenspektrums erscheinen oft schwache Begleiter der stärksten Linien, die in das oben aufgestellte Termschema nicht hineinpassen und die als *Satelliten* bezeichnet werden. Als typischen Vertreter dieser Art von Linien kann man die K_{α_3}-Linie ansprechen, die von den leichten Elementen mit einer Atomnummer kleiner als 30 emittiert wird. Diese Linie ist einerseits kurzwelliger als die K_{α_1}-Linie, andererseits aber wesentlich langwelliger als die K_{β_1}-Linie, so daß sie sich auch unter Annahme einer Verletzung der Auswahlregeln nicht erklären läßt. Nach der am weitest verbreiteten Theorie zur Erklärung der Natur dieser Satelliten entstehen die kurzwelligen Begleiter bei den Atomübergängen, bei denen tabularische Hauptlinien entstehen, wobei jedoch noch zusätzlich ein oder zwei Elektronen fehlen, das Atom also in

---
[1] BLOCHIN, A. M.: Physik der Röntgenstrahlen, Berlin: Verlag Technik 1957.

seinen inneren Schalen schon mehrfach ionisiert ist. Man nennt diese Satelliten daher auch „*Funkenlinien*" des Röntgenspektrums.

Ein wesentlicher Vorteil der Röntgenspektren gegenüber den optischen besteht in der relativ geringen Zahl der Emissionslinien und der

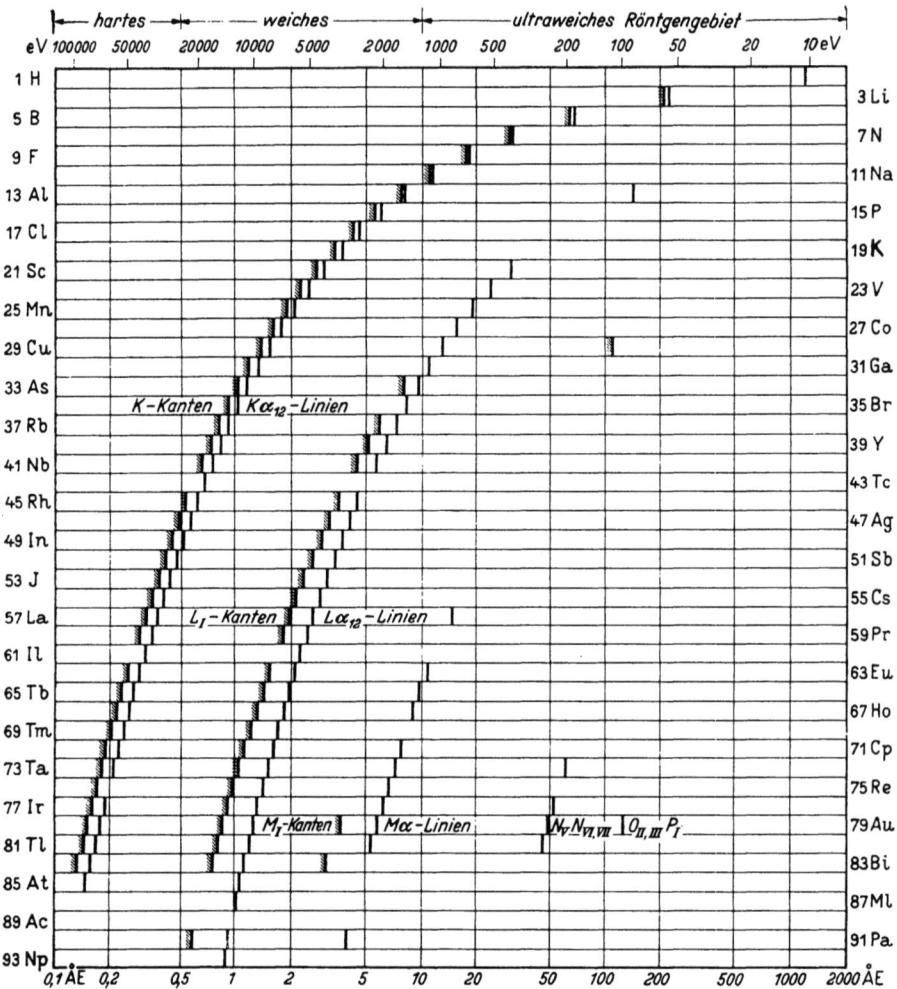

Abb. 4. Übersicht über die Lage der wichtigsten Absorptionskanten und Emissionslinien der Elemente mit ungeraden Ordnungszahlen. (Entn.: LANDOLT-BÖRNSTEIN: 1. Teil, 6. Aufl. Berlin/Göttingen/Heidelberg: Springer 1950)

Einheitlichkeit dieser von Element zu Element. Stets steigen die reziproken Wellenlängen korrespondierender Linien etwa proportional mit dem Quadrat der Ordnungszahlen der Elemente (*Moseleysches Gesetz*, Abb. 4). Die Wellenlängen der einzelnen Linien sind dabei weitgehend eine reine Atomeigenschaft, unabhängig vom Zustand des Atoms, etwa von der Art der chemischen Bindung. Genauere Untersuchungen zeigen allerdings, daß diese Unabhängigkeit im allgemeinen nur für die kürzeren Wellenlängen der schwereren Atome zutrifft. Ein Verschiebungseffekt der Emissionslinien mit der chemischen Bindung wurde erstmalig 1924 von LINDH und LUNDQUIST festgestellt und später von zahlreichen Forschern bestätigt. Aus der optischen Spektroskopie, bei der die Abhängigkeit der Wellenlängen der Spektren von der chemischen Bindung sehr groß ist, ist bekannt, daß diese Änderung auf eine Änderung der atomaren Energien in den betreffenden Schalen beim Zusammentreffen von Atomen zu Molekülen zurückzuführen ist. Man muß annehmen, daß die atomaren Energieänderungen sich auch — wenn auch sehr schwach — auf die inneren Schalen auswirken und daß sie sich besonders auf die K-Schale nur bei den Atomen mit niedriger Ordnungszahl merklich auswirken. Bei Atomen mit größerer Ordnungszahl wird nur mehr die L-Schale, somit also nur die L-Serie merkliche Änderungen erfahren. Als Beispiel sind in der Tab. 9 einige beobachtete Verschiebungen der K_{α_1}-Linien angegeben. Von wesentlich größerem Einfluß ist jedoch die chemische Bindung auf die Lage der verschiedenen Absorptionskanten, auf die wir später zurückkommen.

2. Das Absorptionsspektrum

Ein gerichtetes Röntgenstrahlenbündel erfährt beim Durchgang durch die Materie in der Strahlenrichtung einen Intensitätsverlust um den Faktor $e^{-\mu d}$, so daß — wenn I_0 die Intensität des auftreffenden und I die von der Materie der Dicke d (in cm) durchgelassene Strahlung ist — I gegeben ist durch:

$$I = I_0 e^{-\mu d}. \quad (5)$$

Dieser Energieverlust, den der Primärstrahl erfahren hat, wird hervorgerufen erstens infolge Absorption und zweitens infolge Streuung der Röntgenstrahlen.

Unter der Annahme, daß Absorption und Streuung voneinander unabhängig sind, kann der Schwächungskoeffizient μ dargestellt werden als Summe aus den Koeffizienten der wahren Absorption τ und der Streuung σ:

$$\mu = \tau + \sigma. \quad (6)$$

Die auf die Einheit der Dichte bezogenen Schwächungskoeffizienten $\frac{\mu}{\varrho}$ $\left(\text{bzw. } \frac{\tau}{\varrho} \text{ und } \frac{\sigma}{\varrho}\right)$ werden *Massenschwächungskoeffizienten* genannt. Diese Größen sind dann vom physikalischen Zustand der durchstrahlten Materie weitgehend unabhängig und verändern sich nur mit der Wellenlänge sowie der Ordnungszahl und dem Atomgewicht des Absorbers. Wie experimentelle Untersuchungen ergeben, hängt der Massenabsorptionskoeffizient $\frac{\tau}{\varrho}$ im allgemeinen näherungsweise in folgender Weise von der Ordnungszahl Z und der Wellenlänge ab:

$$\frac{\tau}{\varrho} = C \lambda^3 Z^3. \quad (7)$$

Diese Beziehung gilt aber zunächst nur für Wellenlängen $\lambda < \lambda_K$, also für Frequenzen, deren Photonenenergie groß genug ist, um die Elektronen der K-Serie aus dem K-Verband zu lösen. Bei $\lambda = \lambda_K$ fällt die Absorption sprunghaft ab und nimmt beim weiteren Anwachsen der Wellenlänge im Intervall $\lambda_K < \lambda < \lambda_{L_I}$ wiederum nach Gl. (7) aber mit einer neuen Konstanten C' zu. Im weiteren Verlauf treten dann weitere Sprungstellen auf bei $\lambda = \lambda_{L_{II}}$, $\lambda = \lambda_{L_{III}}$, $\lambda = \lambda_{M_I}$ usw. Die Abb. 5 zeigt diese Abhängigkeit des Massenschwächungskoeffizienten $\frac{\mu}{\varrho}$ von der Wellenlänge λ für die Absorption des Platins.

Da der Streukoeffizient $\frac{\sigma}{\varrho}$ sich nur wenig mit der Wellenlänge und der Ordnungszahl ändert $\left(\frac{\sigma}{\varrho} \approx Z \cdot 0{,}2 \text{ für } \lambda > 0{,}4 \text{ KX}\right)$ und mit Ausnahme der leichtatomigen Elemente bis etwa $Z = 20$ wesentlich kleiner ist als der Absorptionskoeffizient, gilt für die Wellenlängenabhängigkeit des Massenschwächungskoeffizienten ebenfalls näherungsweise:

$$\frac{\mu}{\varrho} = c\,\lambda^3 Z^3. \qquad (8)$$

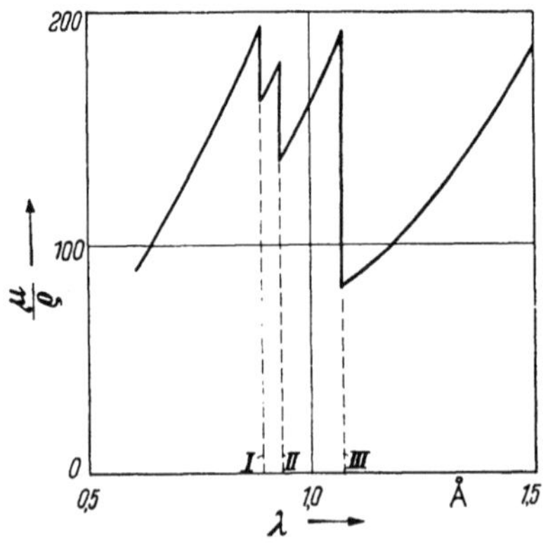

Die Unstetigkeitsstellen in den Absorptionskurven nennt man *Absorptionskanten* und spricht so von den K-, L_I-, L_{II}-, L_{III}-, M_I- usw. Absorptionskanten. Die Wellenlängen dieser Kanten der Elemente sind in der Tab. 10 angegeben. Sie lassen sich berechnen nach Gl. (2) und mit den in der Tab. 1 angegebenen Energien der verschiedenen Elektronenschalen.

Abb. 5. Massenschwächungskoeffizient $\frac{\mu}{\varrho}$ für Platin in Abhängigkeit von der Wellenlänge. (Entn.: R. GLOCKER: Materialprüfung mit Röntgenstrahlen, 4. Aufl. Berlin/Göttingen/Heidelberg: Springer 1958)

Die Größe des *Absorptionssprunges* v, d. h. das Verhältnis der Absorption auf der kurzwelligen Seite der Kante zu der auf der langwelligen Seite ist von der Atomzahl abhängig; und zwar ist v bei den leichtatomigen Elementen am größten. Tab. 11 enthält die Absorptionssprünge einiger Elemente für die K- und L-Niveaus. Man sieht, daß die Sprünge der L-Absorptionskanten immer kleiner sind als die der K-Absorptionskanten. Die angegebenen Werte sind experimentell bestimmte Absorptionssprünge. Von JÖNSSEN[1] wurde indes rein empirisch nachgewiesen, daß man den Sprung v_K auch mit genügender Genauigkeit nach der Formel $v_K = \dfrac{\lambda_{L_I}}{\lambda_K}$ berechnen kann[1].

Diese Stellen der selektiven Absorption der Röntgenstrahlen sind wie die Spektrallinien ebenfalls für jedes Element weitgehend eine

---

[1] JÖNSSON, E.: Diss. Upsala 1928.

2. Das Absorptionsspektrum

Atomeigenschaft. Aber auch hier macht sich ein gewisser Einfluß der Art der chemischen Bindung bemerkbar, wie die Tab. 12 zeigt, in der die Wellenlängenänderungen der K- und L-Kanten einiger Elemente in Abhängigkeit von der Valenz und der chemischen Verbindung zusammengestellt sind. Aus diesen Werten geht ganz allgemein hervor, daß die Wellenlänge der Absorptionskante des reinen Elementes immer am größten ist, während sie mit zunehmender Wertigkeit des Elementes abnimmt. Aber auch bei gleichbleibender Valenz treten Unterschiede in der Wellenlänge der Absorptionskanten dann auf, wenn die Zusatzatome direkt an das absorbierende Atom gebunden sind. Im allgemeinen ist auch der Verschiebungseffekt für Kationen geringer als für Anionen, was sich mit der Erfahrung deckt, daß Kationen weniger deformierbar sind als Anionen.

Die Massenschwächungskoeffizienten der Elemente sind für einige Wellenlängen in der Tab. 13 angegeben. Für eine chemische Verbindung oder einem Gemenge läßt sich der Massenschwächungskoeffizient berechnen nach der Beziehung

$$\frac{\bar{\mu}}{\varrho} = \sum_i \alpha_i \frac{\mu_i}{\varrho_i}. \tag{9}$$

Aus dem Nomogramm der Tab. 14 läßt sich der Massenschwächungskoeffizient $\frac{\mu}{\varrho}$ für jede Wellenlänge ermitteln. Dieses Nomogramm besteht aus drei senkrechten Skalen. Auf der linken Seite ist die Wellenlänge in KX-Einheiten aufgetragen, auf der mittleren Skala die Ordnungszahl Z des Absorbers und auf der rechten Seite der gesuchte Massenschwächungskoeffizient. Zur Bestimmung von $\frac{\mu}{\varrho}$ für Wellenlängen $\lambda < \lambda_K$ verbindet man die betreffende Wellenlänge auf der linken Skala gradlinig mit der Ordnungszahl Z des Absorbers auf der mittleren Skala. Der Schnittpunkt der durch die beiden Punkte festgelegten Geraden mit der rechten Skala ergibt den gesuchten Wert für $\frac{\mu}{\varrho}$.

Für das Wellenlängengebiet $\lambda_K < \lambda < \lambda_{L_I}$ muß jedoch der K-Sprung berücksichtigt werden. Das geschieht in folgender Weise: Von der Z-Achse aus ist nach rechts für jedes Element in waagerechter Richtung eine entsprechende Korrektur abgetragen. Man mißt nun für das betreffende Element die Länge dieser Korrektur und trägt sie auf der $\frac{\mu}{\varrho}$-Achse von dem Punkt aus, der sich in der oben beschriebenen Weise ergibt, nach oben ab. Der Endpunkt dieser Strecke bezeichnet dann den richtigen Wert $\frac{\mu}{\varrho}$. Auf der rechten Seite der λ-Leiter sind die Elemente angegeben, für die bei Auftreffen der an dieser Stelle links abzulesenden Wellenlänge der K/L-Kantensprung eintritt. Eingeklammert sind die wenigen Elemente, bei denen noch der L/M-Sprung in diesem Bereich erfolgt.

Als Beispiel für dieses Verfahren ist im Nomogramm eingezeichnet, wie der Massenabsorptionskoeffizient für die Absorption der Eisenlinie K_{β_1}, in Kupfer ermittelt wird. Man erhält für $\frac{\mu}{\varrho}$ den Wert 75, während der experimentell bestimmte 76 beträgt.

B. Grundlagen der Röntgenspektroskopie

1. Die Braggsche Gleichung

Als Grundlage der Röntgenspektroskopie ist die BRAGGsche Gleichung

$$2d \sin \Theta = n \lambda \qquad (10)$$

der Kristallreflexion anzusehen. Dabei ist:

d = Abstand der reflektierenden Netzebenen,
Θ = Glanzwinkel,
n = Ordnung des Reflexes,
λ = Wellenlänge.

Aus der Gleichung ist zu ersehen, daß eine Reflexion nur dann möglich ist, wenn für einen vorgegebenen Netzebenenabstand d der Einfallswinkel der Strahlung so gewählt wird, daß die BRAGGsche Gleichung für ein bestimmtes λ oder ein ganzes vielfaches λ befriedigt ist. Mit Hilfe dieser Beziehung werden die meisten Wellenlängenmessungen durchgeführt. Durch Rotieren des Kristalls von der Parallellage der Netzebenen zum Primärstrahl ($\Theta = 0°$) bis zur senkrechten Inzidenz ($\Theta = 90°$) gelangen nacheinander alle im Röntgenspektrum vorhandenen Wellenlängen mit $\lambda \leq 2d$ zur Reflexion. Praktisch kann man mit steileren Winkeln als 60° aber nicht arbeiten, weil das Verhältnis der aufgestrahlten zur reflektierten Energie dann zu ungünstig wird und weil infolge des mit der Steilheit des Einfallwinkels wachsenden Eindringtiefe der Strahlung die Schärfe der Linien abnimmt. Die flachsten Inzidenzen sind daher am günstigsten.

Praktisch sind zur Analyse alle gut ausgebildeten Einkristalle zu verwenden. Da man als beugende Ebene häufig die am besten ausgebildeten Spaltflächen eines Kristalls benutzt und diese Flächen selbst Netzebenen sind, so braucht man für spektroskopische Zwecke auch nicht die Gitterkonstante selbst, sondern nur den Netzebenenabstand d zu kennen. Für die am häufigsten benutzten Kristalle ist dieser Abstand in der Tab. 15 angegeben. Die besonderen Eigenschaften der einzelnen Kristalle werden weiter unten besprochen.

In den Tab. 16 bis 27 sind die für verschiedene Einstrahlwinkel gemäß Gl. (10) sich ergebenden Wellenlängen zusammengestellt. Die Genauigkeit reicht aus, um mit einem Fehler von etwa ± 2 XE die Wellenlänge und damit die Elemente zu ermitteln. Für Präzisionsmessungen ist es notwendig, den thermischen Ausdehnungskoeffizienten des reflektierenden Kristalls zu berücksichtigen. Die Wellenlängen sind dann mit Hilfe der Tab. 28 zu berechnen.

2. Abweichungen von der Braggschen Gleichung

Bei der Ableitung der Gl. (10) wurde angenommen, daß die Wellenlängen im Kristall und in der Luft gleich sind, d. h. ohne Berücksichtigung der Brechung der Röntgenstrahlen im Kristall. Diese Tatsache bringt es mit sich, daß alle Wellenlängen mit einem kleinen Fehler behaftet sind. Als Beispiel für die Größenordnung dieses Fehlers ist in der Tab. 29 die Änderung des Logarithmus der Größe $\frac{\sin\Theta_n}{n} = \frac{\lambda}{2d}$, die ja bei strenger Gültigkeit der Gl. (10) für jedes n Konstante sein sollte, angegeben. Man sieht, daß die Abweichungen vom BRAGGschen Gesetz relativ klein sind.

Die korrigierte BRAGGsche Gleichung kann geschrieben werden in der Form:

$$2d\sin\Theta\left(1 - \frac{\delta}{\sin^2\Theta}\right) = n\lambda, \qquad (11)$$

oder wegen der geringfügigen Abweichung dieser Gleichung von der unkorrigierten auch

$$2d\sin\Theta\left(1 - \frac{4d^2}{n^2}\frac{\delta}{\lambda^2}\right) = n\lambda, \qquad (12)$$

δ ist dabei mit dem Brechungsindex μ verknüpft durch die Beziehung $\delta = 1 - \mu$ und ist gegeben durch die Beziehung:

$$\delta = \frac{N_0 e^2 \lambda^2}{2\pi m c^2}\varrho\frac{\Sigma Z}{\Sigma A} = 2{,}71 \cdot 10^{-6}\varrho\lambda^2\frac{\Sigma Z}{\Sigma A}, \qquad (13)$$

wobei ϱ die Dichte des Materials und $\frac{\Sigma Z}{\Sigma A}$ das Verhältnis der Summe der Ordnungszahlen zu der Summe der Atomgewichte aller Atome der Verbindung bedeutet. Die δ-Werte für verschiedene $\varrho\frac{\Sigma Z}{\Sigma A}$ bei Mo-, Cu-, Ni-, Co-, Fe- und Cr-Strahlung enthält Tab. 30. Die für die Brechungskorrektur wesentliche Größe $\frac{\delta}{\lambda^2}$ der wichtigsten Analysatorkristalle sind dort ebenfalls eingetragen.

Da die meisten Wellenlängenbestimmungen noch nach der unkorrigierten BRAGGschen Gleichung errechnet wurden, wurde allgemein vereinbart, diese so bestimmten Wellenlängen dann unverändert zu lassen, wenn die Beugung in 1. Ordnung erfolgte und für Kalkspat der Netzebenenabstand $d = 3{,}029040$ XE, für Steinsalz $d = 2{,}814000$ XE gesetzt wurde. Um bei Messungen in höheren Ordnungen oder bei neuen Messungen mit Berücksichtigung der Korrektur der BRAGGschen Gleichung auf denselben Wert für λ zu gelangen, wurde vorgeschlagen, die korrigierte BRAGGsche Gleichung zu verwenden mit einem d aber das gegeben ist durch:

$$d_n = d\left(1 - \frac{4d^2}{n^2}\frac{\delta}{\lambda^2}\right), \qquad (14)$$

wobei d_1 der Abstand der beiden Bezugssubstanzen in 1. Ordnung ist.

Mit den so korrigierten Werten für d kann man nun Wellenlängen nach der einfachen BRAGGschen Gleichung

$$2d_n \sin\Theta_n = n\lambda \qquad (15)$$

berechnen, wenn man für d_n den jeweils korrigierten Wert setzt. Diese Werte betragen für Steinsalz bzw. Kalkspat:

	Steinsalz	Kalkspat
$d_1 =$	2,814 000 XE	3,029 040 XE
$d_2 =$	2,814 188 XE	3,029 347 XE
$d_3 =$	2,814 222 XE	3,029 404 XE
$d = \lim\limits_{n \to \infty} d_n =$	2,814 250 XE	3,029 449 XE

Die d-Werte stimmen damit mit den für Steinsalz und Kalkspat vereinbarten Werte überein.

Für andere Kristalle erhält man mit bekanntem λ und d_n (mit Hilfe der unkorrigierten BRAGGschen Gleichung ermittelt):

$$d = d_n \div \frac{4}{n^2} \frac{\delta}{\lambda^2} d_n^3. \qquad (16)$$

Für routinemäßige Analysen ist im allgemeinen eine solche Berücksichtigung der Dispersion der Röntgenstrahlen jedoch nicht erforderlich.

C. Qualitative Röntgenspektralanalyse

Das Röntgenspektrum eines Stoffes kann als Emissions- und Absorptionsspektrum beobachtet werden. Die dazu wesentlichsten Bestandteile des Röntgenspektrometers sind eine Blende zur Ausblendung eines engen Strahlenbündels, ein Kristall zur selektiven Reflexion der Röntgenstrahlen und eine Registriereinrichtung zur Messung der reflektierten Intensitäten.

1. Qualitative Emissionsanalyse

Die qualitative Emissionsanalyse hat die Aufgabe, aus den Wellenlängen der von einem Körper ausgehenden charakteristischen Röntgenstrahlung auf die in diesem Körper enthaltenen Elemente zu schließen. Dabei kann die Substanz entweder durch Elektronenbeschuß oder durch Fluoreszenzanregung (Kaltanregung) zur Aussendung der charakteristischen Linien angeregt werden.

Im ersteren Falle wird die zu untersuchende Substanz auf die Anode einer Röntgenröhre gebracht und mit Elektronen beschossen. Dabei wird jedoch im allgemeinen die Untersuchungssubstanz weitgehend zerstört. Um dies herabzusetzen, verwendet man offene Röntgenröhren mit wassergekühlten Anoden.

Pulverförmige Präparate lassen sich auf der mit einer Feile aufgerauhten Oberfläche der Anode einreiben. Metalle und Legierungen können durch Auswalzen cder Pressen in die Form eines etwa 1 mm dicken Bleches gebracht und auf der Anode aufgelötet oder aufgeschweißt werden. Zweckmäßig ist es, sich durch Leeraufnahmen vorher von der Reinheit des Anodenmaterials überzeugt zu haben. Weitere störende Fremdlinien können durch Anregung des dampfförmigen Quecksilbers bei Benutzung von Quecksilberdiffusionspumpen ohne Zwischenschaltung einer gekühlten Vorlage auftreten.

Die für die Anregung bestimmter Serien notwendigen Anodenspannungen sind, wie bereits in Abschn. A ausgeführt, der Tab. 1 zu entnehmen.

In der industriellen Praxis bedient man sich für Routineanalysen meist der Fluoreszenzerregung der Röntgenspektren. Den prinzipiellen Strahlengang eines Fluoreszenzspektrometers zeigt die Abb. 6. Während das primäre Röntgenspektrum (erhalten durch Elektronenbombardement) außer den Spektrallinien noch einen kontinuierlichen Untergrund enthält, besteht die sekundäre Emission (Fluoreszenzstrahlung) im wesentlichen nur aus den charakteristischen Linien. Allerdings ist die Intensität der indirekt angeregten Linien wesentlich geringer als die der direkt angeregten. Die zu untersuchende Probe muß daher möglichst in unmittelbarer Nähe des Röhrenfensters angebracht werden.

Die zur Anregung der K-, L-, M- und N-Serie nötige Mindestwellenlänge muß, wie

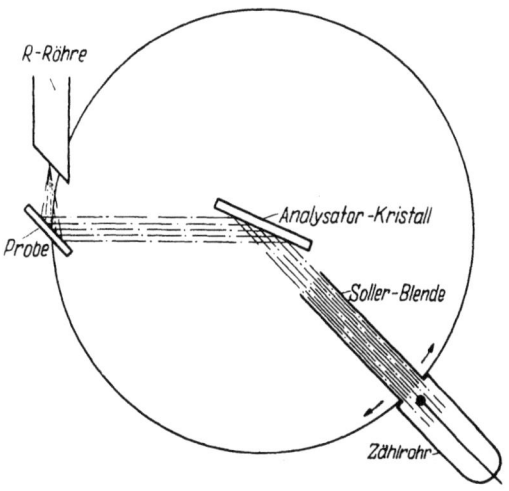

Abb. 6. Goniometeranordnung für Fluoreszenzanalysen

bereits vorher erwähnt, gleich oder kürzer als die K-Absorptionskante des betreffenden Elementes sein. Liegt die Wellenlänge der Primärstrahlung zwischen den Absorptionskanten der K- und L-Serie, so werden nur die L-, M- und N-Serien angeregt.

Allgemein ist es üblich, mit einer 50 kV-Wolfram-Strahlung als Standard zu arbeiten. Daher sind zur Untersuchung der Spektren die K-Linien der Elemente mit Ordnungszahlen bis 50 und die L-Linien der Elemente mit Ordnungszahlen von 50 bis 92 zu verwenden. In gewissen Fällen wird es allerdings erforderlich sein, eine andere Strahlung zu benutzen. Zur Bestimmung des W-Gehaltes von Stählen ist z. B. eine W-Röhre nicht zu verwenden, da die stets im Diagramm auftretenden W-Linien der Anode zu Fehlanalysen führen würden. Hier wäre dann beispielsweise eine Molybdänröhre zu empfehlen. Durch Wahl einer passenden Strahlung läßt sich auch in gewissen Fällen eine erhöhte Nachweisgenauigkeit für bestimmte Elemente erzielen. So ist z. B. ist zum Nachweis von Chrom oder Titan in Stahllegierungen die Verwendung einer Eisen- oder Kobaltröhre vorteilhaft, weil man dann eine hohe Intensität derjenigen Wellenlängen hat, die für die Anregung der Fluoreszenzstrahlung von Chrom oder Titan besonders günstig ist. Häufig wird der Nachweis von geringen Cu-Bestandteilen in Legierungen dadurch verhindert, daß störende CuK-Fremdlinien auftreten, die vom Kupfergehäuse des Anodenmaterials herrühren. Durch Leeraufnahmen ist sich also stets von der Güte der Primärstrahlung zu überzeugen. Da wegen der geringen Eindringtiefe der Primärstrahlung in die Probe im allgemeinen die Analyse nur die Bestandteile in der Oberfläche der Probe wiedergibt, ist bei inhomogenen Materialien eine Pulverisierung erforderlich, wobei die Pulverteilchen auf einen Durchmesser von etwa 0,01 mm gebracht werden sollten.

Die Zuordnung der Elemente zu den gemessenen Linien ist im allgemeinen wegen der Linienarmut der Röntgenspektren relativ leicht. Eine Möglichkeit zu Fehlanalysen ist durch die Linienkoinzidenzen gegeben (Zusammenfallen der Linien verschiedener Elemente). Die Koinzidenz von Linien ist dann besonders gefährlich, wenn Elemente in sehr kleiner Konzentration neben solchen mit großer Konzentration auftreten. Ein Element kann als nachgewiesen gelten, wenn mindestens zwei Linien aus einer Serie sicher vorhanden sind. Eine einzelne in keine Serie erkennbar einzuordnende Röntgenlinie ist im allgemeinen nicht eindeutig und kann daher nicht als Nachweis eines Elementes gelten. Wenn das nachzuweisende Element in der Analysensubstanz in so geringer Menge vorhanden ist, daß man nicht mehr als das Erscheinen der stärksten Linie einer Serie erwarten kann, so muß man versuchen, diese eine Linie für die K-, L- und M-Serie durch Wahl geeigneter Spannungen zu erhalten. Gelingt das, so ist es ausgeschlossen, daß man es statt mit der charakteristischen Emission des betreffenden Elementes mit einer anderen Linie in höherer Ordnung oder mit einer schwachen Linie der Serie eines ganz anderen Elementes, die der Hauptlinie des nachzuweisenden Elementes naheliegt, zu tun hat. Unter Berücksichtigung der Intensitätsverhältnisse in einer Serie läßt sich die Zuordnung der Linien zu bestimmten Elementen in der Analysensubstanz bei einer Meßgenauigkeit von $\pm 3-4$ XE im allgemeinen eindeutig durchführen.

Zur Erleichterung dieser Aufgabe dient die Tab. 31, in der die Wellenlängen der starken und mittelstarken Linien bis zur 4. Ordnung, der schwachen bis zur 1. und 2. Ordnung aller Elemente zusammengestellt sind. Sind mit Hilfe der Tab. 16 bis 28 die Wellenlängen bei Verwendung eines bestimmten Kristalls ermittelt, so können mit dieser Tabelle die in Frage kommenden emittierenden Elemente bestimmt werden. Einen Überblick über die ungefähre Lage der Spektrallinien bei Benutzung eines bestimmten Analysatorkristalls ermöglichen auch die Anhangtafeln I bis VI, aus denen außer den Wellenlängen und Reflexionswinkeln auch die entsprechenden Anregungsspannungen entnommen werden können. In der Tab. 32 sind schließlich die stärksten Wellenlängen jedes einzelnen Elementes bis zur 4. Ordnung zusammengestellt mit der ungefähren Angabe ihrer relativen Intensitäten.

Die Grenze der Nachweisbarkeit eines Elementes beider Emissionsverfahren (Elektronen- und Fluoreszenzanregung) ist sehr abhängig von der Zusammensetzung der Probe und vom Registrierverfahren. So können die hauptsächlichsten Vertreter der hochlegierten Stähle und der Buntmetalle im registrierenden Fluoreszenzverfahren bis zu kleinsten Prozentgehalten von etwa 0,15% bestimmt werden. Bei der Bestimmung von Cu, Ni, Mn in Al- oder Mg-Legierungen lassen sich noch wesentlich geringere Prozentgehalte nachweisen. Bei einer Zähldauer von 100 Sekunden konnten beispielsweise noch 0,03% Mn in Al mit einer Genauigkeit von 0,9%, bei einer Zähldauer von 10 Minuten noch 0,00001% mit einem Fehler von 8,5% nachgewiesen werden[1]. Mit der gleichen Methode ließen sich 0,0003% Fe und 0,0007% Cu in Eisen nachweisen. Diese Beispiele dürften jedoch als Ausnahmen anzusehen sein. Im allgemeinen liegt die Grenze der Nachweisbarkeit etwa in der Größenordnung von 0,05 bis 0,1 Gew.-%. Die großen Vorzüge der Röntgenemissionsanalyse gegenüber der optischen Spektralanalyse besteht darin, daß gerade dort große Genauigkeiten erreichbar sind, wo die Spektralanalyse zu versagen beginnt, nämlich bei Prozentgehalten von über 10%. Im Vergleich zur Polarographie entfallen die zeitraubenden Probenvorbereitungen, das Arbeiten unter Schutzgas, der gesundheitsschädigende Umgang mit Quecksilber und die besondere Erfahrung, die für die Auswertung eines Polarogramms erforderlich ist, wenn die Probe unbekannte Beimischungen enthält. Ein wesentlicher Nachteil besteht, wie wir noch sehen werden, darin, daß jedenfalls in routinemäßige Analysen sich nur Elemente mit Ordnungszahlen über 20 nachweisen lassen.

2. Qualitative Absorptionsanalyse

Viel seltener als die Emissionsanalyse findet die Absorptionsanalyse zur qualitativen Analyse Verwendung. Zu diesem Zweck sind in erster Linie nur die K-Absorptionskanten brauchbar. Bei dieser Methode wird das zu untersuchende Präparat durchstrahlt und die durchgelassene Strahlung durch einen Analysatorkristall spektral zerlegt. Wie schon vorher gezeigt wurde, beruht die Analysenmethode darauf, daß die Intensitätsverteilung im Bremsspektrum an den Stellen der Absorptionskanten der Elemente plötzlich Unstetigkeitsstellen zeigt, indem die kurzwelligere Seite des Spektrogramms eine geringere durchgelassene Intensität angibt als die langwellige. Daher ist es zweckmäßig, die Spannung an der Röntgenröhre so zu wählen, daß die Absorptionskante im intensivsten Teil des Bremsspektrums liegt. Die Höhe der Absorptionskante des gesuchten Elementes dient dann als

---

[1] FRIEDMANN, H., L. S. BIRKS u. E. I. BROOKS: Symposium on Fluorescent X-Ray Spectrographic Analysis, ASTM Publ. No. 157 (1955).

Maß für seine Konzentration in der Analysenprobe. Für die Auswahl des Anodenmaterials sind folgende Gesichtspunkte maßgebend:

1. Die Strahlenquelle soll ein möglichst intensives Kontinuum liefern. Da die Intensität des Kontinuums mit der Ordnung des Anodenmaterials zunimmt, wählt man vorteilhaft Anoden aus möglichst schweren Metallen, die jedoch in dem untersuchten Wellenlängengebiet keine charakteristischen Linien emittieren dürfen.

2. Um einen möglichst starken Kontrast der durch den Absorber hervorgerufenen Intensitätsschwankungen zu erreichen, hat man dafür zu sorgen, daß das zu registrierende Spektrum von keiner Fremdstrahlung überlagert wird. Eine solche Überlagerung entsteht durch Streuung z. B. der charakteristischen Emissionslinien des Anodenmaterials in 2. oder 3. Reflexionsordnung. Die Störung durch diese Streustrahlung kann aber unterdrückt werden, indem man die Registrieranordnung (Photoplatte, Ionisationskammer, Zählrohr) durch eine Abschirmung schützt.

Zur Erzielung eines möglichst starken Kontrastes des Absorptionssprunges ist weiterhin notwendig, daß die Dicke des Absorbers optimal gewählt wird. Dazu ist erforderlich, daß die Differenz der Intensitäten J_1 und J_2 der Röntgenstrahlen, die vom Absorber auf beiden Seiten der Absorptionskante durchgelassen werden, maximal wird.

$$\Delta J = J_1 - J_2 = J_0 (e^{-\mu_1 x} - e^{-\mu_2 x}) = \text{Max}, \tag{17}$$

μ_2 ist hierbei der Schwächungskoeffizient auf der kurzwelligen Seite der Kante und μ_1 derjenige auf der langwelligen Seite. Als Optimaldicke des Absorbers ergibt sich aus dieser Extremalgleichung

$$x_{\text{opt}} = M \frac{\log \mu_2 - \log \mu_1}{\mu_2 - \mu_1} \tag{18}$$

oder, falls der Absorber ein reines Element ist und unter Vernachlässigung der Streuung,

$$x_{\text{opt}} = M \frac{\log v}{\mu_1 (v - 1)}. \tag{19}$$

Hierbei ist $M = \dfrac{1}{\log e} = 2{,}30$ und $v = \dfrac{\tau_2}{\tau_1}$ der Absorptionssprung für das vorliegende Element (s. Tab. 11).

Zur Berechnung von τ_1, τ_2, μ und v müssen die Dichten der Absorber bekannt sein. Wenn diese nicht bekannt ist, kann man eine optimale Stärke P_{opt} des Absorbers in Gramm je cm² Oberfläche angeben. Dann tritt an die Stelle von Formel (19)

$$P_{\text{opt}} = M \frac{\log \dfrac{\mu_2}{\varrho} - \log \dfrac{\mu_1}{\varrho}}{\dfrac{\mu_2}{\varrho} - \dfrac{\mu_1}{\varrho}}. \tag{20}$$

Die Gl. (18) bis (20) sind direkt anwendbar, wenn die Ausschläge des Registriergerätes der Intensität proportional sind. Diese Voraussetzung ist bei Verwendung einer Ionisationskammer oder eines Zählrohres im allgemeinen erfüllt. Jedoch bei der photographischen Registrierung mit nachfolgender Photometrierung ist der Anzeigewert der Mikrophotometer bekanntlich nicht der auf der Schicht gefallenen Strahlungsintensität proportional. In diesem Fall nimmt der Kontrast mit der Dicke des Absorbers zu. Um die Hauptkante möglichst kontrastreich zu bekommen, ist zu berücksichtigen, daß die photographische Schwärzung von der Belichtungszeit t abhängt und daß es eine optimale Belichtungszeit gibt.

Sollen feste Körper untersucht werden, so empfiehlt es sich, sie etwa in Form dünner Bleche in den Strahlengang zu bringen oder aber diese Körper zu pulverisieren und das Pulver in ein dünnes Seidenpapier einzureiben oder auf Zaponlack oder Kollodium aufzubringen. Man kann aber auch die Proben in Pulverform mit Graphitpulver vermischen und in eine Hartgummiküvette bringen. In einer solchen Küvette können auch flüssige Lösungen gebracht werden. Sollen die Absorptionsspektren von Gasen aufgenommen werden, so können dafür etwa 6 cm lange Glasrohre, deren Enden mit dünnen Gold- oder Al-Folien verschlossen sind, Anwendung finden. Das Glasrohr wird dann axial durchstrahlt.

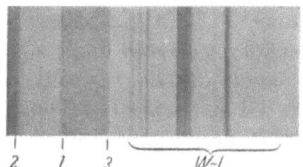

Abb. 7. Absorptionsspektrum von Zirkon (Entn.: REGLER: Grundzüge der Röntgenphysik, Wien 1937)
$1 = $ Zr-K_{abs}-Kante;
$2 = $ Ag-K_{abs}-Kante;
$3 = $ Br-K_{abs}-Kante.
Die im Spektrum ersichtlichen Linien sind die Linien der L-Serie der W-Anode

Bei einer photographischen Registrierung kann man die K-Absorptionskanten von Silber und Brom als Bezugslinien verwenden, da die Strahlen mit $\lambda < \lambda_{\text{Ag}-K_{\text{Abs}}}$ bzw. $\lambda < \lambda_{\text{Br}-K_{\text{Abs}}}$ in der photographischen Schicht plötzlich mehr absorbiert werden und eine stärkere Filmschwärzung hervorrufen. Die Absorptionskanten der Elemente in der photographischen Schicht bilden sich also selbst ab. In Abb. 7 wird dies an dem Beispiel der K-Absorptionskante von Zr gezeigt.

D. Quantitative Röntgenspektralanalyse

Wie jede Spektralanalyse ist auch die Röntgenspektralanalyse in erster Linie ein qualitatives Verfahren, das allerdings durch Schätzung oder Messung der Intensitäten und aus der Zahl der anwesenden schwachen Linien einer Serie auch einen Schluß auf die Quantität der einzelnen Elemente in einer Probe erlaubt. Dazu kann sowohl das Emissionsspektrum als auch das Absorptionsspektrum Verwendung finden. Gegenüber der Emissionsanalyse hat die Absorptionsanalyse den Vorteil, daß sie in ihren physikalischen Grundzügen leichter zu übersehen ist. In der Praxis können jedoch Absorptionsmessungen nur von solchen Elementen mit Erfolg durchgeführt werden können, bei denen die Wellenlänge der Absorptionskante kleiner als 1 KX-Einheit ist, weil im anderen Falle infolge der hohen Absorption des zu untersuchenden

Präparates die Belichtungszeiten zu lang werden; d. h. also, daß die Absorptionsanalyse in ihrer Anwendung auf Elemente mit Ordnungszahlen größer als etwa 38 beschränkt ist. Sie ist besonders geeignet für solche Fälle, in denen ein Element mit hoher Ordnungszahl in einem Stoff zu bestimmen ist, welche sonst nur *leichte* Elemente enthält, z. B. zur Bestimmung von Blei in Benzin.

1. Quantitative Emissionsanalyse

Als Gründe dafür, daß die Intensitäten der Emissionslinien nicht linear oder logarithmisch proportional den Gewichtsanteilen der Elemente im Präparat sind, wie etwa in der optischen Spektroskopie, sind folgende Faktoren anzugeben: Während bei der optischen Spektralanalyse 1. im Lichtbogen stets Linien genügend hoher Energie vorhanden sind und keine so engen Beziehungen zwischen dem Anregungszustand des Bogens und dem Intensitätsverhältnis der Linien bestehen; 2. die Absorption vernachlässigt werden kann, da sich die Atome im gasförmigen Zustand befinden und infolgedessen eine sehr geringe Dichte haben; 3. aus der großen Zahl der vorhandenen Linien stets einige Spektrallinien herauszufinden sind, die nur eine unbedeutende Selbstabsorption haben, sind in der Röntgenemissionsspektroskopie 1. die Intensitäten sowohl bei der Elektronen- als auch bei der Fluoreszenzanregung wesentlich geringer und sehr stark abhängig von der Atomart und von der Betriebsspannung bzw. der Primärwellenlänge; ist 2. mit einer beträchtlichen Schwächung sowohl der anregenden als auch der Eigenstrahlung der Atome durch die Absorption in den darüberliegenden Schichten des Präparates zu rechnen; ist 3. keine Möglichkeit gegeben, eine Linie mit einer geringen Selbstabsorption herauszusuchen.

Die Anodenspannung ist bei der Emissionsanregung durch Elektronenbombardement aus zwei Gründen möglichst groß zu wählen: Erstens, weil die Linienintensität ungefähr proportional $(V - V_0)^{3/2}$ ist (V = Betriebsspannung, V_0 = Anregungsspannung der Serie) und zweitens, weil sich das Verhältnis von zwei gleichen Linien zweier Elemente mit wachsender Spannung dem Wert 1 nähert. Das geht aus folgendem Beispiel hervor: Für die L_{α_1}-Linie von Tellur beträgt die Anregungsspannung der L_{III}-Serie 4341 V, für die L_{α_1}-Linie von Cer 5728 V. Die Intensitäten der beiden Linien verhalten sich dann:

$$I_{L_{\alpha_1}-\text{Te}} : I_{L_{\alpha_1}-\text{Ce}} = 3:1 \quad \text{für} \quad V = 7000 \text{ Volt},$$
$$= 1,9:1 \quad \text{für} \quad V = 10000 \text{ Volt},$$
$$= 1,3:1 \quad \text{für} \quad V = 12000 \text{ Volt}.$$

Die hier angenommene Proportionalität der Linienintensität mit $(V - V_0)^{3/2}$ gilt jedoch nur für den Bereich $V \leq 3 V_0$. Einen komplizierteren, über einen weiteren Spannungsbereich gültigen Ausdruck für die Abhängigkeit der Linienintensität von V wurde von

1. Quantitative Emissionsanalyse

ROSSELAND[1] angegeben. Die Reihenentwicklung lautet:

$$I = K e^{-\alpha^2 V^2} \left\{ \frac{V-V_0}{V_0} - \log \frac{V}{V_0} + \frac{\alpha^2}{6V_0}(2V^3 - 3V^2 V_0 + V_0^3) + \right.$$
$$+ \frac{\alpha^2}{40 V_0}(4V^5 - 5V^4 V_0 + V_0^5) + \quad (21)$$
$$\left. + \frac{\alpha^6}{252 V_0}(6V^7 - 7V^6 V_0 + V_0^7) + \cdots \right\}.$$

Die Größe α enthält bereits den durch die Absorption der angeregten Eigenstrahlung im Präparat bedingten Absorptionsfaktor und ist gegeben durch

$$\alpha^2 = \mathrm{const}\, \mu \frac{\sin \varphi}{\sin \psi} \quad (22)$$

φ = Einfallwinkel des Elektrons,
ψ = Ausfallwinkel der Eigenstrahlung.

Da die Absorption von der Wellenlänge abhängig ist, kommt es bei quantitativen Analysen leicht vor, daß der Gewichtsanteil eines Elementes mit kurzwelligerer Eigenstrahlung bei der Beurteilung der Linienintensität überschätzt wird. Die Formel gibt die Abhängigkeit der Intensität von der Betriebsspannung bis etwa $V \lesssim 10\, V_0$ richtig wieder. Als Beispiel ist in der Abb. 8 die Abhängigkeit der K_α-Linie einer Aluminiumanode von der Spannung dargestellt. Die berechnete Linienintensität erreicht bei etwa $11\, V_0$ ihren Maximalwert und stimmt bis dahin mit der experimentellen gut überein.

Für die Intensität der durch eine Primärstrahlung mit der Intensität J_0 und Wellenlänge λ_p angeregten Fluoreszenzlinie λ_a kann geschrieben werden:

$$J_a^f = \frac{J_0(\lambda_p)\, Q_a(\lambda_p)\, N_a\, A}{\frac{\mu(\lambda_p)}{\sin \varphi} + \frac{\mu(\lambda_a)}{\sin \psi}}. \quad (23)$$

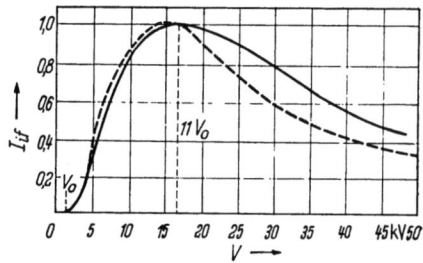

Abb. 8. Die Intensität der K_α-Linie einer Aluminiumanode in Abhängigkeit von der Spannung (Entn.: M. A. BLOCHIN: Physik der Röntgenstrahlen, Berlin 1957) ———: experimentell aufgenommen; – – – –: berechnet nach Gl. (21)

Dabei ist $Q_a(\lambda_p)$ die Anregungswahrscheinlichkeit zur Emission der λ_a-Spektrallinie durch die Primärwellenlänge λ_p, N_a die Zahl der λ_a-emittierenden Atome, A die bestrahlte Probenoberfläche und φ und ψ die Einfall- und Ausfallwinkel der Primär- und Sekundärstrahlung. Die Gl. (23) setzt voraus, daß das Präparat genügend dick ist, also eine vollständige Absorption der Primärstrahlung erfolgt. Aus der Abhängigkeit der Größe Q_a von der Primärwellenlänge folgt, daß die Intensität der Fluoreszenzlinie eine Funktion des Verhältnisses $\frac{\lambda_p}{\lambda_a}$ ist. Als Beispiel ist in der Abb. 9 dies für den Fall der K_α-Anregung

---
[1] ROSSELAND, S.: Phil. Mag. **45**, 65 (1923).

einer Zn-Schicht dargestellt. Z kennzeichnet dabei das Anodenmaterial der Röntgenröhre, die zur Anregung der sekundären K-Serie des Zinks benutzt wurde. Die Abb. 9 zeigt, daß die Fluoreszenzintensität mit wachsender Ordnungszahl des Anodenmaterials und abnehmender Primärwellenlänge rasch kleiner wird. Um umgekehrt eine möglichst intensive Linie einer Serie des sekundären Spektrums zu erhalten, muß die Wellenlänge λ_p der Primärstrahlung möglichst nahe an der Wellenlänge der entsprechenden Absorptionskante sein, jedoch stets kleiner als diese gewählt werden. Als allgemein zweckmäßig hat es sich erwiesen, eine charakteristische Strahlung zu verwenden, deren Wellenlänge rund 100 bis 200 XE kurzwelliger ist, als die Absorptionskante der anzuregenden Strahlung.

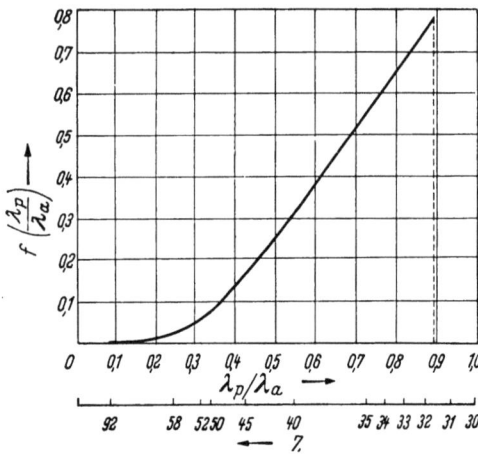

Abb. 9. Fluoreszenzintensität der Zn-K_α-Linie als Funktion der Wellenlänge λ_p und der Ordnungszahl Z des Anodenmaterials (Entn.: M. A. BLOCHIN: Physik der Röntgenstrahlen, Berlin 1957)

Wenn die Fluoreszenz nur durch das charakteristische Anodenspektrum angeregt wird, ist $J^f \sim J_0(\lambda_p)$, d. h. J^f hängt ebenso wie J_0 von der Anodenspannung V ab, so daß also näherungsweise gilt:

$$J^f \sim J_0(\lambda_p) \sim (V - V_0)^{3/2}. \qquad (24)$$

Wird das Fluoreszenzspektrum durch das kontinuierliche Bremsspektrum angeregt, so kann entsprechend geschrieben werden:

$$dJ^f \sim dJ_0(\lambda_p)\, d\lambda_p. \qquad (25)$$

Integration über λ mit den Grenzen λ_0 (untere Grenzwellenlänge des Bremsspektrums) und λ_K (Wellenlänge der Absorptionskante der Fluoreszenzlinien) und ersetzen von λ_0 durch $\dfrac{hc}{eV}$ ergibt die Abhängigkeit von J^f von V. Die von BLOCHIN berechnete und gemessene Fluoreszenzintensität der Cu_{K_α}-Linie in Abhängigkeit von der Spannung zeigt die Abb. 10. V_q ist dabei die Anregungsspannung des K-Niveaus beim Kupfer und beträgt 9 kV.

Aus den Gleichungen folgt, daß man im allgemeinen die Röntgenröhre an der maximal zulässigen Spannung betreiben wird. Bei Benutzung des Bremsspektrums zur Fluoreszenzanregung wird man allerdings in zwei Fällen die Röhrenspannung nicht so hoch wie möglich wählen: Erstens, wenn es erwünscht ist, nicht alle Bestandteile des Präparates fluoreszieren zu lassen (selektive Anregung) und zweitens, wenn das anzuregende Fluoreszenzspektrum sehr langwellig ist. Der Grund ist in diesem Fall die Streuung der Primärstrahlung im System.

Auf Grund der Gl. (23) wurde von BEATTIE und BRISSEY[1] eine quantitative Analysenmethode angegeben. Danach wird für die Ab-

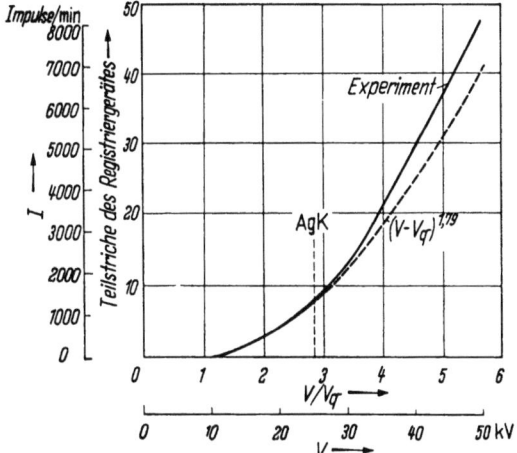

Abb. 10. Fluoreszenzintensität der Cu-K_α-Linie in Abhängigkeit von der Spannung bei Verwendung einer Ag-Anode

sorptionskorrektur im Nenner der Gleichung ein Schwächungsfaktor $\varrho_s M_{as}$ eingeführt, der mit den bereits früher benutzten Bezeichnungen sich schreiben läßt in Form:

$$M_{as} = \frac{1}{\sin\varphi} \sum_i \alpha_i \frac{\mu_i(\lambda_p)}{\varrho_i} + \frac{1}{\sin\psi} \sum_i \alpha_i \frac{\mu_i(\lambda_a)}{\varrho_i}. \quad (26)$$

ϱ_s ist dabei die Dichte der Probe und α_i der Gewichtsanteil der Komponente i. Mit der Abkürzung

$$M_{ai} = \frac{1}{\sin\varphi} \frac{\mu_i(\lambda_p)}{\varrho_i} + \frac{1}{\sin\psi} \frac{\mu_i(\lambda_a)}{\varrho_i} \quad (27)$$

ist dann

$$M_{as} = \sum_i \alpha_i M_{ai}. \quad (28)$$

Für das Verhältnis der Fluoreszenzintensität der reinen Substanz a zu dem der Mischung oder Legierung ergibt sich dann

$$R_a = \frac{I_{aa}}{I_{as}} = \frac{K_a N_{aa}}{\varrho_a M_{aa}} \frac{(\varrho_s \sum \alpha_i M_{ai})}{K_a N_{as}} = \frac{N_{aa}}{\varrho_a} \frac{\varrho_s}{N_{as}} \sum \alpha_i \frac{M_{ai}}{M_{aa}}. \quad (29)$$

$\dfrac{N_{as}}{\varrho_s}$ ist die Zahl der a-Atome pro Gramm Legierung, $\dfrac{N_{aa}}{\varrho_a}$ die Zahl der a-Atome pro Gramm der reinen Substanz, daher ist

$$\frac{N_{as}}{\varrho_s} \frac{\varrho_a}{N_{aa}} = \alpha_a. \quad (30)$$

---

[1] BEATTIE, H. J., u. R. M. BRISSEY: Analytic. Chem. **26**, 980 (1954).

Damit und mit der Abkürzung $A_{ai} = \frac{M_{ai}}{M_{aa}}$ wird

$$R_a \alpha_a = \sum_i A_{ai} \alpha_i = \alpha_a + \sum_{i \neq a} A_{ai} \alpha_i. \tag{31}$$

Die Absorptionsparameter $A_{ai} = \frac{M_{ai}}{M_{aa}}$ können durch Eichaufnahmen der binären Legierungen von bekannter Zusammensetzung bestimmt werden. Ist dies einmal geschehen, dann kann jede Legierung dieser Komponenten durch Messung von R_a, R_b usw. und einsetzen dieser Größen in ein System simultaner Gleichungen analysiert werden. Das Gleichungssystem lautet dann:

$$\begin{aligned}-(R_a - 1)\alpha_a + A_{ab}\alpha_b + A_{ac}\alpha_c + \cdots &= 0, \\ A_{ba}\alpha_a - (R_b - 1)\alpha_b + A_{bc}\alpha_c + \cdots &= 0, \\ A_{ca}\alpha_a + A_{cb}\alpha_b - (R_c - 1)\alpha_c + \cdots &= 0.\end{aligned} \tag{32}$$

Von den Autoren wird die Anwendbarkeit dieser Methode an ternären und quaternären Fe-, Ni-, Cr-, Mo-Legierungen demonstriert. Insbeson-

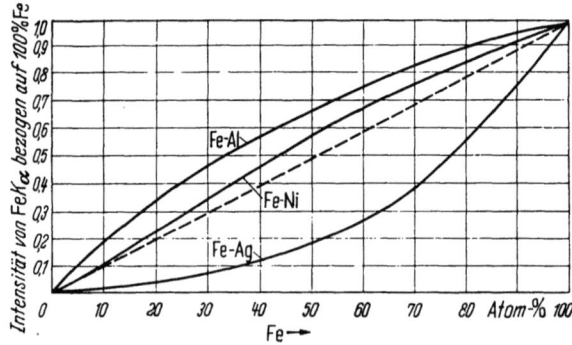

Abb. 11. Abweichungen von der Linearität zwischen Intensitätsanzeige und Konzentration für verschiedene Fe-Legierungen

dere wird gezeigt, daß durch die empirische Bestimmung der Absorptionskorrekturen die gegenseitige Fluoreszenzanregung automatisch eliminiert wird.

Die gebräuchlichste Methode für eine quantitative Analyse besteht, ebenso wie in der optischen Spektralanalyse, darin, die gemessenen Intensitäten mit denen einer Reihe von Standardpräparaten zu vergleichen. Mit solchen Standards kann man Eichkurven aufnehmen, die die Intensität als Funktion der Konzentration jedes Bestandteiles angeben. Jedoch sind diese Kurven nur bei Kombinationen von Elementen mit nahezu gleicher Absorption linear. Dies geht aus der Abb. 11 hervor, in der einige Beispiele für die durch die Absorption bedingte Abweichung der gemessenen Fluoreszenzintensität und der tatsächlichen Konzentration von der Linearität angegeben sind. Je größer die Unterschiede in der Absorption sind, um so feiner müssen also die Standards in ihrer Zusammensetzung abgestuft sein.

Da bei dieser Methode die Intensitätsverhältnisse des Elementes nach einer Eichung festgestellt werden, fällt im allgemeinen die verschiedene Empfindlichkeit der photographischen Schicht bzw. des Zählrohres gegenüber Röntgenstrahlen verschiedener Wellenlänge nicht störend ins Gewicht. Auch der Störfaktor des verschieden großen Streuvermögens der Röntgenstrahlen verschieden großer Wellenlängen wird durch die Aufstellung der Eichkurven eliminiert. Eine Fehlbestimmung kann aber dann eintreten, wenn durch weitere Elemente in der zu analysierenden Substanz, die in den Standards und somit bei der Aufstellung der Eichkurven fehlten, die Absorptionsverhältnisse geändert werden. Dies ist z. B. dann der Fall, wenn die Absorptionskante eines zusätzlichen Elementes zwischen der Wellenlänge des zu bestimmenden Elementes und der der Eichsubstanz liegt. Dann wird nämlich die kurzwelligere Strahlung ungleich mehr geschwächt als die langwelligere.

Eine weitere Fehlmessung kann dann entstehen, wenn die Wellenlänge der charakteristischen Strahlung eines Zusatzelementes zwischen den Wellenlängen der Absorptionskanten der beiden Vergleichselemente liegt, da dann die Eigenstrahlung des Vergleichselementes mit der langwelligeren Kante wesentlich stärker angeregt wird. Dieser Effekt wird aber nur dann merklich stören, wenn es sich bei der Wellenlänge des Fremdelementes um eine starke Linie der K-Serie handelt. Umgekehrt ist eine Fälschung der Ergebnisse zu erwarten, wenn die charakteristischen Linien einer Fremdsubstanz kurzwelliger als die Wellenlängen der beiden Absorptionskanten der Vergleichselemente sind, da dann das Element, dessen Kante näher bei der charakteristischen Strahlung der Fremdsubstanz liegt, durch die Strahlung stärker zur Fluoreszenz angeregt wird als das entfernter liegende Element. Die Erfahrung zeigt jedoch, daß dieser sicher vorhandene Effekt keine wesentliche Fälschung der Analysenergebnisse bringt.

Die angeführten Störeffekte zeigen, daß, um sie weitgehend zu vermeiden, es nötig ist, die beiden Vergleichselemente, also das zu bestimmende Element und das beigefügte Eichelement, so zu wählen, daß die Wellenlängen der beiden zu vergleichenden Linien ebenso wie die der Absorptionskanten so nahe benachbart sind, daß es sehr unwahrscheinlich ist, daß sich in dieses enge Intervall noch eine Kante oder Linie eines Fremdelementes einschachteln kann. Einige geeignete Vergleichselemente mit nahe beieinander liegenden Wellenlängen enthält die Tab. 33.

Für die hier erwähnte Analysenmethode ist es gleichgültig, ob die beiden Vergleichslinien beide einer Serie oder aber zwei verschiedenen Serien angehören, wenn darauf geachtet wird, daß die Anregungsbedingungen für die Eich- und Analysenmessung gleich sind.

Ein weiteres quantitatives Analysenverfahren, das keine vorhergehende Eichung erfordert, ist folgendes: Einer Substanz, in der man die Konzentration eines Elementes mit der Ordnungszahl Z feststellen will, wird ein Bezugselement mit nahe benachbarter Ordnungszahl in bekannter Menge zugesetzt und die Intensität nur einander entsprechender Linien der beiden Elemente verglichen, also etwa nur die

K_α- oder L_α-Linien. Da die Wellenlängen dieser benachbarten Elemente nicht sehr verschieden sind, kann man aus dem Intensitätsverhältnis der beiden Vergleichslinien direkt auf das Mengenverhältnis der beiden Elemente schließen; vorausgesetzt natürlich, daß keine der oben beschriebenen Störeffekte auftreten. Außerdem ist die Wellenlängenabhängigkeit der Registriervorrichtung zu berücksichtigen.

2. Quantitative Absorptionsanalyse

Die Methode der quantitativen Röntgenabsorptionsanalyse, die zuerst von GLOCKER und FROHNMEYER angegeben wurde[1], ist in ihrer physikalischen Gesetzmäßigkeit wesentlich leichter zu überblicken als die Emissionsanalyse. Ersetzt man in Gl. (5) die dort angegebene Dicke d der zu durchstrahlenden Probe durch $\frac{V}{F} = \frac{M}{SF}$ (V = Volumen und F = Fläche der Probe) und bezieht die Masse M in Gramm auf einen Quadratzentimeter, dann ergibt sich aus Gl. (5) für die hindurchgehende Intensität der Ausdruck:

$$I = I_0 e^{-\frac{\mu}{\varrho}M}. \tag{33}$$

Enthält die zu untersuchende Substanz der Masse M nun m_i Gramm des zu suchenden Elementes, so kann für das Absorptionsvermögen dieser Probe auch geschrieben werden:

$$I = J_0 e^{-\frac{\mu_i}{\varrho_i} m_i} e^{-\left(\frac{\mu}{\varrho}\right)'[M - m_i]} \tag{34}$$

dabei ist

$$\left(\frac{\mu}{\varrho}\right)' = \left(\frac{\mu}{\varrho}\right) - \frac{\mu_i}{\varrho_i} \tag{35}$$

der Massenschwächungskoeffizient der restlichen Probe. Das zu messende Element habe bei λ_{A_i} eine Absorptionskante. Für $\lambda_1 > \lambda_{A_i}$ gilt dann

$$I_1 = I_0(\lambda_1) e^{-\frac{\mu_i(\lambda_1)}{\varrho_i}} e^{-\left(\frac{\mu(\lambda_1)}{\varrho}\right)'[M - m_i]} \tag{36}$$

und für $\lambda_2 < \lambda_{A_i}$

$$I_2 = J_0(\lambda_2) e^{-\frac{\mu_i(\lambda_2)}{\varrho_i}} e^{-\left(\frac{\mu(\lambda_2)}{\varrho}\right)'[M - m_i]}. \tag{37}$$

Sind nun λ_1 und λ_2 der Kante unmittelbar benachbart, so wird die Bremsstrahlung $J_0(\lambda_1)$ und $J_0(\lambda_2)$ und auch $\left(\frac{\mu(\lambda_1)}{\varrho}\right)'$ und $\left(\frac{\mu(\lambda_2)}{\varrho}\right)'$ der Restmenge fast gleich sein. Das letztere deshalb, weil die Substanz der Masse $M - m_i$ bei λ_{A_i} keine Absorptionskante besitzt. Daraus folgt, daß für das Intensitätsverhältnis $\frac{J_2}{J_1}$ mit genügender Genauigkeit

---

[1] GLOCKER, R., u. G. FROHNMEYER: Ann. Physik **26**, 369 (1925).

geschrieben werden kann:

$$\frac{J_2}{J_1} = e^{-\frac{1}{\varrho_i}[\mu_i(\lambda_2) - \mu_i(\lambda_1)] m_i} = e^{-c\,m_i}. \tag{38}$$

Die für jedes Element charakteristische Konstante kann daher aus den bekannten Schwächungskoeffizienten beiderseits der Absorptionskanten berechnet werden. Für die Elemente können diese C-Werte der Kurve der Abb. 12 entnommen werden.

Werden die Intensitäten bei photographischer Messung etwa durch die Br- oder Ag-Absorptionskanten gefälscht, so sind die Meßergebnisse zunächst zu korrigieren. Bei der photographischen Durchführung der Analyse ist, wie schon weiter vorn erwähnt, auf Elemente mit $Z > 40$ beschränkt, da sonst λ_A und damit die Belichtungszeiten zu groß werden. Die Mindestmenge der photographisch noch nachweisbaren Mengen liegen zwischen 0,7 mg/cm² für Mo und 16 mg/cm² für Th bei Benutzung der K-Absorptionskanten. Für Elemente mit großen Werten von Z ist die Messung der

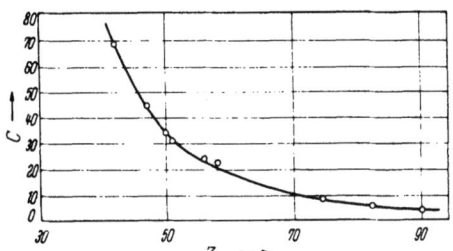

Abb. 12. Abhängigkeit der Konstante C von der Ordnungszahl (Entn.: R. GLOCKER: Materialprüfung mit Röntgenstrahlen, 4. Aufl. Berlin/Göttingen/Heidelberg: Springer 1958)

L-Absorptionskanten zweckmäßiger, da die Mindestmenge zur Sichtbarmachung des Sprunges dann viel kleiner ist (für Th ≈ 1 mg/cm). Wie GLOCKER und FROHNMEYER angeben, ist für die Auswertung der Diagramme ein Intensitätsverhältnis $\frac{J_2}{J_1} = 0{,}3$ bis $0{,}7$ am günstigsten, da für größere Werte kleine Meßfehler wegen der e-Funktion große Fehler in der Bestimmung von m_i zur Folge haben. Für lösliche Stoffe erfolgt daher die Analyse am besten in flüssiger Form, weil durch Veränderung der Konzentration leicht Absorptionssprünge von passender Größe erzeugt werden können.

Ein Absorptions-Analysenverfahren ohne Ausnutzung eines Absorptionssprunges, das eine besonders große Ähnlichkeit mit der optischen Absorptionsanalyse hat, wurde von CRANSTON, MATTHEWS und EVANS[1] beschrieben. Danach wird eine polychromatische Röntgenstrahlung einer Feinstruktur-Halbwellenapparatur mit Hilfe einer rotierenden Blende im Rhythmus der Halbwelle abwechselnd durch die Absorptionsküvette und durch die Standardlösungsküvette auf den gemeinsamen Detektor gerichtet. Im Strahlengang der Standardlösung befindet sich eine drehbare, planparallele Glasplatte als veränderlicher Absorber, der einen Nullabgleich der elektronisch gemessenen und gegeneinandergeschalteten Intensitäten ermöglicht. Nach vorheriger Eichung

---

[1] CRANSTON, R. W., F. H. MATTHEW u. N. EVANS: J. Inst. Petroleum **40**, 55 (1954).

können aus der Einstellung des Absorbers direkt die Prozentgehalte des gesuchten Elementes abgelesen werden. Der Vollständigkeit halber sei noch darauf hingewiesen, daß zur Absorptionsanalyse im weiteren Sinne auch die Methoden der Mikroradiographie gehören.

E. Spektralapparate

1. Röntgenoptische Anordnungen

Es ist nicht Zweck dieser Darstellung, die heute im Handel befindlichen Röntgenspektrographen eingehend zu besprechen. Die bekanntesten Verfahren sind in der Literatur bereits ausführlich beschrieben[1]. Die Wirkungsweise und Handhabung läßt sich letzten Endes im Prinzip immer auf die BRAGGsche Gleichung zurückführen. Die bekannten, bereits mehrfach beschriebenen Anordnungen zur Analyse der durch Elektronenbeschuß primär angeregten Röntgenstrahlen sind in den Abb. 13 bis 17 noch einmal schematisch dargestellt.

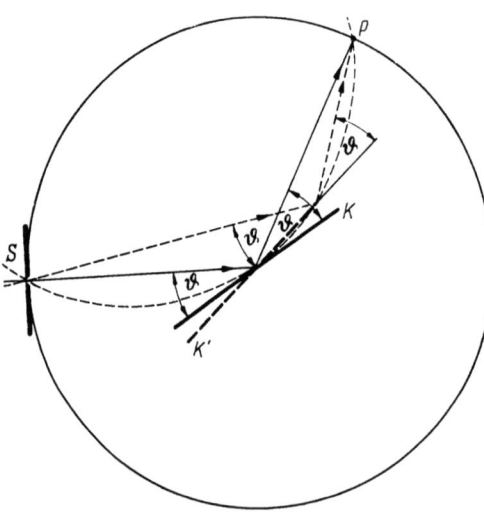

Abb. 13. Fokussierende Drehkristallmethode (nach BRAGG)
S Spalt; K Kristall; P Detektor

Bei der fokussierenden Drehkristallmethode muß der photographische Film oder der Detektor P von der Drehachse des Analysatorkristalls K ebenso wie der Spalt S zur Ausblendung des Primärstrahlenbündels gleich weit entfernt sein. Bei der Drehung des Kristalls K wird jede Wellenlänge λ mit dem zugehörigen Glanzwinkel Θ solange zur Beugung gelangen, als ein Strahl des divergenten Primärstrahlenbündels mit dem Kristall den Winkel Θ bildet, wobei alle Röntgenstrahlen gleicher Wellenlänge sich an einer Stelle P treffen. Nach dem fokussierenden Drehkristallprinzip sind die meisten für die Ausführung von Spektralanalysen gut geeigneten Spektrographen konstruiert. (Hadding-Spektrograph für Übersichtsaufnahmen von 700 bis 2700 XE, Siegbahn-Vakuumspektrograph von etwa 700 bis 10000 XE.)

Zur Vermeidung der Notwendigkeit eines großen fehlerfreien Kristalls wurde von SEEMANN die sogenannte Schneidenmethode eingeführt, für die zwar ebenfalls ein fehlerfreier Kristall, jedoch nur von kleiner Ober-

---

[1] SIEGBAHN: Spektroskopie der Röntgenstrahlen, 2. Aufl., Berlin: Springer 1931.

fläche benötigt wird, der wesentlich leichter zu beschaffen ist, als ein guter Kristall mit großer Oberfläche. An Stelle einer Blende ist hier eine Schneide aus Schwermetall einem Kristall ganz nahe aufgesetzt. Der ganze Spektrograph wird mitsamt dem Detektor gegen die feststehende Röntgenröhre gedreht. Für kurzwelligere Röntgenstrahlen ist dieses Verfahren weniger gut brauchbar, da sich mit zunehmender Härte der Strahlen der Spalt des Spektrographen, gebildet durch die Schneide und die letzte noch zur Beugung verwendete Netzebene, von selbst immer mehr vergrößert und dadurch eine stets zunehmende Linienbreite im Gefolge hat.

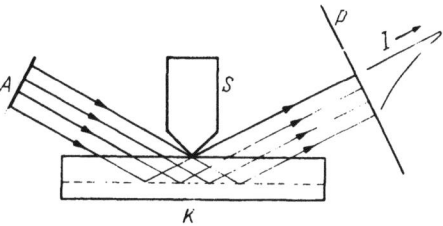

Abb. 14. Schneidenmethode (nach SEEMANN)
A Anode; K Kristall; P Detektor; I Intensitätsverteilungskurve einer Spektrallinie

Um diese Verbreiterung auch bei sehr kurzwelliger Strahlung möglichst zu vermeiden, wurde von SEEMANN die Lochkameramethode angegeben. Der Spalt S befindet sich hinter dem Kristall und

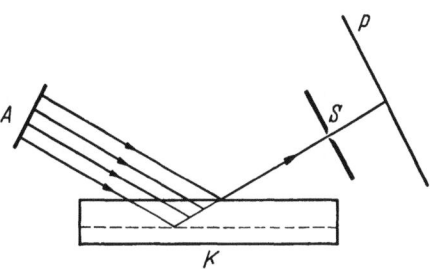

Abb. 15. Lochkameramethode (nach SEEMANN)

begrenzt das reflektierte Röntgenstrahlenbündel. Je feiner dieser Spalt ist, um so schärfer werden die Spektrallinien. Um einen größeren Spektralbereich erfassen zu können, wird der gesamte Spektrograph während

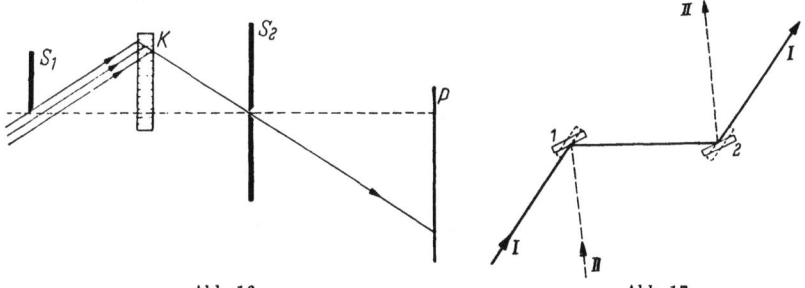

Abb. 16
Fenstermethode (nach FRIEDRICH und SEEMANN)

Abb. 17
Doppelkristallspektrometeranordnung

der Aufnahme innerhalb eines bestimmten Winkelbereiches hin- und hergeschwenkt.

Nur für kurzwellige Röntgenstrahlen verwendbar ist die von FRIEDRICH und SEEMANN angegebene Fenstermethode, eine Transmissionsmethode, bei der die Beugung an den inneren Netzebenen des Kristalls erfolgt.

Für manche Zwecke der Röntgenspektroskopie werden mit Vorteil Doppelkristall-Spektrometer verwendet, deren Wirkungsweise aus der Abb. 17 unmittelbar zu entnehmen ist.

Bei allen ausgeführten Spektrographenanordnungen werden vorwiegend die in der Tab. 15 angegebenen Kristalle benutzt. Für Arbeiten im langwelligeren Spektralgebiet von 5 bis 15 Å ist es dabei erforderlich, die Spektrographen als Hochvakuum-Spektralgeräte zu konstruieren. Zur Untersuchung der Röntgenspektren zwischen 15 und 500 Å werden Spektrographen mit ebenen und konkaven Strickgittern aus Glas und Metall verwendet.

Eine sehr wichtige Größe zur Charakterisierung einer Spektrometeranordnung ist das Auflösungsvermögen. Darunter wird das Verhältnis der Wellenlänge λ zur Wellenlängendifferenz $\Delta\lambda$, die zwei Linien besitzen müssen, um gerade noch getrennt angezeigt zu werden, verstanden; also

$$A = \frac{\lambda}{\Delta\lambda_{\min}}. \tag{39}$$

A ist abhängig vom Netzebenenabstand des Kristalls, von dem Abstand Kristall–Detektor, von der Divergenz des Röntgenstrahlenbündels und von der Güte des Kristalls. Mit Hilfe der BRAGGschen Gleichung kann man für A auch schreiben:

$$A = \frac{\text{tg}\,\Theta}{\Delta\Theta}, \tag{40}$$

dabei ist $\Delta\Theta$ die Winkelverbreiterung einer einzelnen Spektrallinie, die durch geometrische Verzerrungen und Beugungserscheinungen im Spektrographen entsteht. Wenn die lineare Linienverbreiterung schon größer ist als das Korn der Photoschicht oder als der Spalt des Detektors, dann ist es unzweckmäßig, die Maße des Spektrographen weiter zu vergrößern, da jede weitere Vergrößerung des Abstandes Kristall–Detektor dann nur einen starken Intensitätsverlust und keinerlei Verbesserung des Auflösungsvermögens bringt.

Aus der Gl. (39) folgt, daß das Auflösungsvermögen mit zunehmender Wellenlänge noch größer wird. Daher wird man bestrebt sein, möglichst die langwelligen Spektren zu untersuchen. Aus dieser Tatsache erklärt sich auch die in letzter Zeit festzustellende bedeutende Entwicklung der Spektroskopie auf dem Gebiet der weichen Röntgenstrahlen. Eine andere Möglichkeit zur Erhöhung des Auflösungsvermögens besteht in der Verkleinerung der Winkeldispersion $\Delta\Theta$. Dies ist z. B. durch die Doppelkristallspektrometeranordnung zu verwirklichen. Während das Auflösungsvermögen einer Lochkamera in der Umgebung von $\lambda = 500$ XE größenordnungsmäßig etwa bei 300 liegt, ist mit dem Doppelkristallspektrometer bei der gleichen Wellenlänge ein Auflösungsvermögen von etwa 600 erreichbar.

Für die routinemäßige *Fluoreszenzanalyse* wird vorwiegend die nichtfokussierende Drehkristallanordnung benutzt. Der prinzipielle röntgenoptische Strahlengang wurde bereits in der Abb. 6 angegeben. Das möglichst großflächige Präparat befindet sich nahe am Strahlenaustritt einer hochbelastbaren, mit Berylliumfenster versehenen

Röntgenröhre. Die durch intensive Bestrahlung angeregte Eigenstrahlung des Präparates fällt durch die Blende von großem Querschnitt

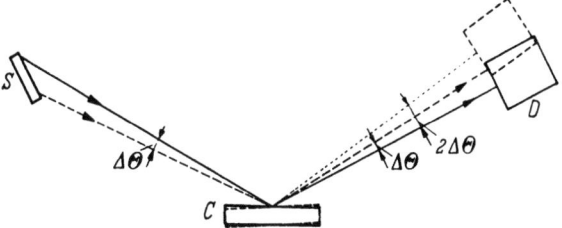

Abb. 18. Winkeldispersion einer Spektrallinie ohne Schlitzraster

auf den Analysatorkristall, wird von diesem gebeugt und gelangt durch eine Parallelschlitzblende zum Detektor. Die Aufzeichnung der Spektren geschieht dabei vorwiegend mit GEIGER-MÜLLER-Zählrohre, so daß man eine unmittelbare Anzeige der Linienintensitäten erhält. Das Zählrohr wird dabei auf dem Goniometerkreis mit der doppelten Winkelgeschwindigkeit des Kristalls geschwenkt. Durch den Schlitzraster (Sollerblende) erhält man die erforderliche Winkelauflösung für die Reflexionen. Die Wirkung dieser Schlitzraster läßt sich folgendermaßen verstehen (vgl. Abb. 18): Beim Drehen des Analysatorkristalls um den Winkel $\Delta\Theta$ tastet der Kristall die Fluoreszenzquelle ab. Wären die Schlitzblenden nicht vorhanden, so würde die Breite der registrierten Fluoreszenzwinkel ungefähr gleich diesem Winkel sein, da das

Abb. 19. Beispiel einer technischen Einrichtung zur Fluoreszenzanalyse

große Fenster des Detektors, obwohl dieser über den doppelten Winkel weitergedreht wird, dauernd noch einen Teil der reflektierten Strahlung aufnehmen würde. Durch den Schlitzraster jedoch wird die Breite der registrierten Linien auf einen vernünftigen Wert beschränkt, so daß man eine brauchbare Auflösung erhält.

Diese hängt von der Winkeldispersion der Rasterblende ab. Bei einem Raster mit der Winkeldispersion von $^1/_2$ Grad ergebe sich etwa eine Linienbreite von $2\Theta = 0{,}70$. Gehen wir davon aus, daß die Auflösungsgrenze dann erreicht ist, wenn die Entfernung zweier Linienmitten etwa gerade gleich der Linienbreite ist, so würde mit dieser Winkeldispension bei Verwendung eines Lithiumfluoridkristalls und einer Wellenlänge von etwa 2000 XE das Auflösungsvermögen etwa 110 betragen. Herabsetzung der Winkeldispersion aber auf ein Viertel würde das Auflösungsvermögen etwa um den Faktor 3 verbessern. Diese Werte sind für die meisten analytischen Zwecke völlig ausreichend. Mit der Verbesserung des Auflösungsvermögens durch Verringerung der Winkeldispersion wird zwar das Verhältnis von Maximalintensität zu Untergrund ebenfalls verbessert, jedoch die Intensität der Linien stark herabgesetzt.

Abb. 20. PHILIPS-Vakuum-Spektograph

Die Abb. 19 und 20 zeigen als Beispiele zwei der auf diesem Prinzip beruhenden Fluoreszenzspektraleinrichtungen. Mit der in Abb. 20 gezeigten PHILIPS-Vakuum-Spektrometer-Einrichtung ist die Fluoreszenzanalyse von Elementen bis zur Ordnungszahl 11 herunter möglich.

Bei kleineren Präparaten wird vorteilhaft die fokussierende Spektrometeranordnung mit gebogenem Kristall (Abb. 21) benutzt. Das dann nahezu punktförmige Präparat, die Oberfläche des Analysatorkristalls und der Empfangsspalt des Zählrohres liegen auf einem festen Kreis mit dem Radius R. Um eine optimale Fokussierung zu erhalten, wird der Kristall zunächst so weit gebogen, daß die reflektierenden Gitterebenen einen Krümmungsradius von $2R$ haben. Danach wird die reflektierende Gitterfläche des gebogenen Kristalls so geschliffen, daß sie einen Krümmungsradius R erhält. Das Spektrum wird abgetastet, in dem sowohl der Kristall als auch der Detektor auf dem Fokussierungskreis bewegt wird, und zwar ersterer halb so schnell wie letzterer. Dabei wird der Detektor mit der davorgesetzten Blende, die die Streustrahlung abhält, um den Mittelpunkt des Empfangsspaltes geschwenkt, so daß der Detektor dauernd den ganzen Kristall sieht.

2. Der Analysatorkristall

Mit einer derartigen Anordnung wurde die Fluoreszenanalyse bereits bei Präparaten von wenigen Milligramm erfolgreich angewendet. Bezeichnen wir mit L den Abstand Kristalldrehpunkt–Fokussierungspunkt oder Kristall–Fluoreszenzquelle, dann lautet bei dieser Anordnung die entsprechende BRAGGsche Gleichung:

$$\frac{dL}{R} = n\lambda. \tag{41}$$

Um die Länge L innerhalb der Grenzen von etwa 5 bis 15 cm zu halten, sind zur Überstreichung eines größeren Wellenlängengebietes mehrere Kristalle mit verschiedenen Krümmungen notwendig. Bei Verwendung von Kochsalz-Einkristallen mit den Krümmungsradien $2R = 10$, 20 und 40 cm läßt sich beispielsweise das Wellenlängengebiet von 0,7 bis 8,4 Å überstreichen.

Natürlich läßt sich diese fokussierende Anordnung auch für größere Präparate verwenden, wenn das kleine Präparat der Abb. 21 durch einen Spalt ersetzt wird, der ein von dem dahinter aufgestellten großen

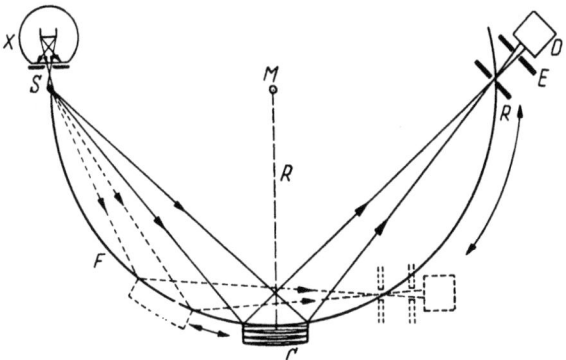

Abb. 21. Fokussierende Röntgenfluoreszenzanordnung

Präparate ein schmales Bündel durchläßt. Auf diese Weise erhält man jedoch keine größere Intensität und kein besseres Auflösungsvermögen als mit der nichtfokussierenden Anordnung der Abb. 6.

Die bisher erwähnten Apparate arbeiten mit einem Strahlendetektor, also mit nur einem Kanal. Ein Mehrkanalgerät wurde von HASLER und KEMP[1] beschrieben. Dabei besteht jeder Kanal aus einem Zählrohr mit Analysatorkristall, so daß eine gleichzeitige Messung der Intensitäten einer Standardprobe und der zu analysierenden Probe möglich ist.

2. Der Analysatorkristall

Der Kristall, an dem die zu analysierende Strahlung gebeugt wird, muß folgende Anforderungen erfüllen:

1. Zur Erfassung eines breiten Strahlenbündels muß der Kristall

---
[1] HASLER, M. F., u. J. W. KEMP: ASTM Special Technical Publication **157**, 34 (1954).

groß genug sein. Die reflektierende Oberfläche sollte nahezu vollkommen sein, d. h. frei von Fehlern infolge von Schleifen oder Spalten.

2. Der Kristall darf keine deutliche Mosaikstruktur aufweisen. Solch eine Struktur vergrößert die Linienbreite und setzt damit das Auflösungsvermögen herab. Außerdem wird die Maximalintensität verkleinert.

3. Der Kristall muß eine derartige chemische Zusammensetzung haben, daß seine eigene Fluoreszenzstrahlung, die von der auffallenden Strahlung angeregt werden kann, nicht stört. Daher darf der Kristall beim Arbeiten mit Wellenlängen unter 3 Å keine Elemente mit Ordnungszahlen über 20 enthalten. Die K-Strahlung der Elemente im Kristall ist dann nämlich sehr langwellig und wird, bevor sie den Detektor erreicht, fast vollständig in der Luft absorbiert. Arbeitet man mit Wellenlängen über 3 Å so darf der Kristall auch Elemente höherer Ordnungszahlen enthalten, da in diesem Falle die K-Strahlung nicht angeregt wird. Man muß allerdings dafür sorgen, daß die L-Spektren der Elemente des Kristalls nicht in das Gebiet fallen, in dem man arbeitet.

4. Der Kristall sollte auch möglichst mechanisch stabil sein und sich auch nicht nach längeren Expositionen ändern.

5. Der Netzebenenabstand d muß einen für die Beugung geeigneten Wert haben. Nach der BRAGGschen Gleichung wird bei gegebener Wellenlänge der Reflexionswinkel Θ um so größer, je kleiner d ist. d muß daher so klein sein, daß der Winkel Θ auch bei den kürzesten vorkommenden Wellenlängen mindestens etwa 4 bis 5° beträgt, da man sonst zu große Kristalle benötigt. Ein möglichst kleiner d-Wert ist auch für das Auflösungsvermögen günstig, wie aus der Beziehung

$$\frac{d\Theta}{d\lambda} = \frac{n}{2d \cos\Theta} \qquad (42)$$

hervorgeht.

Andererseits bedingt ein zu kleiner d-Wert auch eine kleinere obere Wellenlängengrenze, da bei $\lambda = 2d$ der Winkel $\Theta = 90°$ wird. Wie aber schon weiter vorn erwähnt, liegt diese größte Wellenlänge noch niedriger, da man aus Intensitätsgründen nicht mit steileren Incidenzen als 60 bis 70° arbeiten kann.

6. Eine weitere wichtige Anforderung bezieht sich auf die Reflexionen höherer Ordnungen. Es ist wünschenswert, einen Kristall zu wählen, dessen Reflexionen höherer Ordnung möglichst schwach sind, da dadurch die Möglichkeit von Liniencoincidenzen weitgehend eingeschränkt wird. Diese letzte Forderung ist allerdings nur schwer zu erfüllen. Das Intensitätsverhältnis der vier ersten Ordnungen beträgt nämlich nach BRAGG ganz allgemein, d. h. wenn durch die strukturelle Eigenart des beugenden Kristalls keine besonderen Beziehungen bestehen, etwa 100:20:7:3. Ausnahmen davon machen z. B. Kristalle aus CaF_2 und Si, bei denen die Reflexe 2. Ordnung wesentlich geringer sind als die der 3. Ordnung.

In der Tab. 15 sind die wichtigsten Angaben derjenigen Kristalle zusammengestellt, die heute vorzugsweise für die spektrochemische

Analyse mit Röntgenstrahlen gebraucht werden. Zur Erläuterung sei bemerkt, daß in den Spalten ,,Breite" und ,,Multiplizität" die unter gleichen Aufnahmebedingungen erhaltenen Vergleichswerte der Breite und der Aufspaltung einer Spektrallinie angegeben sind[1].

3. Detektoren

Die Röntgenstrahlung, die vom analysierenden Kristall unter verschiedenen Winkeln reflektiert wird, kann photographisch aufgezeichnet oder mit Zählrohren gemessen werden. Für Routineuntersuchungen ist die letztere Nachweismethode jedoch viel besser geeignet, da man hierbei stets eine unmittelbare Anzeige der Linienintensitäten erhält. Ebenso wie bei der photographischen Aufzeichnung erst nach Festlegung der Schwärzungskurve in Abhängigkeit von der Bestrahlungsintensität und der Wellenlänge aus der gemessenen Filmschwärzung auf die wahre Intensität geschlossen werden kann, muß bei Benutzung eines Zählrohres dessen Abhängigkeit von der Intensität und Wellenlänge erst bestimmt werden. Da die photographische Intensitätsmessung allgemein bekannt ist, sollen hier nur noch kurz die für die Spektrenaufzeichnung benutzten Zählrohre betrachtet werden.

Als Zähldetektoren können GEIGER-MÜLLER-Rohre (Auslösezähler), Proportional- und Szintillationszähler verwendet werden. In seiner modernen Form, bei dem als Löschmittel ein Halogen verwendet wird, besitzt der Auslösezähler ein empfindliches Volumen, eine große Zählrate, einen sehr niedrigen Untergrund und einen großen, von der Primärenergie unabhängigen Verstärkungsfaktor. Sein hauptsächlichster Nachteil ist die relativ große Totzeit (etwa 100 bis 200 Mikrosekunden), wodurch bei großen

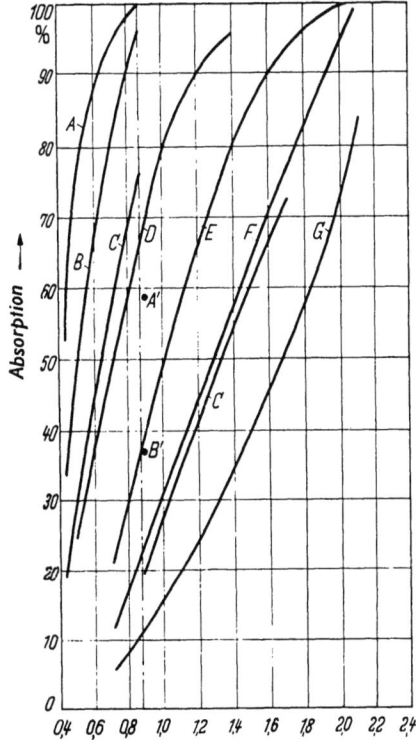

Abb. 22. Absorption von Röntgenstrahlen in verschiedenen Gasen

$A = 760$ Torr Kr; $B = 400$ Torr Kr;
$C = 200$ Torr Kr; $D = 200$ Torr Xe;
$E = 760$ Torr Ar; $F = 400$ Torr Ar;
$G = 200$ Torr Ar
[Entn.: FRIEDMAN, H., L. BIRKS, E. BROOKS: Sympriosum on X-Ray Spectrographic Analysis, ASTM Publ. No. 157 (1955)]

---

[1] LIPSON, H., J. B. NELSON u. D. P. RILEY: J. sci. Instruments **22**, 184 (1945).

Intensitäten Zählverluste entstehen, und weiterhin seine geringe Empfindlichkeit für kürzere Wellenlängen infolge geringerer Absorption. Dies letztere geht aus der Abb. 22 hervor, in dem die Absorption von Röntgenstrahlen in verschiedenen Gasen in Abhängigkeit von der Wellenlänge angegeben ist.

Der Proportionalzähler, der in den letzten Jahr für Röntgenmessungen entwickelt wurde, besitzt ungefähr die gleiche spektrale Empfindlichkeit wie der Auslösezähler, hat aber eine wesentlich kürzere Totzeit (kürzer als 1 Mikrosekunde).

Der für die Röntgenanalyse am universellsten verwendbare Detektor ist jedoch der Szintillationszähler. Er hat mit dem Proportionalzähler den Vorteil gemeinsam, daß die Totzeit nicht berücksichtigt zu werden braucht. Darüber hinaus besitzt er, wenn man einen NaJ-Szintillationskristall verwendet, eine nahezu konstante hohe spektrale Empfindlichkeit im gesamten im allgemeinen interessierenden Wellenlängenbereich.

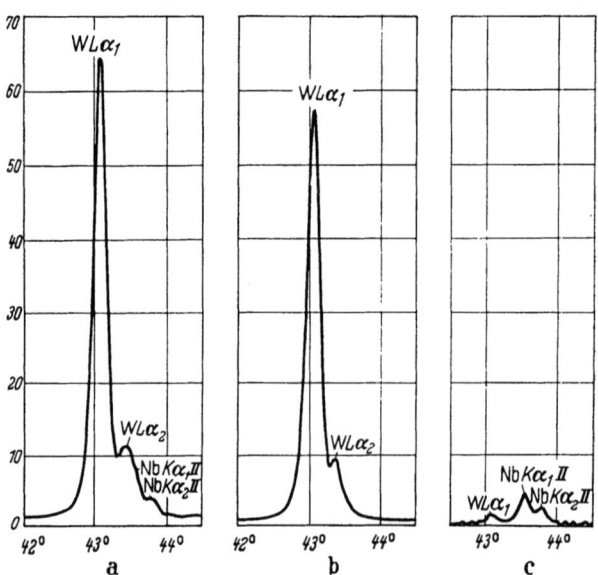

Abb. 23 a–c. Aufhebung von Überlappungen durch Impulshöhen-Diskrimator
a) Überlappung der $W_{L_{\alpha_2}}$-Linie mit $Nb_{K_{\alpha_1}}$; b) Impulshöhendiskriminierung auf W_{L_x} eingestellt; c) Impulshöhendiskriminierung auf Nb_{K_α} eingestellt

Für weichere Röntgenstrahlen ist das Verhältnis von angezeigter Intensität zum Untergrund nicht so günstig wie beim Auslösezähler, wird aber besser für härtere Strahlen.

Beim Proportional- und Impulszähler ist die Höhe des Impulses, der von einem Röntgenquant erzeugt wird, der Quantenenergie proportional. Mit einem geeigneten Impulshöhen-Diskriminator kann man diese Tatsache dazu benutzen, um einmal das Verhältnis von Maximalintensität zu Untergrund zu vergrößern und zum anderen um Spektrallinien verschiedener Elemente im Falle einer Überlappung zu trennen.

Ist nämlich der Wellenlängenunterschied zwischen den beiden überlappenden Linien groß genug (größer als das energentische Auflösungsvermögen[1,2]), dann können sie durch geeignete Impulshöhenwahl getrennt werden. In der Abb. 23 ist dies illustriert: die ursprüngliche Überlappung der W- und Nb-Linien in Figur a wird dadurch aufgehoben, daß in der Figur b der Impulshöhenanalysator auf die L-Strahlung von W-Linien eingestellt wird, so daß nur die $W_{L_{\alpha_1}, L_{\alpha_2}}$-Linien auftreten, und in Figur c auf die K_α-Strahlung von Nb. In diesem Fall erhält man dann nur noch sehr wenig L-Strahlung von Wolfram.

Bei der Durchführung der Analysen mit Zählrohren gibt es grundsätzlich zwei Möglichkeiten: Entweder man arbeitet mit Schreiberdiagrammen, aus denen die Wellenlängen und Intensitäten entnommen werden können, oder man zählt die Impulse des Zählrohres mit einem Zählwerk. Das Schreibdiagramm wird im allgemeinen dazu herangezogen, um sich einen qualitativen Überblick über das Linienspektrum der Proben zu verschaffen. Die Messung der Intensitäten durch Impulszählung geschieht in der Weise, daß das Zählrohr auf maximale Intensität eingestellt und die Impulszahl und Zählzeit gemessen wird. Die erreichbare Genauigkeit hängt dann von der Gesamtimpulszahl ab, da der mittlere statistische Fehler bekanntlich gegeben ist durch den Ausdruck $\Delta N = \dfrac{1}{\sqrt{N_g}}$, wobei N_g die gemessene Gesamtimpulszahl[3] ist.

Während im Bereich der ultraweichen Röntgenstrahlung ($\lambda > 50$Å) die üblichen Photomaterialien zur Registrierung der Spektren nicht mehr verwendet werden können und Spezialplatten mit sehr dünnen Gelatineschichten erforderlich werden ($\approx 0{,}1\,\mu$ Dicke), sind die GEIGER-Zähler und Photoelektronenvervielfacher auch noch für dieses Spektralgebiet[4,5] geeignet.

F. Anwendungen der Röntgenspektralanalyse

Es ist unmöglich, hier die zahlreichen physikalischen, chemischen und allgemein technischen Probleme aufzuzählen, bei denen die Röntgenspektralanalyse bereits erfolgreich angewendet wurde. Es seien daher nur stichwortartig die wichtigsten Anwendungsgebiete aufgezählt:

Physikalische Probleme: Besetzung der Energieniveaus der Atome, Moleküle und Kristalle; Einfluß der chemischen Bindung, der Temperatur und magnetischen Felder auf die Elektronenverteilung; Bestimmung der Bandbreiten von Kristallen und Elektronenverteilung in den Elektronenbändern. Einen Überblick über die bisherigen Ergebnisse gibt M. A. BLOCHIN.

---

[1] LANG, A. R.: Proc. physic. Soc. A **65**, 372 (1952).
[2] HENDREE, C. F., u. S. FINE: Phys. Rev. **95**, 281 (1954).
[3] TROST, A.: Z. angew. Physik **7**, 469 (1955).
[4] ROGERS, J. L., u. F. C. CHALKIN: Proc. physic. Soc., London, **64 A**, 955 (1951).
[5] GYORGY, E. M., u. R. M. KINGSTON: Phys. Rev. **83**, 220 (1951).

Chemisch-technische Probleme: In der Metallurgie zur Analyse von einfachen und komplizierten Legierungen; in der Mineralogie zur Analyse von Erzen, Mineralien und Zwischenprodukten bei der Aufbereitung; in der chemischen Verfahrenstechnik zur Analyse der chemischen Produkte. Folgende zusammenfassende Berichte enthalten eine Reihe von Beispielen:

GLOCKER, R.: Materialprüfung mit Röntgenstrahlen, 4. Aufl., Berlin/Göttingen/Heidelberg: Springer 1958.

PANISH, W.: Spektrochemische Analyse mit Röntgenstrahlen. Phillips techn. Rdsch. **12**, 393 (1956).

LANG, G.: Röntgenspektralanalyse mit Zählrohreinrichtungen: Z. Metallkunde **46**, 616 (1955).

Symposium On Fluorescent X-Ray Spectrographie Analysis, ASTM Special Technical Publication No. 157 (1953).

KOH, P. K., u. B. CAUGHERTY: Metallurgical Applications of X-Ray Fluorescent Analysis: J. appl. Physics. **23**, 427 (1952).

v. HEVESY, G.: Chemical Analysis by X-Rays and iss Applications, New York 1932.

II. Tabellen

Tabelle 1

Energie der Atomniveaus in eV[1]

Element	K	L_I	L_{II}	L_{III}	M_I	M_{II}	M_{III}	M_{IV}	M_V	N_I	N_{II}	N_{III}
3 Li	55	—	3	—	—	—	—	—	—	—	—	—
4 Be	112	—	2	—	—	—	—	—	—	—	—	—
5 B	188	—	3	—	—	—	—	—	—	—	—	—
6 C	284	—	2	—	—	—	—	—	—	—	—	—
7 N	400	—	8	—	—	—	—	—	—	—	—	—
8 O	532	—	9	—	—	—	—	—	—	—	—	—
10 Ne	867	—	19	—	—	10	—	—	—	—	—	—
11 Na	1061	—	31	—	—	4	—	—	—	—	—	—
12 Mg	1303	63	49	—	—	6	—	—	—	—	—	—
13 Al	1559	117	73	72	—	6	—	—	—	—	—	—
14 Si	1838	—	99	98	—	6	—	—	—	—	—	—
15 P	2142	—	128	163	15	6	—	—	—	—	—	—
16 Si	2470	—	164	197	14	7	—	—	—	—	—	—
17 Cl	2819	—	199	245	27	4	—	—	—	—	—	—
18 Ar	3202	—	247	294	34	12	—	—	—	—	—	—
19 K	3607	—	297	346	44	18	—	—	—	—	—	—
20 Ca	4037	—	350	406	58	25	—	5	—	—	—	—
21 Sc	4496	—	411	453	58	36	—	5	—	—	—	—
22 Ti	4964	—	459	511	65	33	—	10	—	—	—	—
23 V	5463	—	519	574	73	36	—	1	—	—	—	—
24 Cr	5988	680	583	639	82	42	—	1	—	—	—	—
25 Mn	6536	752	650	707	93	47	—	2	—	—	—	—
26 Fe	7110	841	720	778	100	53	—	2	—	—	—	—
27 Co	7707	927	793	853	110	59	—	1	—	—	—	—
28 Ni	8330	1008	870	853	110	67	—	2	—	3	—	—
29 Cu	8978	1100	951	931	120	77	74	2	—	2	—	—

[1] Entn.: Blochin, M. A.: Physik der Röntgenstrahlen, Berlin: VEB Verlag Technik 1957.

Tabelle 1 (Fortsetzung)

Energie der Atomniveaus in eV

Element	K	L_I	L_{II}	L_{III}	M_I	M_{II}	M_{III}	M_{IV}	M_V	N_I	N_{II}	N_{III}	N_{IV}	N_V	O_I	O_{II}
30 Zn	9659	1197	1045	1022	140	89	—	10	—	3	—	—	—	—	—	—
31 Ga	10367	—	1144	1117	160	108	104	19	—	2	—	—	—	—	—	—
32 Ge	11102	1529	1248	1217	180	126	122	29	—	—	3	—	—	—	—	—
33 As	11862	—	1356	1320	200	144	138	38	—	—	0	—	—	—	—	—
34 Se	12651	—	1472	1431	227	164	157	52	—	—	1	—	—	—	—	—
35 Br	13474	—	1598	1552	259	192	185	72	—	—	7	—	—	—	—	—
36 Kr	14322	1920	1726	1675	—	220	211	87	—	—	10	—	—	—	—	—
37 Rb	15199	2067	1866	1806	324	250	240	114	112	20	17	—	—	—	—	—
38 Sr	16104	2217	2008	1941	359	281	270	137	134	31	21	—	—	—	—	—
39 Y	17035	2372	2154	2079	394	312	300	159	157	39	25	—	2	1	—	—
40 Zr	17993	2529	2305	2220	429	342	328	181	178	45	26	—	6	7	—	—
41 Nb	18986	2701	2468	2373	472	383	366	211	208	50	38	—	5	5	—	—
42 Mo	20000	2867	2628	2523	506	412	394	234	230	61	37	—	2	2	—	—
44 Ru	22114	3224	2966	2837	585	484	460	283	279	66	43	—	2	1	—	—
45 Rh	23214	3410	3144	3002	625	520	495	310	305	74	47	—	1	0	—	—
46 Pd	24345	3602	3329	3172	669	557	530	339	334	79	50	—	0	4	—	—
47 Ag	25511	3806	3524	3352	719	603	572	374	368	85	58	—	5	10	—	—
48 Cd	26707	4018	3727	3538	771	652	617	411	405	96	68	—	11	16	—	—
49 In	27934	4236	3936	3729	824	701	663	450	442	108	76	—	16	24	—	—
50 Sn	29196	4464	4155	3928	883	756	714	493	484	121	88	—	25	32	6	2
51 Sb	30487	4698	4380	4132	944	812	766	537	487	137	99	—	33	40	12	2
52 Te	31810	4938	4612	4341	1006	869	818	583	572	152	110	—	42	51	17	5
53 J	33166	5189	4853	4558	1074	932	876	633	621	169	124	—	53	—	—	—
54 Xe	34582	5452	5100	4781	—	941	—	—	—	188	139	—	—	—	—	—
55 Cs	53978	5720	5358	5010	1216	1071	1003	738	724	230	178	167	78	75	22	18
56 Ba	37434	5993	5623	5246	1292	1141	1066	795	780	253	196	184	92	90	39	19
57 La	38925	6269	5895	5489	1368	1207	1126	853	838	276	210	195	107	106	39	17
58 Ce	40442	6553	6169	5728	1440	1276	1188	906	889	295	228	212	118	116	44	26

Tabelle 1 (Fortsetzung)

Energie der Atomniveaus in eV

Element	K	L_I	L_{II}	L_{III}	M_I	M_{II}	M_{III}	M_{IV}	M_V	N_I	N_{II}	N_{III}	N_{IV}	N_V	N	O_I	O_{II}	O_{III}
59 Pr	41989	6838	6445	5968	1514	1340	1246	955	935	309	240	222	123	118	—	42	23	—
60 Nd	43564	7126	6721	6208	1576	1405	1297	1001	978	316	244	225	120	119	—	39	20	—
62 Sm	46835	7738	7312	6716	1723	1542	1420	1108	1080	345	267	248	133	129	—	38	22	—
63 Eu	48512	8054	7619	6979	1803	1615	1483	1164	1134	363	287	258	140	138	—	35	27	—
64 Gd	50213	8376	7929	7242	1881	1691	1546	1217	1186	376	291	273	145	140	—	37	23	—
65 Tb	51982	8712	8251	7514	1968	1772	1617	1277	1242	399	315	289	150	148	—	40	28	—
66 Dy	53768	9043	8579	7789	2045	1857	1674	1332	1294	413	331	292	161	154	—	63	25	—
67 Ho	55592	9394	8911	8066	2124	1924	1743	1387	1347	431	345	308	166	156	—	46	21	—
68 Er	57456	9752	9260	8356	2204	2009	1680	1451	1407	449	368	323	178	168	—	48	31	—
69 Tm	59373	10118	9615	8648	2307	2094	1889	1516	1471	472	390	341	191	181	—	53	36	—
70 Yb	61303	10486	9977	8943	2398	2174	1951	1576	1529	487	398	344	198	185	—	55	—	—
71 Lu	63304	10867	10345	9241	2489	2262	2022	1637	1587	505	406	358	203	193	14	56	25	28
72 Hf	65313	11264	10734	9556	2597	2362	2104	1713	1658	535	434	377	220	210	21	61	35	30
73 Ta	67400	11676	11130	9876	2704	2464	2190	1789	1731	562	462	401	238	227	27	68	41	30
74 W	69508	12090	11535	10198	2812	2568	2275	1865	1802	589	485	418	252	239	38	70	40	32
75 Re	71662	12522	11955	10531	2929	2677	2364	1947	1880	623	515	442	271	258	46	81	43	44
76 Os	73860	12965	12383	10869	3048	2791	2456	2029	1959	654	544	467	289	273	61	84	56	48
77 Ir	76097	13413	12819	11211	3168	2904	2548	2113	2038	688	574	492	310	293	70	94	60	48
78 Pt	78379	13873	13268	11559	3293	3020	2643	2199	2128	732	604	513	329	310	87	99	61	48
79 Au	80713	14357,2	13734,3	11919,2	3427	3151	2745	2294	2208	762	647	548	354	337	87	111	76	57
80 Hg	83106	14841	14212	12285	3563	3281	2848	2389	2298	805	681	580	384	362	106	125	87	65
81 Tl	85517	15346	14697	12657	3706	3418	2959	2487	2391	848	725	613	409	389	123	139	101	78
82 Pb	88001	15870	15207	13044	3861	3567	3079	2596	2495	903	777	658	445	424	150	158	122	97
83 Bi	90521	16393	15716	13424	4006	3704	3186	2695	2588	945	814	688	472	447	167	167	126	102
88 Ra	—	19233	18481	15442	4821	4488	3791	3248	3104	1209	1057	879	636	603	299	254	200	152
90 Th	109630	20460	19688	16296	5181	4821	4038	3488	3330	1323	1160	959	711	676	335	290	224	173
91 Pa	—	21102	20311	16731	5366	5001	4174	3611	3440	1385	1233	1007	752	709	—	303	224	224
92 U	115591	21753	20943	17163	5548	5181	4302	3725	3550	1439	1272	1042	780	738	380	325	256	198

40

Tabelle 2
Wellenlängen der K-Serie in X.-Einheiten

Anfangsniveau	L_{II}	L_{III}	M_{II}	M_{III}	M_{IV}	M_V	N_{II}	N_{III}	N_{IV}	$O_{II, III}$	\multicolumn{3}{c}{Funkenlinien}		
Endniveau Linie	α_2	α_1	β_3	β_1	β_5^{II}	β_5^{I}	β_2^{II}	β_2^{I}	β_4		α_3	β'	β'''
Intensität	stark	sehr stark	schwach	mittel	sehr schwach	sehr schwach	sehr schwach	schwach	schwach	schwach			
3 Li	228500												
4 Be	113700												
5 B	67200												
6 C	44780												
7 N	31570												
8 O	23610												
9 F	18318												
10 Ne	14585		14430										
11 Na	11886		11598								11805	11704	
12 Mg	9869		9532								9801	9648	
13 Al	8324,6	8322,2	7962,0								8266,9	8043	7789
14 Si	7113,18	7110,66	6753,0								7064,9	6794,2	6606
15 P		6142,5	5792,1								6103	6095,8	5679
16 S	5363,92	5361,10	5021,56								5329,4	5044,7	4940,4
17 Cl	4721,17	4718,20	4394,20		4390,8						4688	4406	4326,4
18 Ar	4186,10	4183,17	3877,99										
19 K	3736,75	3733,52	3446,94		3434,9						3711		3404,5
20 Ca	3355,01	3351,73	3083,34		3067,3						3332,3	3091,1	3047,6
21 Sc	3028,59	3025,28	2774,05		2758,2						3006	2799,2	2742
22 Ti	2746,518	2742,866	2508,744		2493,49						2726,9	2517	2483,6
23 V	2502,243	2498,428	2279,730		2264,85						2484,6	2287,8	2257,7
24 Cr	2288,889	2285,000	2080,597		2066,53						2273,3	2085,7	2061,7
25 Mn	2101,442	2097,507	1906,301		1893,16						2087,9	1910,5	1888,8
26 Fe	1936,000	1932,070	1752,991		1740,54						1923,3	1756,46	1737,97
27 Co	1789,173	1785,314	1617,483		1605,58						1777,4	1620,11	1602,9
28 Ni	1658,336	1654,505	1497,080		1485,53						1647,6	1499,1	1483,25
29 Cu	1541,220	1537,400	1389,364		1378,28						1530,91		

Tabelle 2 (Fortsetzung)
Wellenlängen der K-Serie in X-Einheiten

Anfangsniveau	L_{II}	L_{III}	M_{II}	M_{III}	M_{IV}	M_V	N_{II}	N_{III}	N_{IV}	$O_{II, III}$	α_3	β'	β'''
Endniveau												Funkenlinie	
Linie	α_2	α_1	β_3	β_1	β_5^{II}	β_5^{I}	β_2^{II}	β_2^{I}	β_4				
Intensität	stark	sehr stark	schwach	mittel	sehr schwach	sehr schwach	sehr schwach	schwach	schwach	schwach			
30 Zn	1436,042	1432,219		1292,610	1282,20	1282,20	1281,067	1281,067			1428,8		
31 Ga	1341,233	1337,329		1205,409	1195,90	1195,90	1193,54	1193,54					
32 Ge	1255,429	1251,478		1126,618	1117,40	1117,40	1114,57	1114,57					
33 As	1177,43	1173,44		1055,10	1046,60	1046,60	1042,81	1042,81					
34 Se	1106,52	1102,44		990,13	982,30	982,30	977,91	977,91					
35 Br	1041,66	1037,59		930,87	923,60	923,60	918,53	918,53					
36 Kr	982,10	978,10		876,79			864,80	864,80					
37 Rb	927,76	923,64	827,49	826,96	820,17	820,17	814,76	814,76	813,69				
38 Sr	877,61	873,45	781,83	781,30	774,80	774,80	769,21	769,21	768,30				
39 Y	831,22	827,03	739,72	739,19	733,01	733,01	727,27	727,27	726,19				
40 Zr	788,51	784,30	700,88	700,28	694,47	694,47	688,50	688,50	687,56				
41 Nb	748,88	744,65	664,96	664,38			652,80	652,80	651,86				
42 Mo	712,105	707,831	631,543	630,978	625,78	625,62	619,698	619,698	618,95				
43 Tc	677,8	673,5		601,4			589,9						
44 Ru	646,06	641,74	571,93	571,31	566,55	566,55	560,51	560,51	559,63				
45 Rh	616,365	612,009	545,09	544,49	540,09	539,92	533,96	533,96	533,17				
46 Pd	588,612	584,235	520,09	519,47			509,18	509,18					
47 Ag	562,638	558,235	496,65	496,01			486,03	486,03					
48 Cd	538,32	533,90	474,74	474,12	470,38	470,38	464,30	464,30	463,33				
49 In	515,48	511,06	454,23	453,59	450,05	449,93	444,06	444,06	443,47	442,82			
50 Sn	494,02	489,57	434,98	434,34	430,96	430,87	425,04	425,04	424,43	424,79			
51 Sb	473,83	469,37	416,87	416,22	413,02	412,92	407,13	407,13	406,62	405,82			
52 Te	454,83	450,35	399,83	399,17			390,37	390,37		388,93			
53 J	436,92	432,42	383,76	383,11			374,71	374,71					
54 Xe	419,60	415,10		367,70			359,20	359,20					
55 Cs	403,99	399,46	354,31	353,63			345,38	345,38					
56 Ba	388,86	384,31	340,79	340,10	337,64	337,44	332,07	332,07	331,59	330,57			

Tabelle 2 (Fortsetzung)

Wellenlängen der K-Serie in X-Einheiten

Anfangsniveau		L_{II}	L_{III}	M_{II}	M_{III}	M_{IV}	M_V	N_{II}	N_{III}	N_{IV}	$O_{II, III}$	\multicolumn{3}{c}{Funkenlinien}		
Endniveau												α_3	β'	β'''
Linie		α_2	α_1	β_3	β_1	β_5^{II}	β_5^{I}	β_2^{II}	β_2^{I}	β_4				
Intensität		stark	sehr stark	schwach	mittel	sehr schwach	sehr schwach	sehr schwach	schwach	schwach	schwach			
57	La	374,52	369,96	327,99	327,30	324,95	324,78	319,73	319,47	319,01	317,97	—	—	—
58	Ce	364,94	356,36	315,86	315,16	312,91	312,77	307,77	307,51	306,72	306,03	—	—	—
59	Pr	348,03	343,43	304,35	303,63	—	—	296,43	296,17	—	—	—	—	—
60	Nd	335,77	331,15	293,41	292,68	—	—	285,73	—	—	—	—	—	—
62	Sm	313,20	308,54	273,25	272,50	—	—	265,75	—	—	—	—	—	—
63	Eu	302,69	297,99	263,86	263,07	—	—	256,45	—	—	—	—	—	—
64	Gd	292,41	287,73	254,71	253,94	—	—	247,62	—	—	—	—	—	—
65	Tb	282,94	278,20	246,29	245,51	—	—	239,12	—	—	—	—	—	—
66	Dy	273,64	268,87	237,87	237,10	—	—	231,28	—	—	—	—	—	—
67	Ho	264,99	260,30	—	—	—	—	—	—	—	—	—	—	—
68	Er	256,72	251,99	223,00	222,15	—	—	216,71	216,71	—	—	—	—	—
69	Tm	248,61	243,87	215,58	214,87	—	—	—	—	—	—	—	—	—
70	Yb	240,99	236,22	209,16	208,34	—	—	203,22	—	—	—	—	—	—
71	Lu	233,58	228,82	202,52	201,71	—	—	196,49	—	—	—	—	—	—
72	Hf	226,53	221,73	195,83	195,15	—	—	190,42	—	—	—	—	—	—
73	Ta	219,84	215,05	190,50	189,70	188,53	188,36	184,80	184,62	184,12	183,65	—	—	—
74	W	213,37	208,56	184,795	183,991	182,882	182,711	179,232	179,049	178,35	178,073	—	—	—
75	Re	207,18	202,36	179,32	178,50	—	—	173,90	173,69	—	—	—	—	—
76	Os	201,22	196,39	174,07	173,25	—	—	168,75	168,56	—	—	—	—	—
77	Ir	195,49	190,65	169,01	168,19	167,23	167,02	163,81	163,61	163,18	162,68	—	—	—
78	Pt	189,99	185,13	164,157	163,334	162,364	162,203	159,053	158,863	158,48	157,922	—	—	—
79	Au	184,69	179,82	159,47	158,65	157,73	157,55	154,50	154,29	153,90	153,37	—	—	—
80	Hg	—	—	—	—	—	—	145,39	—	—	—	—	—	—
81	Tl	174,67	169,78	150,66	149,83	—	—	141,83	141,62	141,26	140,72	—	—	—
82	Pb	169,94	165,03	146,51	145,67	144,82	—	137,89	137,69	—	—	—	—	—
83	Bi	165,27	160,45	142,48	141,65	—	—	—	—	—	—	—	—	—
90	Th	137,54	132,54	118,02	117,15	116,42	—	114,05	113,81	—	112,98	—	—	—

Tabelle 3

Relative Linienintensitäten der K-Serie

| Element | α_1 | α_2 | | β_1 | | β_2 | | β_3 | | β_4 | | β_5 |
		[1]	[3]	[1]	[3]	[4]	[1]	[3]	[4]	[3]	[4]	[4]
23 V	100	52,1	—	20,5	—	—	—	—	—	—	—	—
24 Cr	100	50,6	51,5	21,0	17,9	—	—	—	—	—	—	—
25 Mn	100	54,9	—	22,4	—	—	—	—	—	—	—	—
26 Fe	100	49,1	50,0	18,2	16,7	—	—	—	—	—	—	—
27 Co	100	53,2	49,7	19,1	16,0	—	—	—	—	—	—	—
28 Ni	100	47,6	49,5	17,1	18,7	—	—	—	—	—	—	—
29 Cu	100	46,0	49,7	15,8	20,0	—	—	—	—	—	—	—
30 Zn	100	48,9	50,3	18,5	20,7	—	0,36	—	—	—	—	—
31 Ga	100	50,6	—	21,6	—	—	—	—	—	—	—	—
32 Ge	100	50,7	49,9	22,8	24,0	—	1,32	—	—	—	—	—
33 As	100	49,2	—	21,7	—	—	0,46	—	—	—	—	—
34 Se	100	50,3	—	21,0	—	—	0,69	—	—	—	—	—
35 Br	100	50,9	—	22,2	—	—	1,07	—	—	—	—	—
37 Rb	100	49,3	—	23,0	—	—	1,73	—	—	—	—	—
38 Sr	100	48,6	50,3	21,8	27,4	—	2,62	4,16	—	—	—	—
39 Y	100	50,0	—	23,3	—	—	2,72	—	—	—	—	—
40 Zr	100	49,1	50,2	21,9	27,4	—	3,19	4,50	—	—	—	—
41 Nb	100	49,7	49,8	21,4	27,9	—	3,28	4,90	—	—	—	—
42 Mo	100	50,6	49,9	23,3	27,9	—	3,48	5,17	—	—	—	—

[1] Mayer, H. T.: Wiss. Veröff. Siemens-Werken **7**, 108 (1929). [2] Williams, I. H.: Phys. Rev. **44**, 146 (1933).
[3] Kliever, W. H.: Phys. Rev. **56**, 387 (1939). [4] Beckman, O.: Ark. Fysik **9**, 495 (1955).

Tabelle 3 (Fortsetzung)

Relative Linienintensitäten der K-Serie

Element	α_1	α_2 [1]	α_2 [2]	α_2 [4]	β_1 [1]	β_1 [2]	β_1 [4]	β_2 [1]	β_2 [2]	β_2 [4]	β_3 [3]	β_3 [4]	β_4 [3]	β_4 [4]	β_5 [4]
44 Ru	100	51,1	50,1	—	23,3	29,3	—	3,96	5,63	—	—	—	—	—	—
45 Rh	100	51,2	50,3	—	25,3	27,9	—	3,97	5,78	—	—	—	—	—	—
46 Pd	100	52,3	50,0	—	24,8	29,0	—	4,14	6,13	—	—	—	—	—	—
47 Ag	100	51,7	49,9	—	24,0	29,0	—	4,22	6,17	—	—	—	—	—	—
48 Cd	100	53,8	49,9	—	26,1	29,7	—	4,18	6,42	—	—	—	—	—	—
49 In	100	51,8	49,9	—	21,7	29,6	—	3,65	6,47	—	—	—	—	—	—
50 Sn	100	—	49,8	—	—	29,6	—	—	7,02	—	—	—	—	—	—
51 Sb	100	—	50,3	—	—	31,0	—	—	7,08	—	—	—	—	—	—
52 Te	100	—	49,7	—	—	30,6	—	—	7,35	—	—	—	—	—	—
73 Ta	100	—	—	52,4	—	—	24,3	—	—	7,8	—	12,5	—	0,08	0,57
74 W	100	—	—	53,2	—	—	24,8	—	—	8,5	9,6	13,3	0,036	0,14	0,56
75 Re	100	—	—	54,7	—	—	24,6	—	—	8,5	—	12,8	—	0,19	0,57
76 Os	100	—	—	54,9	—	—	25,0	—	—	8,9	—	12,9	—	0,20	0,69
77 Ir	100	—	—	53,0	—	—	24,3	—	—	7,8	—	12,7	—	0,16	0,64
78 Pt	100	—	—	53,6	—	—	24,6	—	—	9,0	10,8	12,9	0,8	0,21	0,69
79 Au	100	—	—	51,9	—	—	25,8	—	—	8,8	—	13,2	—	0,16	0,77
80 Hg	100	—	—	51,0	—	—	26,6	—	—	10,0	—	13,1	—	—	0,72
81 Tl	100	—	—	56,0	—	—	25,7	—	—	10,1	—	13,9	—	0,20	0,65
82 Pb	100	—	—	53,2	—	—	26,2	—	—	10,0	—	14,0	—	0,24	0,74
83 Bi	100	—	—	55,3	—	—	26,8	—	—	10,0	—	13,4	—	0,24	0,80
90 Th	100	—	—	53,0	—	—	28,4	—	—	11,8	—	14,0	—	0,48	0,98
92 U	100	—	—	55,3	—	—	27,8	—	—	12,0	—	14,0	—	0,47	0,98

[1,2,3,4] s. Fußnoten auf S. 43.

Tabelle 4

Abstände zwischen den Spinduplettlinien K_{α_1} und K_{α_2} in X-Einheiten[1]

Element	$\Delta\lambda$	Element	$\Delta\lambda$	Element	$\Delta\lambda$	Element	$\Delta\lambda$
13 Al	2,44	31 Ga	3,72	49 In	4,42	68 Er	4,67
14 Si	2,61	32 Ge	3,91	50 Sn	4,45	69 Tm	4,74
15 P	2,72	33 As	3,99	51 Sb	4,56	70 Yb	4,70
16 S	2,88	34 Se	4,04	52 Te	4,54	71 Lu	4,76
17 Cl	2,97	35 Br	4,07	53 J	4,54	72 Hf	4,80
19 K	3,21	37 Rb	4,12	55 Cs	4,52	73 Ta	4,85
20 Ca	3,28	38 Sr	4,16	56 Ba	4,56	74 W	4,83
21 Sc	3,37	39 Y	4,20	57 La	4,62	75 Re	4,82
22 Ti	3,64	40 Zr	4,21	58 Ce	4,63	76 Os	4,86
23 V	3,78	41 Nb	4,24	59 Pr	4,65	77 Ir	4,85
24 Cr	3,88	42 Mo	4,27	60 Nd	4,70	78 Pt	4,81
25 Mn	3,98	43 Tc	4,30	62 Sm	4,69	79 Au	4,87
26 Fe	3,94	44 Ru	4,32	63 Eu	4,75	81 Tl	4,86
27 Co	3,90	45 Rh	4,35	64 Gd	4,97	82 Pb	4,88
28 Ni	3,85	46 Pd	4,36	65 Tb	4,66	83 Bi	4,84
29 Cu	3,84	47 Ag	4,39	66 Dy	4,72	90 Th	4,5
30 Zn	3,86	48 Cd	4,42	67 Ho	4,69	92 U	4,55

[1] Entn.: BLOCHIN, M. A.: Physik der Röntgenstrahlen, Berlin: VEB Verlag Technik 1957.

Tabelle 5

Anfangsniveau		\multicolumn{8}{c}{L_I}	L_{II}
Endniveau		M_{II}	M_{III}	M_{IV}	M_V	N_{II}	N_{III}	O_{II}	O_{III}	M_I
Linie		β_4	β_3	β_{10}	β_9	γ_2	γ_3	γ_4	γ_4	η
Intensität		mittel	mittel	sehr schwach	sehr schwach	schwach	schwach	sehr schwach	sehr schwach	schwach
11	Na	—	—			—		—		—
12	Mg	—	—			—		—		—
13	Al	—	—			—		—		—
14	Si	—	—			—		—		—
15	P	—	—			—		—		—
16	S	—	—			—		—		—
17	Cl	—	—			—		—		79290
18	Ar	—	—			—		—		67250
19	K	—	—			—		—		47230
20	Ca	—	—			—		—		40460
21	Sc	—	—			—		—		35130
22	Ti	—	—			—		—		30880
23	V	—	—			—		—		27320
24	Cr	—	—			—		—		24290
25	Mn	17540	—			—		—		21820
26	Fe	15710	—			—		—		19730
27	Co	14240	—			—		—		18000
28	Ni	13120	—			—		—		16280
29	Cu	12070	—			—		—		14870
30	Zn	11163	—			—		—		13692
31	Ga	—	—			—		—		12595
32	Ge	—	—			—		—		11857
33	As	8912	—			—		—		10711
34	Se	—	—			—		—		9939
35	Br	—	—			—		—		9235
36	Kr	—	—			—		—		
37	Rb	6806,7	6773,6			6033,4		—		8024,7
38	Sr	6389,7	6354,4			5632,8				7501,6
39	Y	6006,2	5970,8			5272,2				7026,1
40	Zr	5656,5	5621,4			4943,4				6593,3
41	Nb	5334,5	5299,3			4644,7				6198,1
42	Mo	5038,4	5003,0			4370,9				5835,4
44	Ru	4513,7	4477,5	—		3889,4		—		5194,4
45	Rh	4280,0	4243,5			3678,0				4911,6
46	Pd	4062,7	4026,2	3791,0	3784,2	3481,1		—		4650,8
47	Ag	3862,40	3825,45	3604,15	3597,70	3300,0				4409,2
48	Cd	3674,35	3637,40	3429,6	3423,10	3131,2		—		4184,50
49	In	3499,75	3462,70	3267,35	3260,95	2973,8		2920,3		3975,05
50	Sn	3336,50	3299,10	3115,35	3108,80	2826,8		2771,7		3780,95
51	Sb	3183,60	3146,10	2973,05	2966,50	2689,7		2634,5		3600,25
52	Te	3040,35	3002,75	2841,00	2833,20	2562,1		2506,1		3431,30
53	J	2906,10	2868,40	2715,4	2707,95	2442,4		2386,3		3273,25
55	Cs	2661,1	2622,9	2486,6	2473,0	2232,4	2228,0	2169,6		2986,7
56	Ba	2549,7	2510,9	2381,7	2371,3	2134,1	2129,6	2071,9		2856,2
57	La	2443,8	2405,3	2285	2277	2041,6	2036,6	1978,7		2734
58	Ce	2344,2	2305,9	2191,6	2184,0	1955,9	1950,9	1895,9		2614,7
59	Pr	2250,1	2212,4	2102,5	2095,8	1875,0	1869,9	1815,3		2507
60	Nd	2162,2	2122,2	2019,0	2011,7	1797,4	1792,5	1740,8		2404,2
61	Pm		2037,9					—		
62	Sm	1996,4	1958,0	1865,7	1858,1	1655,9	1651,7	1603,3		2214
63	Eu	1922,1	1882,7	1796	1788	1593,9	1586,99	1540,7		—
64	Gd	1850,22	1810,9	1728,1		1531,0	1526,5	1481,8		2045,2
65	Tb	1782,66	1742,5	1664	—	1473,34	1468,77	1423,9		1935
66	Dy	1716,7	1677,0	—	—	1420,3	1413,9	1371,4		1893,5
67	Ho	1655,3	1616,6			1366,99	1361,48	1319,7		1822,0
68	Er	1596,4	1557,9	1491,3	1482,3	1318,4	1311,8	1273,2		1754,8
69	Tm	1541,2	1502,3	—	—	1271,2	1265,3	1226,4		1692,3
70	Yb	1488,2	1449,6			1225,6	1219,8	1182,0		1631
71	Lu	1437,2	1398,2	1339,8	1333,0	1183,2	1177,5	1141,1		1573,8
72	Hf	1389,3	1349,7	1296,7	1287,0	1141,3	1135,6	1100,1		1519,7
73	Ta	1343,07	1304,09	1251,4	1244,4	1103,0	1097,08	1062,4		1467,9
74	W	1299,14	1260,3	1209,77	1202,37	1065,89	1059,80	1025,69	1026,57	1418,26
75	Re	1256,3	1217,6	1169,8	1162,4	1029,9	1023,6	991,0		1370,6
76	Os	1215,0	1177,2							
77	Ir	1177,15	1138,47	1094,8	1087,4	963,32	957,13	925,7		1281,7
78	Pt	1139,86	1101,65	1066,0	1052,4	932,23	925,99	895,2		1240,3
79	Au	1104,34	1065,64	1025,60	1018,64	902,44	896,20	866,53	865,34	1200,27
80	Hg	1069,2	1030,46	993,6	984,2	872,4	866,2	831,6		1161,6

Wellenlängen der L-Serie in X-Einheiten

L_{II}					L_{III}					
M_{IV}	N_I	N_{IV}	O_I	O_{IV}	M_I	M_{IV}	M_V	N_I	N_V	O_I
β_1	γ_5	γ_1	γ_8	γ_6	l	α_2	α_1	β_6	β_2	β_7
stark	sehr schwach	mittel	sehr schwach	sehr schwach	mittel	mittel	stark	schwach	mittel	sehr schwach
405450	—	—	—	—	—	—	405450	—	—	—
249080	—	—	—	—	—	—	250450	—	—	—
169620	—	—	—	—	—	—	170560	—	—	—
135500	—	—	—	—	—	—	135500	—	—	—
103800	—	—	—	—	—	—	103800	—	—	—
—	—	—	—	—	79980	—	—	—	—	—
—	—	—	—	—	67840	—	—	—	—	—
—	—	—	—	—	47740	—	—	—	—	—
5950	—	—	—	—	40960	36320	—	—	—	—
1010	—	—	—	—	35600	31330	—	—	—	—
7020	—	—	—	—	31360	27390	—	—	—	—
3850	—	—	—	—	27770	24260	—	—	—	—
1280	—	—	—	—	24790	21670	—	—	—	—
9120	—	—	—	—	22270	19450	—	—	—	—
7255	—	—	—	—	20149	17567	—	—	—	—
5657	—	—	—	—	18297	15968	—	—	—	—
4279	—	—	—	—	16708	14566	—	—	—	—
3053	—	—	—	—	15296	13330	—	—	—	—
1985	—	—	—	—	14053	12257	—	—	—	—
1023	—	—	—	—	12950	11290	—	—	—	—
0174	—	—	—	—	11922	10435	—	—	—	—
9395	—	—	—	—	11048	9652	—	—	—	—
8718	—	—	—	—	10272	8972	—	—	—	—
8109	—	—	—	—	9564	8358	—	—	—	—
7547	—	—	—	—	—	—	7788	—	—	—
7061,4	6741,4	—	—	—	8346,4	7310,1	7303,3	6969,8	—	—
6610,3	6283,5	—	—	—	7819,9	6855,6	6848,7	6505,7	—	—
6199,2	5863,3	—	—	—	7341,2	6442,5	6435,5	6081,7	—	—
5824,0	5486,4	5373,2	—	—	6904,3	6065,3	6058,0	5698,4	5574,8	—
5481,0	5141,1	5025,8	—	—	6504,2	5720,1	5712,5	5350,3	5227,1	—
5166,35	4827,0	4716,1	—	—	6138,1	5403,15	5395,35	5038,4	4913,1	—
4611,10	4278,5	4173,6	—	—	5492,3	4843,65	4835,75	4477,5	4362,7	—
4365,10	4036,6	3935,5	—	—	5206,2	4596,0	4588,0	4233,0	4122,2	—
4137,60	3814,4	3716,9	—	—	4942,3	4366,90	4358,80	4007,9	3900,8	—
3926,50	3609,05	3515,45	—	—	4697,9	4154,30	4145,75	3800,10	3695,60	—
3730,54	3418,50	3328,80	—	—	4470,95	3956,85	3948,30	3607,2	3506,99	—
3548,03	3242,45	3155,71	—	—	4259,95	3772,98	3764,31	3429,0	3331,59	—
3377,96	3078,50	2995,01	—	—	4063,25	3601,46	3592,61	3262,90	3168,79	—
3219,09	2925,85	2845,75	—	—	3880,30	3441,33	3432,22	3108,75	3017,24	—
3070,46	2784,35	2706,84	—	—	3709,40	3291,70	3282,46	2964,80	2876,26	—
2931,41	2651,65	2577,14	—	—	3550,20	3151,53	3142,14	2830,90	2744,89	—
2678,0	2412,2	2343,0	—	—	3260,1	2895,8	2886,2	2587,6	2506,4	2479,6
2562,2	2302,5	2236,7	2218	—	3128,7	2779,3	2769,6	2477,3	2399,4	2375,7
2453,3	2200,8	2137,2	—	—	3000	2668,9	2659,7	2373,9	2298,0	2270
2351,0	2105,6	2044,3	2019	—	2885,7	2565,1	2556,0	2276,9	2204,1	2176,3
2253,9	2016,1	1956,8	1932,2	—	2778,1	2467,6	2457,7	2185,9	2114,8	2087,4
2162,2	1931,3	1873,8	1851,4	—	2670,3	2375,6	2365,3	2099,3	2031,4	2004,3
2075,4	—	1795,2	—	—	—	2287,9	2277,5	—	1951,8	—
1993,6	1775,1	1723,1	—	—	2477	2205,7	2195,0	1942,2	1878,1	1852,3
1916,3	1705	1654,05	1629	—	2390,3	2127,3	2116,3	1870,5	1808,03	1784
1843,0	1637,6	1589,13	—	—	2307,1	2052,6	2041,9	1803,1	1741,86	1719,6
1773,76	1574,2	1527,0	—	—	2229,0	1982,3	1971,5	1737,3	1679,48	1655,8
1706,6	1515,2	1469,7	—	—	2154,0	1915,96	1904,90	1677,7	1619,8	1595,7
1643,5	1459	1414,48	—	—	2082,1	1852,1	1841,0	1618,8	1563,92	—
1584,3	1403	1362,6	—	—	2015,1	1791,4	1780,4	1563,6	1510,6	1489,2
1526,8	1352,3	1312,7	—	—	1951,1	1733,9	1722,8	1511,5	1460,2	—
1472,5	1303,0	1264,8	1248,3	—	1890,0	1678,9	1667,8	1462,7	1412,8	—
1420,7	1256	1220,3	1202	1196,9	1831,8	1626,36	1615,51	1414,3	1367,2	—
1371,1	1212,1	1176,3	—	—	1774,4	1577,04	1566,07	1371,1	1323,5	—
1324,23	1170,8	1135,58	1118,5	1111,5	1724,9	1529,78	1518,85	1328,4	1281,90	—
1279,18	1130,09	1096,31	1078,93	1072,26	1674,75	1484,42	1473,34	1287,32	1242,07	—
1236,05	1091,2	1058,7	—	1034,4	1627,5	1441,0	1429,97	1248,1	1204,1	—
1194,90	—	1022,96	—	—	—	1398,66	1388,59	1204,8	1168,84	—
1155,40	1019,5	988,76	971,9	964,9	1530,9	1359,8	1348,47	1175,45	1132,97	—
1117,58	985,7	955,99	938,6	932,3	1496,4	1321,55	1310,33	1141,0	1099,74	—
1081,26	953,73	924,70	908,25	901,15	1456,67	1285,02	1273,68	1108,79	1068,01	—
1046,52	922,9	894,6	—	872,4	1418,41	1249,51	1238,63	1076,8	1037,70	—

Tabelle 5 (Fortsetzung)

Anfangsniveau		L_I								L_{II}
Endniveau		M_{II}	M_{III}	M_{IV}	M_V	N_{II}	N_{III}	O_{II}	O_{III}	M_I
Linie		β_4	β_3	β_{10}	β_9	γ_2	γ_3	γ_4	γ_4	η
Intensität		mittel	mittel	sehr schwach	sehr schwach	schwach	schwach	sehr schwach	sehr schwach	schwach
81	Tl	1036,99	998,50	961,6	954,5	845,71	839,34	810,1		1125,4
82	Pb	1005,63	967,21	932,3	925,1	819,17	812,93	784,3		1090,0
83	Bi	975,01	936,66	903,5	896,0	794,0	789,46	760,5	759,3	1056,5
90	Th	791,92	753,24	728,6	721,8	640,79	634,13	611,2	609,5	852,8
91	Pa	768,3	730,7	707,3	700,3	622,6	615,6	592,5		827,8
92	U	746,4	708,79	686,4	679,5	603,86	597,11	575,3	573,6	803,5
93	Np	—	—	—	—	—	—	—	—	—
94	Pu	—	—	—	—	—	—	—	—	—

Tabelle 6

Relative Linienintensitäten der L-Serie

Element	α_1	α_2	β_1	β_2	β_3	β_4	β_5	β_6	γ_1	γ_2	γ_3	γ_4	γ_5	γ_6	l	η
42 Mo[1]	100	13	62	8	14,2	9,9	—	—	6,8	—	—	—	—	—	—	—
45 Rh[1]	100	13	61	13	12,1	7,9	—	—	7,7	—	—	—	—	—	—	—
46 Pd[1]	100	12	59	13	10,0	6,4	—	—	8,5	—	—	—	—	—	—	—
47 Ag[1]	100	12	59	21	9,4	5,8	—	—	12	—	—	—	—	—	—	—
73 Ta[2]	100	11	57	20	7,4	6,4	—	—	11	2,0	2,7	0,8	0,6	0,2	3,6	1,2
74 W[1]	100	11,5	52	20	8,2	5,2	0,2	1,0	9	1,5	2,0	0,6	0,4	0,3	3,2	1,3
78 Pt[1]	100	11,4	51	23	8,2	5,2	—	1,5	11	—	—	—	—	—	3,4	1,5
90 Th[3]	100	12	52	26	3,3	—	—	1,4	14	1,5	—	0	0	3,9	3,6	1,8
92 U[3]	100	11	49,4	28	4,2	4,1	—	1,6	12	1,5	1,4	0	0	2,2	2,4	1,0

[1] Jönsson, A.: Z. Physik **36**, 426 (1926).
[2] Hicks, V.: Phys. Rev. **36**, 1273 (1930) u. **38**, 572 (1931).
[3] Allison, S. K.: Phys. Rev. **41**, 1 (1932).

Tabelle 7 auf Seite 50

Wellenlängen der L-Serie in X-Einheiten

L_{II}					L_{III}					
M_{IV}	N_I	N_{IV}	O_I	O_{IV}	A_I	M_{IV}	M_V	L_I	N_V	O_I
β_1	γ_5	γ_1	γ_8	γ^6	l	α_2	α_1	β^6	β_2	β_7
stark	sehr schwach	mittel	sehr schwach	sehr schwach	mittel	mittel	stark	schwach	mittel	sehr schwach
1012,99	892,9	865,71	849,0	842,28	1381,9	1216,26	1204,93	1047,48	1008,22	—
980,83	864,7	838,01	822,0	815,14	1347,4	1184,08	1172,58	1019,06	980,83	—
950,02	837,7	811,43	—	788,74	1313,7	1153,01	1141,50	991,31	953,24	—
763,56	673,4	651,76	637,4	631,13	1112,8	965,85	954,05	826,46	791,92	—
740,7	653,6	632,5	—	612,0	1088,5	942,7	930,9	806,2	772,1	—
718,51	634,2	613,59	600,0	593,4	1064,9	920,62	908,74	786,79	753,70	—
696,5	—	596	—	—	—	—	886,9	—	734,2	—
676,5	—	—	—	—	—	878,4	866,8	—	717,0	—

Tabelle 8

Wellenlängen der N-Serie in KX-Einheiten

Anfangsniveau		N_{IV}			N_V			N_{VI}		N_{VII}
Endniveau		N_{VI}	O_{II}	O_{III}	$N_{VI,VII}$	O_{II}	O_{III}	O_{IV}	O_V	O_V
55	Cs	—	188,60	183,8	—	—	190,3	—	—	—
56	Ba	—	163,25	159,06	—	—	164,60	—	—	—
57	La	—	—	152,62	—	152,62	—	—	—	—
58	Ce	—	—	144,4	—	144,4	—	—	—	—
59	Pr	—	—	136,5	—	—	—	—	—	—
60	Nd	—	—	129,0	—	—	—	—	—	—
62	Sm	—	—	118,12	—	—	—	—	—	—
63	Eu	—	—	112,0	—	—	—	—	—	—
65	Tb	—	—	102,23	86,76	—	—	—	—	—
66	Dy	—	—	97,2	83,37	—	—	—	—	—
68	Er	72,7	—	—	76,3	—	—	—	—	—
70	Yb	65,1	—	—	69,4	—	—	—	—	—
71	Lu	62,99	—	—	65,7	—	—	—	—	—
73	Ta	58,1	—	—	61,0	—	—	—	—	—
74	W	55,8	—	—	58,5	—	—	—	—	—
76	Os	51,8	—	—	54,6	—	—	—	—	—
77	Ir	50,1	—	—	52,8	—	—	—	—	—
78	Pt	48,0	—	—	50,9	—	—	—	—	—
79	Au	46,9	—	—	49,4	—	—	—	—	—
80	Hg	43,6	—	—	46,4	—	—	—	—	—
81	Tl	—	—	—	46,35	—	—	115,34	113,03	117,74
82	Pb	42,25	—	—	44,95	—	—	102,38	100,21	104,30
83	Bi	—	—	—	—	—	—	91,59	—	93,09
90	Th	33,57	—	—	36,32	—	—	49,53	48,18	50,00
92	U	31,78	—	—	34,81	—	—	42,08	—	42,08

50

Tabelle 7
Wellenlängen der M-Serie in KX- oder Å-Einheiten

Anfangsniveau	M_I			M_{II}			M_{III}			M_{IV}			M_V		
Endniveau	M_{II}	M_{III}	$N_{II,III}$	M_{IV}	N_I	N_{IV}	M_{IV}	M_V	N_I	N_V	N_{II}	N_{III}	$N_{VI,VII}$	$O_{II,III}$	N_{II}	N_{III}	N_{VI}	N_{VII}	O_{III}
Linie												δ	β	η	ζ_1	ζ_2	α_2	α_1	
Intensität	schwach	schwach	schwach	schwach	schwach	schwach	schwach	schwach	schwach	stark	schwach	schwach	stark	schwach	schwach	schwach	stark	stark	schwach
35 Br	156,1	144,41	—	109,41	76,86	—	113,8	—	79,76	—	191,04	186,97	—	—	192,57	—	—	—	—
37 Rb	—	—	—	91,51	57,04	—	96,69	—	59,48	—	127,84	126,71	—	—	128,66	—	—	—	—
38 Sr	—	—	—	85,93	51,32	—	91,38	—	53,61	—	—	—	—	—	—	—	—	—	—
39 Y	—	—	—	81,50	—	—	86,50	—	48,50	—	—	—	—	—	—	—	—	—	—
40 Zr	—	—	—	76,60	—	—	81,71	—	—	—	93,60	93,60	—	—	93,60	—	—	—	—
41 Nb	—	—	—	72,13	—	33,0	—	78,45	40,70	34,85	81,71	—	—	—	—	—	—	—	—
42 Mo	—	—	—	68,90	—	—	—	74,90	37,60	—	72,20	72,20	—	—	72,20	—	—	—	—
44 Ru	—	—	—	62,18	32,30	25,50	—	68,35	—	26,85	64,36	64,36	—	—	64,36	—	—	—	—
45 Rh	—	—	—	59,54	27,95	—	—	65,45	29,79	25,00	52,34	52,34	—	—	52,34	—	—	—	—
46 Pd	—	—	—	56,64	26,2	22,1	—	63,00	28,0	—	47,67	47,67	—	—	47,67	—	—	—	—
47 Ag	—	—	20,1	54,00	24,35	20,65	—	60,63	25,95	21,80	43,36	43,36	—	—	43,36	—	—	—	—
48 Cd	—	—	18,80	—	—	—	—	—	—	—	39,71	39,71	—	—	39,71	—	—	—	—
50 Sn	—	—	—	47,3	—	—	54,15	—	—	—	36,75	36,75	—	—	36,75	—	—	—	—
51 Sb	—	—	—	—	—	—	—	—	—	—	31,23	31,23	—	—	31,23	—	—	—	—
56 Ba	—	—	—	—	—	—	—	—	—	—	28,76	28,76	—	—	28,76	—	—	—	—
58 Ce	—	—	—	—	—	—	—	—	—	11,511	—	—	13,755	—	20,59	—	—	—	—
59 Pr	—	—	—	—	—	—	—	—	—	10,975	—	—	12,375	—	—	—	14,030	—	—
60 Nd	—	—	—	—	—	—	—	—	—	10,483	—	—	11,238	—	14,191	14,191	12,650	—	—
62 Sm	—	—	—	—	—	—	—	—	—	9,580	—	—	10,723	—	13,541	13,541	11,406	11,406	—
63 Eu	—	—	—	—	—	—	—	—	—	9,192	—	—	10,233	—	12,949	12,949	10,932	10,932	—
64 Gd	—	—	—	—	—	—	—	—	—	8,826	—	—	9,772	—	12,401	12,401	10,394	10,394	—
65 Tb	—	—	—	—	—	—	—	—	—	8,468	—	—	9,345	—	11,839	11,839	9,917	9,917	—
66 Dy	—	—	—	—	—	—	—	—	—	8,127	—	—	8,947	—	11,348	11,348	9,524	9,524	—
67 Ho	—	—	—	—	—	—	—	—	—	7,849	—	—	8,576	—	10,458	10,458	9,143	9,143	—
68 Er	—	—	—	—	—	—	—	—	—	7,530	—	—	8,122	—	10,458	10,458	8,783	8,783	—
70 Yb	—	—	—	—	—	—	—	—	—	7,009	—	—	7,893	—	10,047	10,047	8,122	8,122	—
71 Lu	—	—	—	—	—	—	—	—	—	6,748	—	—	7,583	—	9,666	9,666	7,824	7,524	—
72 Hf	—	—	—	5,558	—	—	—	—	7,871	6,530	9,666	—	7,289	—	9,297	9,297	7,237	7,237	7,083
73 Ta	—	—	—	—	—	—	—	—	7,596	6,299	9,311	—	7,008	7,083	—	—	—	—	—

Tabelle 7 (Fortsetzung)
Wellenlängen der M-Serie in KX.- oder Å-Einheiten

Anfangsniveau	M_I		M_{II}			M_{III}				M_{IV}					M_V		
Endniveau	M_{II}	M_{III}	$N_{II,III}$	N_I	N_{IV}	O_{IV}	N_I	N_{IV}	N_V	O_I	$O_{IV,V}$	N_{II}	N_{III}	$N_{V,VII}$	$O_{II,III}$	$N_{II,III}$	N_{III}	N_{VI}	N_{VII}	O_{III}
Linie									?				δ	β	η	φ_1	φ_2	α_2	α_1	
Intensität	schwach	schwach	schwach	schwach	schwach	schwach	schwach	schwach	stark	schwach	schwach	schwach	schwach	stark	schwach	schwach	schwach	stark	stark	schwach
74 W	—	—	5,163	—	5,342	—	7,346	6,121	6,076	5,620	—	8,977	8,559	6,743	6,794	8,943	8,972	6,978	6,969	—
75 Re	—	—	—	—	—	—	—	5,919	5,875	—	—	8,646	8,222	6,491	—	8,611		—	6,715	—
76 Os	—	—	—	—	4,944	—	—	5,712	5,670	—	—	8,342	—	6,254	—	8,293		—	6,477	—
77 Ir	—	—	4,451	—	4,770	—	6,653	5,529	5,490	4,866	4,859	8,048	7,629	6,025	—	8,002		6,262	6,249	—
78 Pt	—	—	4,291	—	4,590	—	6,442	5,346	5,309	4,693	4,682	7,774	7,356	5,816	—	7,722		6,045	6,043	5,975
79 Au	—	—	4,005	—	4,424	—	6,241	5,175	5,135	—	4,514	7,507	7,086	5,612	—	7,451		5,842	5,828	5,755
81 Te	—	—	3,864	—	4,110	—	5,870	4,855	4,815	—	4,207	7,017	—	5,239	—	6,960		5,461	5,450	—
82 Pb	—	—	3,732	—	3,964	—	5,694	4,705	4,665	4,235	4,063	6,788	6,371	5,065	—	6,729		5,288	5,274	5,157
83 Bi	—	—	3,732	—	3,829	—	5,526	4,560	4,522	4,096	3,926	6,571	6,149	4,899	4,813	6,508		5,119	5,108	—
90 Th	—	—	2,938	—	3,006	2,613	4,554	3,710	3,672	—	3,124	5,329	4,901	3,934	3,804	5,229		4,143	4,130	—
92 U	—	—	2,745	3,322	2,813	2,440	4,322	3,514	3,473	3,114	2,941	5,040	4,615	3,708	3,570	4,937		3,914	3,902	—

Tabelle 9

Verschiebungen der K_α-Linien beim Übergang vom reinen Element zu einer Verbindung [1,2]

Element	Emittierende Substanz	$\Delta\lambda$ [XE]		
		K_{α_1}	K_{α_2}	K_{β_1}
13 Al	Al_2O_3	1,72	—	—
14 Si	SiO_2	2,34	—	—
15 P	P_2O_5	2,72	—	--
16 S	$BaSO_4$	3,05	—	—
24 Cr	Cr_2O_3	0,01	0,09	0,21
	K_2CrO_4	0,42	0,18	0,12

[1] Entn.: REGLER, F.: Grundzüge der Röntgenphysik, Berlin: Urban u. Schwarzenberg 1937.
[2] Weitere Beispiele s.: FAESSLER, A; LANDOLT-BÖRNSTEIN, I. Bd. 4. Teil, 6. Aufl., Berlin/Göttingen/Heidelberg: Springer 1955

Tabelle 10

Wellenlängen der Absorptionskanten in X-Einheiten

Z		K	L_I	L_{II}	L_{III}	Z		K	L_I	L_{II}	L_{III}
3	Li	226500	—	—	—	45	Rh	532,88	3618,60	3934,3	4121,3
4	Be	—	—	—	—	46	Pd	508,12	3427,8	3716,3	3900,2
5	B	—	—	—	—	47	Ag	484,84	3247,4	3506,7	3690,8
6	C	43680	—	—	—	48	Cd	463,15	3078,3	3319,0	3496,7
7	N	31000	—	—	—	49	In	442,98	2919,8	3140,6	3317,7
8	O	23320	—	—	—	50	Sn	423,82	2771,5	2976,3	3149,5
9	F	18000	—	—	—	51	Sb	406,09	2634,1	2824,0	2993,9
10	Ne	—	—	—	—	52	Te	389,27	2505,4	2682,0	2849,6
11	Na	11516	—	—	—	53	J	373,44	2383,9	2547,5	2713,9
12	Mg	9492,5	197300	249300	250700	54	Xe	357,77	2269,1	2424,1	2587,2
13	Al	7935,2	142500	169900	170560	55	Cs	344,04	2162,8	2309,1	2468,9
14	Si	6715,2	—	—	125500	56	Ba	330,70	2063,5	2200,2	2358,0
15	P	5774,9	—	—	—	57	La	318,14	1968,9	2098,9	2253,7
16	S	5008,1	—	75700	—	58	Ce	306,23	1885,6	2006,7	2159,5
17	Cl	4388,0	—	60900	—	59	Pr	295,1	1807,1	1920,1	2072,8
18	Ar	3862,88	—	50100	—	60	Nd	284,58	1735,45	1840,60	1992,62
19	K	3431,0	—	—	—	62	Sm	264,4	1596,90	1691,79	1841,90
20	Ca	3064,3	—	35130	35490	63	Eu	254,8	1533,3	1622,8	1771,70
21	Sc	2751,7	—	—	—	64	Gd	246,2	1474,0	1558,1	1706,0
22	Ti	2491,2	—	26290	26290	65	Tb	237,6	1418,1	1498,1	1645,3
23	V	2263,0	—	—	—	66	Dy	230,1	1362	1435	1576
24	Cr	2065,9	16700	17900	20700	67	Ho	222,64	1314,6	386,9	1532,2
25	Mn	1892,54	—	—	—	68	Er	—	1265,5	1335,60	1479,1
26	Fe	1739,83	—	—	—	69	Tm	208,5	1219,6	1284,9	1429,9
27	Co	1604,87	—	—	—	70	Yb	201,6	1176,4	1239,2	1382,6
28	Ni	1485,02	—	—	—	71	Lu	195,10	1136,21	1194,0	1337,5
29	Cu	1377,65	—	13012	13287	72	Hf	190,10	1095,3	1151,5	1293,0
30	Zn	1280,7	—	11837	12106	73	Ta	183,60	1057	1110,2	1251,7
31	Ga	1193,4	—	—	—	74	W	178,22	1022,53	1072,15	1212,5
32	Ge	1114,3	—	—	—	75	Re	173,5	987,3	1035,4	1175,5
33	As	1042,63	8090,8	9106	9348,2	76	Os	167,55	955,8	999,8	1139,0
34	Se	977,73	7490,4	8389,7	8628,2	77	Ir	162,09	922,3	965,4	1103,8
35	Br	918,09	—	—	7724	78	Pt	157,70	891,4	932,1	1070,0
36	Kr	863,72	—	—	—	79	Au	153,20	861,62	900,7	1037,86
37	Rb	813,85	5985,4	6630,0	6849,5	80	Hg	148,93	834,2	870,8	1007,5
38	Sr	768,14	5571,3	6662,1	6362,0	81	Tl	144,41	807,2	841,9	977,8
39	Y	726,15	5221,6	5737,3	5944,4	82	Pb	140,49	781,2	814,3	949,2
40	Zr	687,38	4857,4	5367,0	5571,6	83	Bi	136,78	755,9	787,8	922,1
41	Nb	651,59	4571,7	5012	5212,1	90	Th	112,70	603,9	629,3	760,0
42	Mo	618,48	4289,7	4708,5	4902,6	92	U	106,58	568,0	591,3	720,8
44	Ru	559,34	—	4171,1	4360,1	94	Pu	—	535,4	555,95	685,25

Tabelle 11
Absorptionssprünge der K- und L-Niveaus[1]

		v_K	v_{L_I}	$v_{L_{II}}$	$v_{L_{III}}$			v_K	v_{L_I}	$v_{L_{II}}$	$v_{L_{III}}$
12	Mg	20	—	—	—	46	Pd	6,8	—	—	—
13	Al	13	—	—	—	47	Ag	7,0	1,23	1,47	3,55
16	S	11	—	—	—	49	In	6,6	—	—	—
17	Cl	10	—	—	—	50	Sn	6,6	—	—	—
18	A	10	—	—	—	53	J	5,5	—	—	—
24	Cr	9	—	—	—	56	Ba	5,2	1,12	1,33	3,05
25	Mn	8,8	—	—	—	57	La	6,0	—	—	—
26	Fe	8,8	—	—	—	58	Ce	6,0	1,13	1,39	2,84
28	Ni	8,3	—	—	—	73	Ta	4,2	—	—	—
29	Cu	8,3	—	—	—	74	W	5,7	1,15	1,36	2,48
30	Zn	7,9	—	—	—	78	Pt	6,0	1,18	1,58	2,65
33	As	7,8	—	—	—	79	Au	5,7	1,16	1,39	2,53
35	Br	7,3	—	—	—	80	Hg	5,6	1,18	1,39	2,45
37	Rb	7,4	—	—	—	81	Tl	5,6	1,15	1,33	2,36
38	Sr	7,4	—	—	—	82	Pb	5,4	1,12	1,40	2,38
40	Zr	7,1	—	—	—	90	Th	5,3	1,12	1,35	2,27
42	Mo	7,5	—	—	—	92	U	2,9	1,11	1,31	2,22

[1] Entn.: BLOCHIN, M. A.: Physik der Röntgenstrahlen, Berlin: VEB Verlag Technik 1957.

Tabelle 12
Verschiebung der Absorptionskanten bei Verbindungen[1,2]

Z	Substanz	Valenz	λ_K	$\Delta\lambda_K$	Z	Substanz	Valenz	λ_K	$\Delta\lambda_K$
14	Si	—	6731,0	—	24	Cr	—	2066,3	—
	SiO$_2$	IV	6707,5	−23,5		Cr$_2$(SO$_4$)$_3$	III	2062,2	−4,1
	Na$_2$SiO$_3$	IV	6707,3	−23,7		K$_2$Cr$_2$O$_7$	VI	2059,5	−6,8
15	P (gelb)	—	5776,9	—	25	Mn	—	1892,1	—
	P (schwarz)	—	5771,5	−25,4		MnSO$_4$	II	1889,3	−2,8
	Phosphite	V	5754,1	−2,8		MnO$_2$	IV	1887,7	−4,4
	Phosphate	V	5750,7	−26,2		KMnO$_4$	VII	1886,3	−5,8
20	Ca	—	3064,3	—				$\lambda_{L_{III}}$	$\Delta\lambda_{L_{III}}$
	CaCO$_3$	II	3060,5	−3,8					
22	Ti	—	2491,2	—	50	Sn	—	3146,9	—
	TiO$_2$	IV	2482,6	−8,6		SnO$_2$	IV	3140,6	−6,3
23	V	—	2263,2	—	51	Sb	—	2993,0	—
	VO	II	2260,1	−3,1		Sb$_2$O$_3$	III	2987,4	−5,6
	V$_2$O$_3$	III	2259,2	−4,0		Sb$_2$O$_5$·nH$_2$O	V	2986,7	−6,3
	V$_2$O$_4$	IV	2259,0	−4,2	53	J	—	2711,0	—
	V$_2$O$_5$	V	2256,8	−6,4		NaJ	I	2708	−3
						NaJO$_3$	V	2709	−2
						NaJO$_4$	VII	2703	−8

[1] Entn.: Regler, F.: Grundzüge der Röntgenphysik, Berlin: Urban & Schwarzenberg 1937.
[2] Weitere Beispiele s.: FAESSLER, A; LANDOLT-BÖRNSTEIN, I. Bd. 4. Teil, 6. Aufl. Berlin/Göttingen/Heidelberg: Springer 1955.

Tabelle 13
Massenschwächungskoeffizient μ/ϱ in $g^{-1} cm^2$ für verschiedene Wellenlängen[1]

Z	Element	0,200	0,5608 Ag	0,6147 Rh	0,7107 Mo	1,436 Zn	1,542 Cu	1,659 Ni	1,790 Co	1,937 Fe	2,103 Mn	2,291 Cr	2,50 V
1	H	0,326	0,370	0,37	0,38	0,44	0,46	0,47	0,48	0,49	0,50	0,55	0,59
2	He	0,165	0,191	0,199	0,18	0,31	0,37	0,43	0,52	0,64	0,74	0,86	1,00
3	Li	0,143	0,187	0,20	0,22	0,54	0,68	0,87	1,13	1,48	1,76	2,11	2,49
4	Be	0,149	0,22	0,25	0,30	1,02	1,35	1,80	2,42	3,24	3,90	4,74	5,79
5	B	0,157	0,30	0,35	0,45	2,51	3,06	3,79	4,67	5,80	7,36	9,37	9,52
6	C	0,174	0,42	0,51	0,70	4,43	5,50	6,76	8,50	10,7	13,8	17,9	18,8
7	N	0,181	0,60	0,70	1,10	6,85	8,51	10,7	13,6	17,3	21,8	27,7	30,9
8	O	0,189	0,80	1,00	1,50	11,4	12,7	16,2	20,2	25,2	32,2	40,1	47,3
9	F	0,191	1,00	1,32	1,93	14,4	17,5	21,5	36,6	33,0	41,1	51,6	64,66
10	Ne	0,215	1,41	1,80	2,67	20,2	24,6	30,2	37,2	46,0	57,6	72,7	93,29
11	Na	0,225	1,75	2,25	3,36	25,6	30,9	37,9	46,2	56,9	72,3	92,5	119
12	Mg	0,254	2,27	2,93	4,38	33,0	40,6	47,9	60,0	75,7	95,2	120	159
13	Al	0,274	2,74	3,60	5,30	40,0	48,7	58,4	73,4	92,8	117	149	195
14	Si	0,310	3,44	4,52	6,70	49,5	60,3	75,8	94,1	116	146	192	244
15	P	0,337	4,20	5,36	7,98	59,4	73,0	90,5	113	141	177	223	289
16	S	0,390	5,15	6,65	10,03	75,0	91,3	112	139	175	217	273	356
17	Cl	0,422	5,86	7,50	11,62	85,0	103	126	158	199	245	308	402
18	A	0,446	6,40	8,00	12,55	93,0	113	141	174	217	270	341	437
19	K	0,542	8,05	10,7	16,7	119	143	179	218	269	330	425	537
20	Ca	0,626	9,66	12,8	19,8	142	172	210	257	317	400	508	619
21	Sc	—	10,5	13,8	21,1	153	185	222	273	338	428	545	—
22	Ti	0,726	11,8	15,8	23,7	167	204	247	304	377	475	603	—

[1] Entn.: SAGEL, K.: Tabellen zur Röntgenstrukturanalyse, Berlin/Göttingen/Heidelberg: Springer 1958.

Tabelle 13 (Fortsetzung)

Massenschwächungskoeffizient μ/ϱ in $g^{-1}cm^2$ für verschiedene Wellenlängen

z	Element	0,200	0,5608 Ag	0,6147 Rh	0,7107 Mo	1,436 Zn	1,542 Cu	1,659 Ni	1,790 Co	1,937 Fe	2,103 Mn	2,291 Nr	2,50 V
23	V	—	13,3	17,7	26,5	186	227	275	339	422	530	77,3	—
24	Cr	0,910	15,7	20,4	30,4	213	259	316	392	490	70,5	89,9	—
25	Mn	—	17,4	22,6	33,5	234	284	348	431	63,6	79,6	99,4	—
26	Fe	1,134	19,9	25,8	38,3	270	324	397	59,5	72,8	90,9	115	147
27	Co	1,26	21,8	28,1	41,6	292	354	54,4	65,9	80,6	102	126	180
28	Ni	1,420	25,0	32,3	47,4	325	49,3	61,0	75,1	93,1	116	145	197
29	Cu	1,495	26,4	34,0	49,7	42,0	52,7	65,0	79,8	98,8	123	154	228
30	Zn	1,65	28,2	37,7	54,8	49,3	59,0	72,1	88,5	109	135	169	—
31	Ga	—	30,8	39,7	57,3	52,4	63,3	76,9	94,3	116	144	179	—
32	Ge	1,900	33,5	42,8	63,4	57,6	69,4	84,2	104	128	158	196	—
33	As	—	36,5	46,0	69,5	63,5	76,5	93,8	115	142	175	218	—
34	Se	2,198	38,5	49,0	74,0	69,4	82,8	101	125	152	188	235	—
35	Br	2,43	42,3	53,5	82,2	77,0	92,6	112	137	169	206	264	—
36	Kr	2,58	45,0	57,5	88,1	83,0	100	122	148	182	226	285	—
37	Rb	2,80	48,2	62,8	94,4	91,5	109	133	161	197	246	309	—
38	Sr	3,03	52,1	68,3	101,1	100	119	145	176	214	266	334	—
39	Y	—	55,5	74,0	108,9	107	129	158	192	235	289	360	—
40	Zr	—	61,1	80,9	17,2	118	143	173	211	260	317	391	—
41	Nb	—	65,8	86,0	18,7	126	153	183	225	279	338	415	—
42	Mo	4,05	70,7	91,6	20,2	136	164	197	242	299	360	439	—
44	Ru	—	79,9(α_1) 12,2(α_2)	15,4	23,4	153	185	221	272	337	404	488	—
45	Rh	—	13,1	16,6	25,3	165	198	240	293	361	432	522	—
46	Pd	5,13	13,8	17,6	26,7	173	207	254	308	376	450	545	—

Tabelle 13 (Fortsetzung)

Massenschwächungskoeffizient μ/ϱ in $g^{-1}cm^2$ für verschiedene Wellenlängen

Z	Element	0,200	0,5608 Ag	0,6147 Rh	0,7107 Mo	1,436 Zn	1,542 Cu	1,659 Ni	1,790 Co	1,937 Fe	2,103 Mn	2,291 Cr	2,50 V
47	Ag	5,50	14,8	19,1	28,6	192	223	276	332	402	483	585	710
48	Cd	—	15,5	20,1	29,9	202	234	289	352	417	500	608	—
49	In	—	16,5	21,7	31,8	214	252	307	366	440	531	648	—
50	Sn	6,32	17,4	22,9	33,3	230	265	322	382	457	555	681	850
51	Sb	—	18,6	24,6	35,3	245	284	342	404	482	589	727	—
52	Te	6,76	19,1	25,0	36,1	248	289	347	410	488	598	742	—
53	J	7,29	20,9	27,3	39,2	269	314	375	442	527	650	808	—
54	Xe	7,54	22,1	28,5	41,3	283	330	392	463	552	680	852	—
55	Cs	—	23,6	30,0	43,3	298	347	410	486	579	715	844	—
56	Ba	8,22	24,5	31,1	45,2	307	359	423	501	599	677	819	—
57	La	—	26,0	33,0	47,9	—	378	444	—	632	—	218	—
58	Ce	8,18	28,4	35,8	52,0	358	407	476	549	636	670	235	—
59	Pr	—	29,4	37,2	54,5	—	422	493	—	624	—	251	—
60	Nd	8,88	30,5	38,8	57,0	—	437	510	—	651	—	263	—
62	Sm	—	33,1	41,2	62,3	—	467	519	—	183	—	289	—
63	Eu	—	35,0	44,5	65,9	—	461	498	—	193	—	306	—
64	Gd	—	35,8	45,7	68,0	—	470	509	—	199	—	316	—
65	Tb	10,64	37,5	47,9	71,7	—	435	140	—	211	—	333	—
66	Dy	—	39,1	49,9	75,0	—	462	146	—	220	—	345	—
67	Ho	—	41,3	52,7	79,3	—	128	153	—	232	—	361	—
68	Er	—	42,6	54,6	82,0	—	133	159	—	242	—	370	—
69	Tm	—	44,8	57,6	86,3	—	139	168	—	257	—	387	—
70	Yb	—	46,1	59,4	88,7	—	144	174	—	265	—	396	—
71	Lu	—	48,4	62,6	93,2	—	151	184	—	281	—	414	—

Tabelle 13 (Fortsetzung)

Massenschwächungskoeffizient μ/ϱ in $g^{-1} \cdot cm^2$ für verschiedene Wellenlängen

Z	Element	0,200	0,5608 Ag	0,6147 Rh	0,7107 Mo	1,436 Zn	1,542 Cu	1,659 Ni	1,790 Co	1,937 Fe	2,103 Mn	2,291 Cr	2,50 V
72	Hf	—	50,6	65,0	96,9	—	157	191	—	291	—	426	—
73	Ta	3,4	52,2	67,7	100,7	136	164	200	246	305	364	440	—
74	W	3,5	54,6	70,7	105,4	143	171	209	258	320	380	456	—
76	Os	—	58,6	76,3	112,9	152	186	226	278	346	406	480	—
77	Ir	4,25	61,2	80,0	117,9	160	194	237	292	362	422	498	596
78	Pt	4,4	64,2	83,8	123	172	205	248	304	376	436	518	—
79	Au	—	66,7	87,1	128	179	214	260	317	390	456	537	—
80	Hg	—	69,3	90,1	132	186	223	272	330	404	471	552	—
81	Tl	4,9	71,7	92,4	136	194	231	282	341	416	484	568	—
82	Pb	5,1	74,4	95,8	141	202	241	294	354	429	499	585	—
83	Bi	—	78,1	100,4	145	214	253	310	372	448	522	612	—
86	Nt	—	84,7	109,1	159	—	278	341	—	476	—	657	—
88	Ra	—	91,1	117	172	258	304	371	433	509	598	708	—
90	Th	—	97,0	119	143	286	327	399	460	536	633	755	560
92	U	5,4	104,2	129	153	310	352	423	488	566	672	805	—
	Luft	0,186	0,6	0,62	1	8,9	9,8	—	15	20	24	—	40
	Wasser	0,21	0,7	0,72	1,2	9,2	10,2	—	17	21	25	—	42,1
	Nylon	0,19	0,4	0,55	0,7	4,8	6,0	—	8	11	14	—	22,5
	Polyäthylen	0,20	0,38	0,45	0,6	3,4	4,2	—	6	8	10	—	16,2
	Polystyrol	0,19	0,4	0,46	0,62	3,5	4,5	—	7	9	11	—	17,4

Tabelle 14

Nomogramm zur Bestimmung der Absorptionskoeffizienten

[Entn.: R. BÖHLEN, S. GEILING: Z. Metallkunde. **40** (1949) 157]

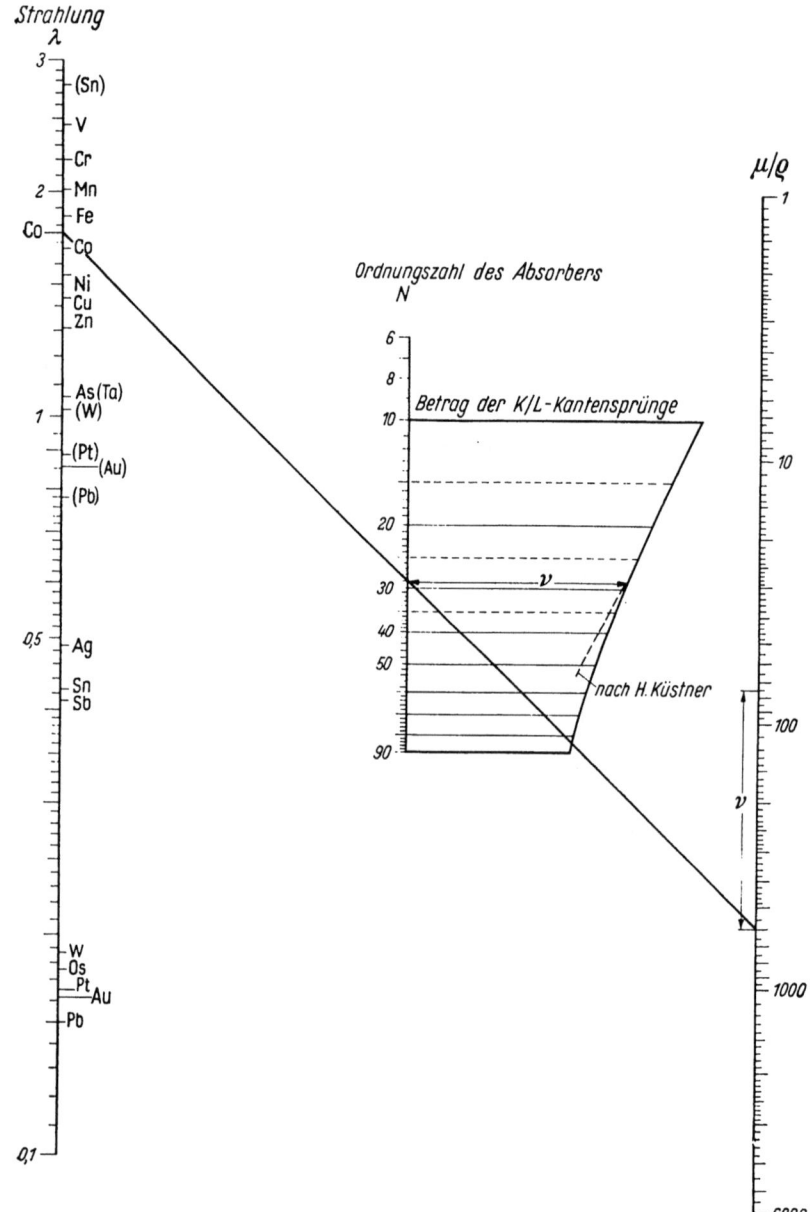

Tabelle 15

Charakteristische Daten einiger Analysatorkristalle

Kristall	Reflektierende Kristallfläche	Netzebenenabstand d [KX]	$\log 2d$	Intensitätsverhältnis der vier ersten Ordnungen	Reflexionsvermögen des Kristalls				Eigenschaften des Kristalls		Spezielle Anwendungszwecke
					Intensität	Breite		Multiplizität	Strahlungsstabilität	Mechanische Eigenschaften	
Calciumfluorid	(220)	1,93	0,4564	—	—	—		—	gut	hart	—
Lithiumfluorid	(200)	2,01	0,6042	—	mittel-stark	—		—	gut	—	für kürzere Wellenlängen
Kochsalz	(200)	2,819	0,7497	100:20:7:3	stark	groß		mehrfach	leichter Zerfall	verformbar	zur Fokusierung
Kalkspat	(200)	3,03	0,7825	100:20:20:9	mittel	gering		gering	gut	variable Härte	für Kleinwinkelstreuungen
Calciumfluorid	(111)	3,15	0,7993	100:3:16	stark	mäßig		gering	gut	variable Härte	für kürzere Wellenlängen
Quarz	(10$\bar{1}$1)	3,347	0,8248	100:22:1	mittel	sehr gering		sehr gering	gut	elastisch biegbar	für Kleinwinkelstreuungen, zur Fokusierung
Quarz	(10$\bar{1}$0)	4,25	0,9291	—	mittel	mäßig		groß	gering	weich	—
Pentaerythrit.	(002)	4,39	0,9435	—	sehr stark	sehr gering		gering	gering	weich	für Kleinwinkelstreuungen,
Gips	(020)	7,60	1,1806	—	mittel-stark						für längere Wellenlängen
Glimmer	(002)	9,96	1,2993	—	—	—		—	—	—	—
Zucker	(100)	10,57	1,3251	—	schwach	—		—	—	—	—
β-Korund	(0002)	11,22	1,3510	—	schwach	—		—	gut	hart, brüchig	für große Wellenlängen

Tabelle 16

$2d\sin\Theta$ für Calciumfluorid

Reflektierende Kristallfläche: (220); $2d = 3860$ XE

M./G.	0	5	10	15	20	25	30	35	40	45	50	55
1	67,6	73,1	78,7	84,2	89,9	95,9	101,1	106,7	112,3	117,9	123,5	129,1
2	134,7	140,2	145,9	151,4	157,1	162,7	168,3	183,9	179,5	185,1	190,7	196,3
3	201,9	207,9	213,1	218,7	224,3	229,9	235,5	241,1	247,0	252,6	258,2	263,8
4	269,4	275,0	280,6	286,2	291,8	297,4	303,0	308,6	314,2	319,8	325,4	331,0
5	336,6	342,2	347,8	353,4	359,0	364,6	370,2	375,8	381,0	381,6	392,2	397,8
6	403,4	409,0	414,6	420,2	425,8	431,4	437,0	442,6	448,1	453,7	459,3	464,9
7	470,5	476,1	481,7	487,2	492,5	498,1	503,7	509,3	514,9	520,5	526,1	531,7
8	537,3	542,9	548,5	554,1	559,3	564,9	570,5	576,1	581,7	587,6	592,9	598,5
9	603,7	609,3	614,9	620,4	626,1	631,7	637,3	642,9	648,1	653,7	659,3	664,9
10	670,5	676,1	681,3	686,9	692,5	698,1	703,3	708,9	714,5	720,1	725,7	731,3
11	736,5	742,1	747,7	753,3	758,5	764,1	769,7	775,3	780,5	786,1	791,7	797,3
12	802,5	808,1	813,7	819,3	824,5	830,1	835,3	840,9	846,5	852,1	857,3	862,9
13	868,5	874,1	879,3	884,9	890,1	895,7	901,3	906,9	912,1	917,7	922,9	928,5
14	933,7	939,5	944,5	950,1	955,7	961,3	966,5	972,1	977,4	983,0	988,2	993,8
15	999,0	1004	1010	1015	1021	1026	1031	1036	1042	1047	1053	1058
16	1064	1069	1075	1080	1085	1090	1096	1101	1107	1112	1118	1124
17	1129	1134	1139	1144	1150	1155	1161	1166	1172	1177	1182	1187
18	1193	1198	1204	1209	1214	1219	1225	1230	1236	1241	1246	1251
19	1257	1262	1267	1272	1278	1283	1288	1293	1299	1304	1310	1315
20	1320	1325	1331	1336	1341	1346	1352	1357	1362	1367	1373	1378
21	1383	1388	1394	1399	1404	1409	1415	1420	1425	1430	1436	1441
22	1446	1451	1456	1461	1467	1472	1477	1482	1488	1493	1498	1503
23	1508	1513	1519	1324	1529	1534	1539	1544	1549	1554	1560	1565
24	1570	1575	1580	1585	1590	1595	1601	1606	1611	1616	1621	1626
25	1631	1636	1642	1647	1652	1657	1662	1667	1672	1677	1682	1687
26	1692	1697	1702	1707	1712	1717	1722	1727	1732	1737	1742	1747
27	1752	1757	1762	1767	1773	1778	1783	1788	1792	1797	1802	1807
28	1812	1817	1822	1827	1832	1837	1842	1847	1852	1857	1862	1867
29	1871	1876	1881	1886	1891	1896	1901	1906	1911	1916	1920	1925
30	1930	1935	1940	1945	1949	1954	1959	1964	1969	1974	1978	1983

Tabelle 16 (Fortsetzung)

$2d\sin\Theta$ für Calciumfluorid

Reflektierende Kristallfläche: (220); $2d = 3860$ XE

G.M.	0	5	10	15	20	25	30	35	40	45	50	55
31	1988	1993	1998	2003	2007	2012	2017	2022	2027	2032	2036	2041
32	2045	2050	2055	2060	2064	2069	2074	2079	2084	2089	2093	2098
33	2102	2107	2112	2117	2121	2126	2130	2135	2140	2145	2149	2154
34	2159	2164	2168	2173	2177	2182	2186	2191	2196	2201	2205	2210
35	2214	2219	2223	2228	2232	2237	2242	2247	2251	2256	2260	2265
36	2269	2274	2278	2283	2287	2292	2296	2301	2305	2310	2314	2319
37	2323	2328	2332	2337	2341	2346	2350	2355	2359	2364	2368	2373
38	2377	2381	2385	2389	2394	2398	2403	2407	2412	2416	2421	2425
39	2429	2433	2438	2442	2446	2450	2455	2459	2464	2468	2473	2477
40	2481	2485	2490	2494	2498	2502	2507	2511	2516	2520	2524	2528
41	2533	2537	2541	2545	2549	2553	2558	2562	2566	2570	2575	2579
42	2583	2587	2591	2595	2599	2603	2608	2612	2616	2620	2624	2628
43	2633	2637	2641	2645	2649	2653	2657	2661	2665	2669	2673	2677
44	2682	2686	2690	2694	2697	2701	2705	2709	2714	2718	2722	2726
45	2729	2733	2738	2742	2745	2749	2753	2757	2761	2765	2769	2773
46	2776	2780	2785	2789	2792	2796	2800	2804	2808	2812	2815	2819
47	2823	2827	2831	2835	2838	2842	2846	2850	2853	2857	2861	2865
48	2868	2872	2876	2880	2883	2887	2891	2895	2898	2902	2906	2910
49	2913	2917	2920	2924	2928	2932	2935	2939	2942	2946	2950	2954
50	2957	2961	2964	2968	2971	2975	2978	2982	2986	2990	2993	2997
51	3000	3004	3007	3011	3014	3018	3021	3025	3028	3032	3035	3039
52	3042	3046	3049	3053	3056	3060	3063	3066	3069	3073	3076	3080
53	3083	3087	3090	3093	3096	3099	3103	3106	3110	3113	3116	3119
54	3123	3126	3129	3132	3136	3139	3142	3145	3149	3152	3156	3159
55	3162	3165	3168	3171	3175	3178	3181	3184	3188	3191	3194	3197
56	3200	3203	3207	3210	3213	3216	3219	3222	3225	3228	3231	3234
57	3237	3240	3244	3247	3249	3252	3256	3259	3262	3265	3267	3270
58	3274	3277	3279	3282	3285	3288	3291	3294	3297	3300	3303	3306
59	3309	3312	3315	3318	3320	3323	3326	3329	3332	3335	3337	3340
60	3343	3346	3349	3352	3354	3357	3330	3363	3365	3368	3371	3374

Tabelle 16 (Fortsetzung)

$2d\sin\Theta$ für Calciumfluorid

Reflektierende Kristallfläche: (220); $\quad 2d = 3860$ XE

M./G.	0	5	10	15	20	25	30	35	40	45	50	55
61	3376	3379	3381	3384	3387	3390	3392	3395	3398	3401	3403	3406
62	3408	3411	3413	3416	3419	3422	3424	3427	3429	3432	3434	3437
63	3439	3442	3444	3447	3449	3452	3454	3457	3459	3462	3464	3467
64	3469	3472	3474	3477	3479	3482	3484	3487	3489	3492	3494	3496
65	3498	3500	3503	3505	3508	3510	3513	3515	3517	3519	3522	3524
66	3526	3528	3531	3533	3535	3537	3540	3542	3544	3546	3549	3551
67	3553	3555	3557	3559	3562	3564	3566	3568	3571	3573	3575	3577
68	3579	3581	3583	3585	3587	3589	3591	3593	3596	3598	3599	3601
69	3604	3606	3608	3610	3612	3614	3616	3618	3620	3622	3623	3625

Tabelle 17

$2d\sin\Theta$ für Lithiumfluorid

Reflektierende Kristallfläche: (200); $\quad 2d = 4020$ XE

M./G.	0	5	10	15	20	25	30	35	40	45	50	55
0	0	5,63	11,66	17,29	23,32	24,92	34,97	41,00	46,63	52,26	58,29	64,32
1	70,35	75,98	82,01	88,04	93,67	99,29	105,3	111,4	117,0	122,6	128,6	134,3
2	140,3	146,3	152,0	157,6	163,6	169,6	175,3	180,9	186,9	193,0	198,6	204,2
3	210,2	215,9	221,9	227,5	233,6	239,6	245,2	251,3	257,3	262,9	268,9	275,0
4	280,6	286,6	292,9	292,9	303,9	309,9	315,6	321,2	327,2	333,3	338,9	344,5
5	350,5	356,2	362,2	367,8	373,9	379,9	385,5	387,1	396,8	402,4	408,4	414,5
6	420,1	426,1	431,7	437,4	443,4	449,4	455,1	461,1	466,7	472,8	478,4	484,0
7	490,0	496,1	501,7	507,7	513,0	519,0	524,6	530,6	536,3	541,9	547,9	553,6
8	559,6	565,2	571,2	576,9	582,5	588,1	594,2	599,8	605,8	611,4	617,5	623,1
9	628,7	634,4	640,4	646,0	652,0	657,7	663,7	669,3	675,0	680,6	686,6	692,2

Tabelle 17 (Fortsetzung)

$2d \sin \Theta$ für Lithiumfluorid

Reflektierende Kristallfläche: (200); $2d = 4020$ XE

M./G.	0	5	10	15	20	25	30	35	40	45	50	55
10	698,3	703,9	709,5	715,2	721,2	726,8	732,4	738,1	744,1	749,7	755,8	761,4
11	767,0	772,6	778,7	784,3	789,9	795,6	801,6	807,2	812,8	818,5	824,5	830,1
12	835,8	841,4	847,4	853,0	858,7	864,3	869,9	875,6	881,6	887,2	892,8	898,5
13	904,5	910,1	915,8	921,4	927,0	932,6	938,7	944,3	949,9	955,6	961,2	966,8
14	972,4	978,1	983,7	989,3	995,4	1001	1007	1012	1018	1023	1029	1035
15	1040	1046	1052	1057	1063	1069	1074	1080	1085	1091	1097	1102
16	1108	1114	1119	1125	1130	1136	1142	1147	1153	1159	1164	1170
17	1175	1181	1187	1192	1198	1203	1209	1214	1220	1226	1231	1237
18	1242	1248	1253	1259	1264	1270	1276	1281	1287	1292	1298	1303
19	1309	1315	1320	1325	1331	1337	1342	1348	1353	1359	1364	1370
20	1375	1380	1386	1392	1397	1403	1408	1413	1419	1424	1430	1435
21	1441	1446	1452	1457	1462	1468	1473	1479	1484	1490	1495	1501
22	1506	1512	1517	1522	1528	1533	1538	1544	1549	1555	1560	1565
23	1571	1576	1581	1587	1592	1598	1603	1608	1614	1619	1624	1630
24	1635	1641	1646	1651	1656	1661	1667	1672	1678	1683	1688	1694
25	1699	1704	1710	1715	1720	1725	1731	1736	1741	1746	1752	1757
26	1762	1768	1773	1778	1783	1788	1794	1800	1804	1809	1815	1820
27	1825	1830	1836	1841	1846	1851	1856	1862	1866	1872	1877	1882
28	1887	1893	1897	1903	1908	1913	1918	1924	1928	1934	1939	1944
29	1949	1954	1959	1965	1969	1974	1979	1985	1990	1995	2000	2005
30	2010	2015	2020	2025	2030	2035	2040	2045	2050	2055	2060	2065
31	2070	2076	2080	2086	2090	2095	2100	2106	2111	2115	2121	2125
32	2130	2135	2140	2145	2150	2155	2160	2165	2170	2175	2180	2184
33	2189	2194	2199	2204	2209	2214	2219	2223	2229	2234	2238	2243
34	2248	2253	2258	2262	2267	2272	2277	2282	2287	2291	2296	2301
35	2306	2311	2316	2320	2325	2330	2334	2339	2344	2348	2353	2358
36	2363	2367	2372	2377	2382	2386	2391	2396	2401	2405	2410	2414
37	2419	2424	2428	2433	2438	2443	2447	2452	2457	2461	2466	2470
38	2475	2480	2484	2489	2493	2498	2502	2507	2512	2516	2521	2525
39	2530	2534	2539	2543	2548	2552	2557	2562	2566	2570	2575	2580

Tabelle 17 (Fortsetzung)

$2d \sin \Theta$ für Lithiumfluorid

Reflektierende Kristallfläche: (200); $2d = 4020$ XE

M./G.	0	5	10	15	20	25	30	35	40	45	50	55
40	2584	2588	2593	2597	2602	2606	2611	2615	2620	2624	2629	2633
41	2638	2642	2646	2650	2655	2659	2664	2668	2672	2677	2681	2685
42	2690	2694	2699	2703	2707	2711	2716	2720	2724	2729	2733	2737
43	2742	2746	2750	2755	2759	2763	2767	2771	2776	2780	2784	2788
44	2793	2797	2801	2805	2809	2814	2818	2822	2826	2830	2835	2839
45	2843	2847	2851	2855	2859	2863	2867	2871	2876	2880	2884	2888
46	2892	2896	2900	2904	2908	2912	2916	2920	2924	2928	2932	2936
47	2940	2944	2948	2952	2956	2960	2964	2968	2972	2976	2980	2984
48	2987	2991	2995	2999	3003	3007	3011	3015	3019	3022	3026	3030
49	3034	3038	3042	3045	3049	3053	3057	3060	3064	3068	3072	3076
50	3079	3083	3087	3091	3095	3098	3102	3105	3109	3113	3117	3120
51	3124	3128	3132	3135	3139	3142	3146	3150	3153	3157	3161	3164
52	3168	3171	3175	3179	3182	3186	3189	3193	3196	3200	3204	3207
53	3210	3214	3218	3221	3224	3228	3232	3235	3239	3242	3245	3249
54	3252	3255	3259	3262	3266	3269	3273	3276	3280	3283	3286	3290
55	3293	3296	3300	3303	3306	3310	3313	3316	3320	3323	3326	3329
56	3333	3336	3339	3343	3346	3349	3352	3355	3359	3362	3365	3368
57	3372	3375	3378	3381	3384	3387	3390	3394	3397	3400	3403	3406
58	3409	3412	3415	3418	3421	3425	3427	3431	3434	3437	3440	3443
59	3446	3449	3452	3455	3458	3461	3464	3466	3470	3472	3476	3479
60	3481	3484	3487	3490	3493	3496	3500	3502	3505	3507	3510	3513
61	3516	3519	3522	3524	3527	3530	3533	3536	3538	3541	3544	3547
62	3550	3552	3555	3558	3561	3563	3566	3569	3571	3574	3577	3579
63	3582	3585	3587	3590	3592	3595	3597	3600	3603	3605	3608	3610
64	3613	3615	3618	3620	3623	3625	3628	3630	3633	3636	3639	3641
65	3643	3646	3648	3650	3653	3655	3658	3660	3663	3665	3668	3670
66	3673	3675	3677	3690	3680	3683	3687	3689	3691	3694	3696	3698
67	3700	3703	3705	3708	3710	3712	3714	3716	3719	3721	3723	3725
68	3727	3730	3732	3734	3736	3738	3740	3742	3745	3747	3749	3751
69	3753	3755	3757	3759	3762	3764	3766	3768	3770	3772	3774	3776

Tabelle 18

$2d\sin\Theta$ für Steinsalz.

Reflektierende Kristallfläche: (200); $2d = 5628$ XE

M./G.	0	5	10	15	20	25	30	35	40	45	50	55
0	0	7,872	16,32	24,20	32,64	34,89	48,96	57,41	65,28	73,16	81,61	90,05
1	98,2	106,4	114,6	123,3	131,0	139,0	147,3	155,9	163,7	171,7	180,3	188,0
2	196,4	204,9	212,8	220,6	229,1	237,5	245,5	253,3	261,9	270,1	278,2	285,9
3	294,6	302,2	310,9	318,5	327,2	335,4	343,6	351,8	359,9	368,1	376,2	385,0
4	392,6	401,3	408,9	417,0	425,3	433,9	441,6	449,7	457,9	466,6	474,2	482,3
5	490,5	498,6	506,8	515,0	523,1	531,8	539,4	547,6	555,7	563,4	572,0	580,2
6	588,3	596,6	604,8	612,3	620,8	629,2	637,1	645,5	653,4	661,9	669,6	677,6
7	685,9	694,5	702,1	710,8	718,4	726,6	734,6	742,9	750,6	758,7	767,0	775,0
8	783,2	791,3	799,5	815,5	815,7	823,4	831,9	839,7	848,1	856,0	864,2	872,3
9	880,4	888,1	896,6	904,4	912,7	920,7	928,9	937,1	945,1	952,8	961,1	969,1
10	977,3	985,5	993,4	1001	1010	1018	1026	1033	1042	1050	1058	1066
11	1074	1082	1090	1098	1106	1114	1122	1130	1138	1146	1154	1162
12	1170	1178	1186	1194	1202	1210	1218	1226	1234	1242	1250	1258
13	1266	1274	1282	1290	1298	1306	1314	1322	1330	1338	1346	1354
14	1362	1369	1377	1385	1393	1401	1409	1417	1425	1433	1441	1449
15	1457	1464	1473	1480	1488	1496	1504	1512	1520	1527	1536	1543
16	1551	1559	1567	1575	1583	1590	1599	1606	1614	1622	1630	1638
17	1646	1654	1661	1669	1677	1684	1692	1700	1708	1716	1724	1732
18	1739	1747	1755	1763	1770	1778	1786	1794	1801	1809	1817	1825
19	1832	1840	1848	1856	1863	1871	1879	1887	1894	1902	1910	1917
20	1925	1933	1940	1948	1956	1964	1971	1979	1986	1994	2002	2009
21	2017	2024	2032	2040	2047	2055	2063	2070	2078	2086	2093	2101
22	2108	2116	2123	2131	2139	2146	2154	2161	2169	2176	2184	2192
23	2199	2206	2214	2221	2229	2237	2244	2252	2259	2266	2274	2282
24	2289	2297	2304	2311	2319	2326	2334	2341	2349	2356	2364	2371
25	2379	2386	2393	2401	2408	2416	2423	2430	2438	2445	2452	2460
26	2467	2475	2482	2489	2497	2504	2511	2519	2526	2533	2541	2548
27	2555	2562	2570	2577	2584	2592	2599	2606	2613	2620	2628	2635
28	2642	2650	2657	2664	2671	2678	2686	2693	2700	2707	2714	2722
29	2729	2736	2743	2750	2757	2764	2771	2779	2786	2793	2800	2807

Tabelle 18 (Fortsetzung)

$2d \sin \Theta$ für Steinsalz

Reflektierende Kristallfläche: (200); $2d = 5628$ XE

M./G.	0	5	10	15	20	25	30	35	40	45	50	55
30	2814	2821	2828	2835	2842	2849	2856	2864	2871	2878	2885	2892
31	2899	2906	2913	2920	2927	2933	2941	2948	2955	2961	2969	2976
32	2982	2989	2996	3003	3010	3017	3024	3031	3038	3045	3052	3059
33	3065	3072	3079	3086	3093	3099	3106	3113	3120	3127	3134	3140
34	3147	3154	3161	3167	3174	3181	3188	3194	3201	3208	3215	3221
35	3228	3235	3242	3248	3255	3261	3268	3275	3282	3288	3295	3301
36	3308	3314	3321	3328	3335	3341	3348	3354	3361	3367	3374	3380
37	3387	3393	3400	3407	3413	3416	3426	3433	3439	3445	3452	3458
38	3465	3471	3478	3484	3491	3497	3504	3510	3516	3523	3529	3536
39	3542	3548	3555	3561	3567	3573	3580	3586	3593	3599	3605	3611
40	3618	3624	3630	3636	3643	3649	3655	3662	3668	3674	3680	3686
41	3692	3699	3705	3711	3717	3721	3729	3735	3742	3748	3754	3760
42	3766	3772	3778	3784	3790	3796	3802	3808	3814	3820	3826	3832
43	3839	3844	3850	3856	3862	3868	3874	3880	3886	3892	3898	3904
44	3910	3915	3921	3927	3933	3939	3945	3950	3956	3962	3968	3974
45	3980	3985	3991	3997	4003	4008	4014	4020	4026	4031	4037	4043
46	4048	4054	4060	4066	4071	4077	4082	4088	4094	4099	4105	4111
47	4116	4122	4127	4133	4138	4144	4149	4155	4160	4166	4172	4177
48	4182	4186	4193	4107	4204	4209	4215	4220	4226	4231	4237	4242
49	4248	4253	4258	4253	4269	4274	4280	4285	4290	4296	4301	4306
50	4311	4316	4322	4327	4332	4337	4343	4348	4353	4358	4363	4368
51	4374	4379	4384	4389	4394	4399	4405	4410	4415	4420	4425	4430
52	4435	4440	4445	4450	4455	4460	4465	4470	4475	4480	4485	4490
53	4495	4500	4505	4510	4514	4519	4524	4529	4534	4538	4543	4548
54	4553	4558	4563	4568	4572	4577	4582	4586	4591	4596	4601	4605
55	4610	4615	4620	4625	4629	4634	4638	4643	4647	4652	4657	4662
56	4666	4670	4675	4679	4684	4688	4693	4697	4702	4746	4711	4715
57	4720	4725	4730	4734	4738	4742	4747	4751	4755	4759	4764	4788
58	4773	4778	4782	4786	4790	4795	4799	4803	4807	4812	4816	4820
59	4824	4828	4833	4837	4841	4845	4849	4853	4858	4862	4866	4870

Tabelle 18 (Fortsetzung)

$2d\sin\Theta$ für Steinsalz

Reflektierende Kristallfläche: (200); $2d = 5528$ XE

M./G.	0	5	10	15	20	25	30	35	40	45	50	55
60	4874	4878	4882	4886	4890	4894	4898	4902	4906	4910	4914	4918
61	4922	4926	4930	4934	4938	4942	4946	4950	4954	4958	4962	4966
62	4970	4974	4977	4981	4985	4988	4992	4996	5000	5004	5007	5011
63	5015	5018	5022	5025	5029	5032	5036	5040	5044	5048	5051	5055
64	5058	5062	5066	5070	5073	5076	5080	5083	5087	5090	5094	5097
65	5101	5104	5107	5111	5115	5118	5121	5124	5128	5131	5135	5138
66	5142	5145	5148	5151	5155	5158	5161	5164	5168	5171	5174	5177
67	5181	5184	5187	5190	5199	5197	5200	5203	5206	5209	5212	5215
68	5218	5221	5224	5227	5231	5234	5236	5239	5242	5245	5248	5251
69	5254	5257	5260	5263	5266	5269	5272	5275	5277	5280	5283	5286

Tabelle 19

$2d\sin\Theta$ für Kalkspat

Reflektierende Kristallfläche: (200); $2d = 6058$ XE

M./G.	0	5	10	15	20	25	30	35	40	45	50	55
0	0	8,48	17,57	26,05	35,14	37,56	52,70	61,79	70,27	78,75	87,84	96,93
1	105,8	114,5	123,4	132,7	141,0	149,6	158,7	167,8	176,2	184,8	193,9	202,3
2	211,5	220,5	229,1	237,5	246,7	255,6	264,3	272,6	281,9	290,8	299,5	307,7
3	317,1	325,3	334,7	342,9	352,3	361,1	369,9	378,6	387,5	396,2	405,0	414,4
4	422,7	431,9	440,2	448,9	457,8	467,1	475,4	484,0	492,9	502,2	510,5	519,2
5	528,1	536,7	545,6	554,3	563,2	572,5	580,7	589,4	598,2	606,4	615,8	624,6
6	633,3	642,1	650,8	659,1	668,3	677,3	685,8	694,9	703,3	712,4	720,9	729,4
7	738,4	747,6	755,9	765,1	773,9	782,1	790,8	799,7	808,3	816,6	825,7	834,2
8	843,2	851,8	860,6	869,3	878,1	886,3	895,5	903,9	913,0	921,4	930,3	939,0
9	947,7	956,0	965,2	973,5	982,6	991,1	999,9	1009	1017	1026	1035	1043

Tabelle 19 (Fortsetzung)

$2d \sin \Theta$ für Kalkspat

Reflektierende Kristallfläche: (200); $2d = 6058$ XE

M./G.	0	5	10	15	20	25	30	35	40	45	50	55
10	1052	1061	1069	1078	1087	1095	1104	1112	1121	1130	1139	1147
11	1156	1164	1173	1182	1191	1199	1208	1216	1225	1233	1242	1251
12	1260	1268	1277	1286	1294	1302	1311	1319	1329	1337	1346	1354
13	1363	1372	1380	1388	1397	1405	1414	1423	1431	1440	1449	1457
14	1466	1474	1483	1491	1500	1508	1517	1525	1534	1542	1551	1559
15	1568	1576	1585	1593	1602	1610	1619	1627	1636	1644	1653	1661
16	1670	1678	1687	1695	1704	1712	1721	1729	1738	1746	1754	1763
17	1771	1780	1788	1797	1805	1813	1822	1830	1839	1847	1855	1864
18	1872	1880	1889	1897	1906	1914	1922	1931	1939	1948	1956	1964
19	1972	1981	1989	1997	2006	2014	2022	2031	2039	2048	2056	2064
20	2072	2080	2089	2097	2105	2114	2122	2130	2138	2146	2155	2163
21	2171	2179	2188	2195	2204	2212	2220	2228	2237	2245	2253	2261
22	2270	2278	2286	2294	2302	2310	2318	2326	2335	2343	2351	2359
23	2367	2375	2383	2391	2400	2407	2416	2424	2432	2440	2448	2456
24	2464	2472	2480	2488	2496	2504	2512	2520	2528	2536	2544	2552
25	2560	2568	2576	2584	2592	2600	2608	2616	2624	2632	2640	2648
26	2656	2664	2672	2679	2687	2695	2703	2711	2719	2727	2735	2742
27	2750	2758	2766	2774	2782	2790	2797	2805	2813	2821	2829	2836
28	2844	2852	2860	2867	2875	2883	2891	2899	2906	2914	2922	2930
29	2937	2945	2953	2961	2968	2975	2983	2991	2999	3006	3014	3021
30	3029	3037	3044	3052	3060	3067	3075	3082	3090	3097	3105	3113
31	3120	3128	3135	3143	3150	3157	3165	3173	3180	3188	3195	3203
32	3210	3217	3235	3233	3240	3247	3255	3262	3270	3277	3285	3292
33	3300	3306	3314	3322	3329	3336	3344	3351	3358	3366	3373	3380
34	3388	3395	3402	3409	3417	3424	3431	3439	3446	3453	3460	3468
35	3475	3482	3489	3497	3504	3511	3518	3525	3532	3539	3547	3554
36	3561	3568	3572	3582	3589	3596	3604	3610	3618	3625	3632	3638
37	3646	3652	3660	3667	3674	3681	3688	3695	3702	3709	3716	3723
38	3730	3737	3744	3751	3758	3764	3771	3778	3785	3792	3799	3806
39	3813	3819	3826	3833	3840	3846	3854	3860	3867	3873	3881	3887

Tabelle 19 (Fortsetzung)

$2d \sin \Theta$ für Kalkspat

Reflektierende Kristallfläche: (200); $2d = 6058$ XE

M./G.	0	5	10	15	20	25	30	35	40	45	50	55
40	3894	3901	3908	3914	3921	3927	3935	3941	3948	3955	3961	3968
41	3975	3981	3988	3994	4001	4007	4014	4021	4028	4034	4041	4047
42	4054	4060	4067	4073	4080	4086	4093	4099	4106	4112	4119	4125
43	4132	4138	4145	4151	4157	4164	4170	4176	4183	4189	4196	4202
44	4208	4215	4221	4227	4234	4240	4246	4252	4259	4265	4271	4278
45	4284	4290	4296	4302	4309	4315	4321	4327	4333	4339	4346	4351
46	4358	4364	4370	4376	4382	4388	4394	4401	4407	4413	4419	4425
47	4431	4437	4443	4448	4455	4461	4467	4473	4478	4484	4490	4496
48	4502	4508	4514	4520	4526	4531	4537	4544	4549	4554	4561	4566
49	4572	4577	4584	4589	4595	4600	4607	4612	4618	4623	4630	4635
50	4641	4646	4652	4657	4663	4669	4675	4680	4686	4692	4697	4703
51	4708	4714	4719	4724	4730	4735	4741	4747	4752	4757	4763	4768
52	4774	4779	4785	4791	4796	4801	4806	4812	4817	4823	4828	4833
53	4838	4843	4849	4854	4859	4864	4870	4875	4880	4885	4891	4896
54	4901	4906	4911	4916	4922	4927	4932	4937	4942	4947	4952	4957
55	4963	4968	4973	4978	4983	4988	4993	4998	5003	5007	5013	5017
56	5022	5027	5032	5037	5042	5047	5052	5057	5062	5067	5071	5076
57	5081	5086	5090	5095	5100	5105	5109	5114	5119	5124	5128	5133
58	5138	5143	5147	5152	5156	5161	5165	5170	5175	5180	5184	5189
59	5193	5197	5202	5207	5211	5216	5220	5225	5229	5233	5238	5243
60	5247	5251	5255	5259	5264	5268	5273	5277	5281	5286	5290	5294
61	5298	5302	5307	5311	5315	5320	5324	5328	5332	5337	5341	5345
62	5349	5353	5357	5361	5366	5370	5373	5377	5382	5386	5390	5394
63	5398	5402	5406	5410	5413	5417	5421	5425	5429	5433	5437	5441
64	5445	5449	5453	5456	5460	5464	5468	5471	5475	5478	5483	5496
65	5490	5494	5498	5502	5506	5509	5513	5516	5520	5523	5527	5531
66	5535	5538	5541	5545	5549	5552	5556	5559	5562	5566	5570	5573
67	5576	5579	5583	5586	5590	5593	5597	5600	5604	5607	5610	5614
68	5617	5620	5624	5627	5630	5633	5636	5639	5643	5646	5649	5652
69	5656	5659	5662	5665	5668	5671	5675	5678	5681	5684	5687	5690

Tabelle 20

$2d \sin \Theta$ für Calciumfluorid

Reflektierende Kristallfläche: (111); $2d = 6300$ XE

M./G.	0	5	10	15	20	25	30	35	40	45	50	55
1	110,3	119,5	128,5	137,9	146,8	155,9	165,0	174,1	183,3	192,4	201,6	210,7
2	219,9	229,0	238,1	247,2	256,4	265,5	274,7	283,8	293,0	302,1	311,2	320,3
3	329,5	338,6	347,8	356,9	366,0	375,1	384,3	393,4	403,2	412,3	421,5	430,6
4	439,7	448,6	458,0	467,1	476,3	485,4	494,6	503,7	512,8	521,9	531,1	540,2
5	549,4	558,5	567,6	576,7	585,9	595,0	604,2	613,1	621,8	630,9	640,1	649,2
6	658,4	667,5	676,6	685,7	694,9	704,0	713,2	722,3	731,4	740,5	749,7	758,8
7	768,0	777,1	786,2	795,3	803,9	813,0	822,2	831,3	840,4	849,5	858,7	867,8
8	877,0	886,1	895,2	904,1	912,9	922,0	931,1	940,2	949,4	958,5	967,7	976,8
9	985,3	994,4	1003,6	1012,0	1021,9	1031	1040	1049	1058	1067	1076	1085
10	1094	1103	1112	1121	1130	1139	1148	1157	1166	1175	1184	1193
11	1202	1211	1220	1229	1238	1247	1256	1265	1274	1282	1292	1301
12	1310	1319	1328	1337	1346	1355	1363	1372	1382	1391	1399	1408
13	1418	1427	1435	1444	1453	1462	1471	1480	1489	1498	1506	1515
14	1524	1533	1542	1551	1560	1569	1578	1587	1595	1604	1613	1622
15	1630	1639	1648	1657	1666	1675	1683	1692	1701	1710	1719	1728
16	1736	1745	1754	1763	1772	1781	1789	1798	1807	1816	1824	1833
17	1842	1851	1860	1869	1877	1886	1894	1903	1912	1921	1930	1939
18	1947	1956	1964	1973	1981	1990	1999	2008	2017	2026	2034	2043
19	2051	2060	2068	2077	2086	2095	2103	2112	2121	2130	2138	2147
20	2155	2164	2172	2181	2189	2198	2206	2215	2223	2232	2241	2250
21	2258	2267	2275	2284	2292	2301	2309	2318	2326	2335	2343	2352
22	2360	2369	2377	2386	2394	2403	2411	2420	2428	2437	2445	2454
23	2461	2470	2478	2487	2495	2504	2512	2521	2529	2538	2546	2545
24	2562	2571	2579	2588	2596	2605	2613	2621	2629	2637	2646	2654
25	2662	2670	2679	2687	2696	2704	2712	2720	2729	2737	2746	2744
26	2762	2770	2778	2786	2795	2803	2811	2819	2827	2835	2844	2852
27	2860	2868	2877	2885	2893	2901	2909	2917	2925	2933	2941	2949
28	2958	2966	2974	2982	2990	2998	3006	3014	3022	3030	3038	3046
29	3054	3062	3071	3079	3086	3094	3102	3110	3119	3127	3134	3142
30	3150	3158	3166	3164	3182	3190	3197	3205	3213	3221	3229	3237

Tabelle 20 (Fortsetzung)

$2d \sin \Theta$ für Calciumfluorid

Reflektierende Kristallfläche: (111); $2d = 6300$ XE

M./G.	0	5	10	15	20	25	30	35	40	45	50	55
31	3245	3253	3260	3268	3276	3284	3292	3300	3308	3316	3323	3331
32	3338	3346	3354	3362	3369	3377	3385	3393	3401	3409	3416	3424
33	3431	3439	3447	3455	3462	3470	3477	3485	3493	3501	3508	3516
34	3523	3531	3538	3546	3553	3561	3568	3576	3583	3591	3599	3607
35	3614	3622	3629	3636	3643	3650	3658	3666	3674	3681	3688	3695
36	3703	3710	3718	3725	3733	3740	3747	3754	3762	3769	3777	3784
37	3791	3798	3806	3813	3821	3828	3835	3842	3850	3857	3864	3871
38	3879	3886	3893	3900	3907	3914	3922	3929	3936	3943	3951	3958
39	3965	3972	3979	3986	3993	4000	4007	4014	4021	4028	4036	4043
40	4050	4057	4064	4071	4077	4084	4092	4099	4106	4113	4120	4127
41	4133	4140	4147	4154	4161	4168	4174	4181	4188	4195	4202	4209
42	4215	4222	4229	4236	4242	4249	4256	4263	4270	4277	4283	4290
43	4297	4304	4310	4317	4323	4330	4337	4344	4350	4357	4363	4370
44	4377	4384	4390	4396	4402	4409	4416	4423	4429	4436	4442	4449
45	4455	4462	4468	4475	4481	4487	4494	4500	4506	4512	4519	4525
46	4532	4538	4545	4551	4557	4563	4570	4576	4583	4589	4595	4601
47	4608	4614	4620	4626	4632	4638	4645	4651	4657	4663	4670	4676
48	4682	4688	4694	4700	4706	4712	4719	4725	4731	4737	4743	4749
49	4755	4761	4767	4773	4779	4785	4791	4797	4802	4808	4814	4820
50	4826	4832	4838	4844	4850	4856	4861	4867	4873	4879	4884	4890
51	4896	4902	4908	4914	4919	4925	4930	4936	4942	4948	4953	4959
52	4964	4969	4976	4981	4987	4992	4998	5003	5009	5014	5020	5025
53	5031	5037	5043	5048	5053	5059	5065	5070	5075	5080	5086	5091
54	5097	5102	5107	5113	5118	5123	5129	5134	5140	5145	5150	5155
55	5161	5166	5171	5176	5182	5187	5192	5197	5203	5208	5213	5218
56	5223	5228	5233	5238	5243	5248	5254	5259	5264	5269	5274	5279
57	5284	5289	5294	5298	5303	5308	5313	5318	5324	5329	5333	5338
58	5343	5347	5352	5357	5362	5366	5371	5376	5381	5386	5391	5395
59	5400	5405	5410	5414	5419	5423	5428	5433	5438	5442	5447	5451
60	5456	5460	5465	5469	5474	5479	5484	5488	5492	5496	5501	5505

Tabelle 20 (Fortsetzung)

$2d \sin \Theta$ für Calciumfluorid

Reflektierende Kristallfläche: (111); $2d = 6300$ XE

M. G.	0	5	10	15	20	25	30	35	40	45	50	55
61	5510	5514	5519	5523	5528	5532	5536	5541	5545	5549	5554	5559
62	5563	5567	5571	5576	5580	5584	5588	5593	5597	5601	5605	5609
63	5613	5617	5621	5625	5630	5634	5638	5642	5646	5650	5654	5658
64	5662	5666	5671	5675	5678	5682	5686	5690	5694	5698	5702	5706
65	5710	5714	5717	5721	5725	5729	5733	5737	5741	5745	5748	5752
66	5756	5760	5763	5767	5770	5774	5778	5781	5785	5789	5792	5796
67	5799	5803	5806	5810	5814	5818	5821	5825	5828	5831	5834	5838
68	5841	5845	5848	5852	5855	5859	5862	5865	5868	5872	5875	5879
69	5882	5885	5888	5892	5895	5898	5901	5905	5908	5911	5914	5917

Tabelle 21

$2d \sin \Theta$ für Quarz

Reflektierende Kristallfläche: $(10\bar{1}1)$; $2d = 6694$ XE

M. G.	0	5	10	15	20	25	30	35	40	45	50	55
1	117,1	126,8	136,6	146,4	156,0	165,7	175,4	185,1	194,8	204,5	214,2	223,9
2	233,6	243,3	253,0	269,7	272,4	282,1	291,9	301,6	311,3	321,0	330,7	340,4
3	350,1	359,8	369,5	379,2	388,9	398,6	408,3	418,1	428,4	438,1	447,8	457,5
4	467,2	476,9	486,6	496,3	506,1	515,8	525,5	535,5	544,9	554,6	564,3	574,0
5	583,7	593,4	603,1	612,8	622,5	632,2	642,0	651,7	660,7	670,4	680,1	689,8
6	699,5	709,2	718,9	728,6	738,3	748,0	757,8	767,5	777,2	786,9	796,6	806,3
7	816,0	825,9	835,4	845,1	854,2	863,9	873,6	883,3	893,0	892,7	912,4	922,1
8	931,8	941,5	951,2	960,5	970,0	979,7	989,4	999,1	1008,8	1017	1028	1038
9	1047	1057	1066	1076	1086	1096	1105	1115	1124	1133	1143	1153

Tabelle 21 (Fortsetzung)

$2d \sin \Theta$ für Quarz

Reflektierende Kristallfläche: $(10\bar{1}1)$; $2d = 6694$ XE

M.\G.	0	5	10	15	20	25	30	35	40	45	50	55
10	1163	1173	1181	1191	1201	1211	1220	1230	1239	1249	1258	1268
11	1277	1287	1297	1306	1315	1325	1335	1345	1354	1364	1373	1383
12	1392	1402	1411	1421	1430	1440	1449	1459	1468	1478	1487	1497
13	1506	1516	1525	1535	1544	1554	1563	1573	1582	1592	1601	1610
14	1619	1629	1638	1648	1657	1667	1676	1686	1695	1705	1714	1723
15	1732	1742	1751	1761	1770	1780	1789	1798	1807	1817	1826	1836
16	1845	1855	1864	1873	1882	1892	1901	1911	1920	1930	1939	1948
17	1957	1967	1976	1985	1994	2003	2013	2022	2032	2041	2050	2059
18	2068	2077	2087	2096	2105	2114	2124	2133	2143	2142	2161	2170
19	2180	2189	2198	2207	2216	2225	2234	2243	2253	2262	2271	2280
20	2289	2298	2308	2317	2326	2335	2344	2353	2362	2371	2381	2390
21	2399	2408	2417	2426	2435	2444	2453	2462	2471	2480	2489	2498
22	2508	2517	2526	2535	2544	2553	2562	2571	2580	2589	2598	2607
23	2615	2624	2633	2642	2651	2660	2670	2679	2687	2696	2705	2714
24	2722	2731	2741	2750	2758	2767	2776	2785	2793	2802	2811	2820
25	2829	2838	2847	2856	2864	2873	2882	2891	2899	2908	2917	2926
26	2935	2944	2952	2961	2969	2978	2987	2996	3004	3013	3022	3031
27	3039	3048	3056	3065	3074	3083	3091	3100	3108	3117	3125	3134
28	3143	3152	3160	3169	3177	3186	3194	3203	3211	3220	3229	3238
29	3245	3254	3264	3272	3279	3288	3296	3305	3314	3322	3330	3339
30	3347	3345	3364	3372	3380	3388	3397	3405	3414	3422	3431	3439
31	3447	3455	3464	3472	3481	3489	3498	3506	3514	3522	3531	3539
32	3547	3555	3564	3572	3580	3588	3597	3605	3613	3621	3629	3637
33	3646	3654	3662	3670	3678	3686	3694	3702	3711	3719	3727	3735
34	3743	3751	3759	3767	3775	3783	3791	3798	3808	3816	3824	3832
35	3840	3848	3856	3864	3871	3879	3887	3895	3903	3911	3919	3927
36	3935	3943	3950	3958	3966	3974	3982	3990	3998	4006	4013	4021
37	4028	4036	4044	4052	4060	4068	4075	4083	4091	4099	4106	4115
38	4121	4129	4137	4145	4152	4160	4167	4175	4182	4190	4198	4206
39	4213	4221	4228	4236	4243	4251	4258	4266	4273	4281	4288	4296

Tabelle 21 (Fortsetzung)

$2d \sin \Theta$ für Quarz

Reflektierende Kristallfläche: (10$\bar{1}$1); $2d = 6694$ XE

M./G.	0	5	10	15	20	25	30	35	40	45	50	55
40	4303	4310	4318	4325	4332	4340	4348	4355	4362	4369	4377	4384
41	4392	4399	4407	4414	4421	4428	4435	4442	4450	4457	4465	4472
42	4479	4486	4494	4501	4508	4515	4522	4529	4537	4544	4551	4558
43	4565	4572	4579	4586	4593	4600	4608	4615	4622	4629	4636	4643
44	4650	4657	4664	4671	4678	4685	4692	4698	4706	4713	4720	4727
45	4733	4740	4747	4754	4761	4768	4775	4782	4788	4795	4802	4809
46	4815	4822	4829	4836	4842	4849	4856	4863	4869	4876	4883	4890
47	4896	4903	4909	4915	4922	4929	4935	4942	4948	4955	4962	4969
48	4974	4981	4988	4994	5000	5007	5014	5021	5027	5033	5039	5046
49	5052	5059	5065	5071	5077	5083	5090	5096	5103	5109	5116	5122
50	5128	5134	5140	5146	5153	5159	5165	5171	5178	5185	5190	5196
51	5203	5209	5215	5221	5227	5233	5239	5245	5251	5257	5263	5269
52	5275	5281	5287	5293	5299	5305	5311	5317	5322	5328	5334	5340
53	5346	5352	5358	5364	5369	5375	5381	5387	5393	5399	5404	5410
54	5415	5421	5427	5433	5438	5444	5450	5456	5461	5467	5472	5478
55	5484	5489	5494	5500	5506	5511	5517	5522	5528	5533	5539	5544
56	5549	5554	5561	5566	5571	5576	5582	5587	5593	5598	5604	5609
57	5614	5619	5625	5630	5635	5640	5646	5651	5656	5661	5666	5671
58	5677	5682	5687	5692	5697	5702	5707	5712	5718	5723	5728	5733
59	5738	5743	5748	5753	5758	5763	5768	5773	5778	5783	5788	5793
60	5797	5803	5807	5812	5816	5821	5826	5831	5836	5841	5845	5850
61	5855	5860	5864	5869	5873	5878	5883	5888	5892	5897	5901	5906
62	5911	5916	5920	5925	5929	5934	5938	5943	5947	5952	5956	5960
63	5964	5969	5973	5977	5982	5986	5990	5994	5999	6003	6008	6012
64	6017	6021	6025	6029	6033	6037	6042	6046	6050	6054	6059	6063
65	6067	6071	6075	6079	6084	6088	6092	6096	6100	6104	6108	6112
66	6116	6120	6123	6127	6131	6135	6139	6143	6146	6150	6154	6158
67	6162	6166	6169	6174	6177	6181	6185	6189	6192	6196	6199	6203
68	6207	6210	6214	6218	6221	6224	6228	6231	6235	6238	6242	6245
69	6250	6253	6256	6260	6264	6267	6270	6273	6277	6280	6284	6287

Tabelle 22

$2d \sin \Theta$ für Quarz

Reflektierte Kristallfläche: $(10\bar{1}0)$; $2d = 8494$ XE

M./G.	0	5	10	15	20	25	30	35	40	45	50	55
1	148,2	160,0	172,9	185,0	197,7	210,0	222,4	234,5	247,0	259,0	271,7	284,2
2	296,4	308,5	391,2	335,5	345,8	358,0	370,5	383,0	395,2	407,5	419,9	432,5
3	444,6	457,0	469,2	482,0	493,8	506,2	518,6	531,2	543,2	554,6	567,8	580,2
4	592,5	605,0	617,2	629,0	641,8	654,2	666,4	678,6	691,1	703,6	715,7	728,1
5	740,3	752,5	764,9	777,2	789,5	802,0	814,8	826,4	838,7	851,0	863,3	875,5
6	887,9	900,2	912,4	924,6	937,0	948,8	961,5	973,5	986,1	998,4	1011	1023
7	1035	1047	1060	1072	1084	1097	1109	1121	1133	1145	1158	1170
8	1182	1194	1207	1219	1231	1243	1256	1268	1280	1292	1304	1316
9	1329	1341	1353	1365	1378	1390	1402	1414	1426	1438	1451	1463
10	1475	1487	1499	1511	1524	1536	1548	1560	1572	1584	1596	1608
11	1621	1633	1645	1657	1669	1681	1693	1705	1718	1730	1742	1754
12	1766	1778	1790	1802	1814	1826	1838	1850	1863	1875	1887	1899
13	1911	1923	1935	1947	1959	1971	1983	1995	2007	2019	2031	2043
14	2055	2067	2079	2091	2103	2115	2127	2139	2151	2163	2175	2187
15	2198	2210	2222	2234	2246	2258	2270	2282	2294	2306	2318	2330
16	2341	2353	2365	2377	2389	2401	2413	2424	2436	2447	2460	2471
17	2483	2495	2507	2509	2531	2542	2554	2566	2578	2590	2601	2611
18	2622	2635	2648	2660	2672	2684	2695	2707	2719	2730	2742	2753
19	2765	2777	2789	2800	2812	2823	2835	2847	2859	2871	2882	2893
20	2905	2916	2928	2940	2952	2963	2975	2986	2998	3010	3021	3032
21	3044	3055	3067	3078	3090	3101	3113	3124	3136	3147	3159	3170
22	3182	3193	3205	3216	3228	3239	3251	3262	3273	3284	3996	3307
23	3319	3330	3342	3353	3364	3375	3387	3398	3410	3421	3432	3443
24	3454	3466	3477	3488	3500	3511	3522	3533	3545	3556	3567	3578
25	3590	3601	3612	3623	3634	3645	3657	3668	3679	3690	3701	3712
26	3724	3735	3746	3757	3768	3779	3790	3801	3812	3823	3834	3845
27	3856	3867	3878	3889	3900	3911	3922	3933	3944	3955	3966	3977
28	3988	3939	4010	4020	4031	4042	4053	4054	4075	4086	4096	4107
29	4118	4129	4140	4150	4161	4172	4183	4193	4204	4215	4226	4236
30	4247	4257	4268	4279	4290	4300	4311	4321	4332	4343	4354	4364

Tabelle 22 (Fortsetzung)

$2d \sin \Theta$ für Quarz

Reflektierende Kristallfläche: $(10\bar{1}0)$; $2d = 8494$ XE

M./G.	0	5	10	15	20	25	30	35	40	45	50	55
31	4375	4385	4396	4406	4417	4427	4438	4448	4459	4469	4480	4490
32	4501	4511	4522	4532	4543	4553	4564	4574	4585	4595	4605	4615
33	4626	4636	4647	4657	4668	4678	4688	4698	4709	4719	4729	4739
34	4750	4760	4770	4780	4791	4801	4811	4821	4831	4841	4852	4862
35	4872	4882	4892	4902	4912	4922	4933	4943	4953	4963	4973	4983
36	4993	5003	5013	5023	5033	5043	5052	5062	5072	5082	5092	5102
37	5112	5122	5132	5142	5151	5161	5171	5181	5190	5200	5210	5220
38	5229	5239	5249	5259	5268	5278	5288	5298	5307	5317	5326	5336
39	5345	5355	5365	5374	5384	5393	5403	5412	5422	5431	5441	5450
40	5460	5469	5479	5488	5498	5507	5516	5525	5535	5544	5554	5563
41	5573	5582	5591	5600	5610	5619	5628	5637	5647	5656	5665	5674
42	5684	5693	5702	5711	5720	5729	5739	5648	5757	5766	5775	5784
43	5753	5802	5811	5820	5829	5838	5847	5856	5865	5874	5883	5892
44	5900	5909	5918	5927	5936	5945	5954	5963	5971	5980	5989	5998
45	6006	6015	6024	6033	6041	6050	6058	6067	6076	6084	6092	6101
46	6110	6119	6127	6136	6144	6153	6161	6170	6178	6187	6195	6203
47	6212	6220	6229	6237	6246	6254	6263	6271	6279	6287	6296	6304
48	6312	6320	6329	6337	6345	6353	6362	6370	6378	6386	6394	6402
49	6411	6419	6427	6435	6443	6451	6459	6467	6475	6483	6491	6499
50	6507	6515	6523	6531	6538	6546	6554	6562	6570	6578	6586	6594
51	6601	6609	6616	6624	6632	6640	6648	6656	6663	6671	6678	6686
52	6693	6701	6709	6717	6724	6732	6739	6747	6754	6762	6769	6777
53	6784	6791	6798	6805	6813	6820	6828	6835	6843	6850	6857	6864
54	6872	6879	6886	6893	6901	6908	6915	6922	6929	6936	6944	6951
55	6958	6965	6972	6979	6986	6993	7000	7007	7014	7021	7028	7035
56	7042	7049	7056	7063	7069	7076	7083	7090	7097	7104	7110	7117
57	7124	7130	7137	7143	7150	7157	7164	7170	7177	7188	7190	7196
58	7203	7210	7216	7223	7229	7236	7242	7249	7255	7262	7268	7275
59	7281	7288	7294	7300	7306	7312	7318	7324	7331	7337	7344	7350
60	7356	7362	7368	7374	7381	7387	7393	7399	7405	7411	7417	7423

Tabelle 22 (Fortsetzung)

$2d \sin \Theta$ für Quarz

Reflektierende Kristallfläche: $(10\bar{1}0)$; $d = 8494$ XE

M./G.	0	5	10	15	20	25	30	35	40	45	50	55
61	7429	7435	7441	7447	7453	7459	7465	7471	7476	7482	7488	7494
62	7500	7506	7511	7517	7523	7529	7534	7540	7546	7552	7557	7563
63	7568	7572	7579	7584	7590	7595	7601	7607	7612	7618	7623	6728
64	7634	7639	7645	7650	7656	7661	7667	7672	7677	7682	7688	7693
65	7698	7703	7708	7714	7719	7724	7730	7735	7740	7745	7750	7755
66	7760	7765	7769	7775	7780	7785	7790	7795	7799	7804	7809	7814
67	7819	7824	7828	7833	7838	7843	7848	7853	7857	7863	7866	7871
68	7876	7880	7885	7890	7894	7898	7903	7907	7912	7916	7921	7925
69	7930	7934	7938	7943	7948	7952	7956	7960	7965	7969	7973	7977

Tabelle 23

$2d \sin \Theta$ für Pentaerythrit

Reflektierende Kristallfläche: (002); $2d = 8780$ XE

M./G.	0	5	10	15	20	25	30	35	40	45	50	55
1	153,7	166,4	179,1	191,8	204,6	217,3	230,0	242,7	255,5	268,2	281,0	293,7
2	306,4	319,1	331,9	344,6	357,3	370,0	382,8	395,5	408,3	421,0	433,7	446,6
3	459,2	471,9	484,6	496,3	510,1	512,8	535,6	548,3	561,9	574,6	587,4	599,9
4	612,8	625,5	638,3	651,0	663,8	676,5	689,2	701,9	714,7	727,4	740,2	752,9
5	765,6	778,3	791,1	803,8	816,5	829,2	842,0	844,9	866,6	879,3	892,0	904,7
6	917,5	930,2	943,0	955,7	968,4	981,1	993,9	1007	1019	1032	1045	1058
7	1070	1083	1096	1108	1120	1133	1146	1158	1171	1184	1197	1209
8	1222	1235	1248	1260	1272	1285	1298	1310	1323	1336	1349	1361
9	1373	1386	1399	1411	1424	1437	1450	1452	1474	1487	1500	1512

Tabelle 23 (Fortsetzung)

$2d \sin \Theta$ für Pentaerythrit

Reflektierende Kristallfläche: (002); $2d = 8780$ XE

M./G.	0	5	10	15	20	25	30	35	40	45	50	55
10	1525	1537	1550	1562	1575	1587	1600	1612	1625	1638	1651	1663
11	1675	1688	1701	1713	1725	1738	1751	1763	1775	1788	1801	1813
12	1825	1838	1851	1863	1875	1877	1900	1912	1925	1937	1950	1963
13	1976	1988	2000	2012	2025	2037	2050	2062	2075	2087	2099	2111
14	2124	2136	2148	2161	2174	2186	2199	2211	2223	2235	2248	2260
15	2272	2284	2297	2309	2321	2333	2346	2348	2371	2383	2395	2408
16	2420	2437	2444	2456	2469	2481	2494	2506	2518	2530	2543	2555
17	2567	2579	2592	2604	2616	2628	2640	2652	2665	2677	2689	2701
18	2713	2725	2738	2750	2761	2773	2786	2798	2810	2822	2834	2846
19	2859	2871	2882	2894	2907	2919	2931	2943	2955	2967	2979	2991
20	3003	3015	3027	3039	3051	3063	3075	3087	3098	3110	3123	3135
21	3147	3159	3170	3182	3194	3206	3218	3220	3242	3254	3265	3277
22	3289	3301	3313	3325	3336	3348	3360	3372	3384	3396	3408	3420
23	3430	3442	3454	3466	3478	3490	3501	3513	3524	3536	3548	3560
24	3571	3583	3595	3606	3617	3629	3641	3653	3664	3676	3688	3700
25	3710	3722	3734	3745	3757	3768	3780	3791	3803	3814	3826	3837
26	3849	3860	3872	3883	3895	3906	3918	3929	3940	3951	3963	3974
27	3986	3997	4009	4020	4032	4043	4055	4066	4077	4088	4099	4110
28	4122	4133	4144	4155	4167	4178	4190	4201	4212	4223	4235	4246
29	4257	4268	4279	4290	4301	4312	4323	4324	4346	4357	4368	4379
30	4390	4401	4412	4423	4434	4445	4456	4467	4478	4489	4500	4511
31	4522	4533	4544	4555	4566	4577	4588	4599	4610	4621	4631	4642
32	4653	4664	4674	4675	4696	4707	4717	4728	4739	4750	4761	4772
33	4782	4793	4804	4815	4825	4836	4846	4857	4868	4879	4889	4900
34	4910	4921	4931	4942	4952	4963	4973	4984	4994	5005	5015	5026
35	5036	5047	5057	5067	5077	5088	5099	5109	5120	5130	5140	5150
36	5161	5171	5181	5191	5202	5212	5222	5232	5243	5253	5264	5274
37	5284	5294	5304	5314	5325	5335	5345	5355	5365	5375	5386	5396
38	5406	5416	5426	5436	5445	5455	5466	5476	5486	5496	5506	5516
39	5525	5535	5545	5555	5565	5575	5585	5595	5604	5614	5624	5634

Tabelle 23 (Fortsetzung)

$2d\sin\Theta$ für Pentaerythrit

Reflektierende Kristallfläche: (002); $2d = 8780$ XE

M./G.	0	5	10	15	20	25	30	35	40	45	50	55
40	5644	5654	5663	5673	5682	5692	5703	5713	5722	5232	5741	5751
41	5761	5771	5780	5790	5798	5808	5818	5828	5837	5847	5856	5866
42	5875	5885	5894	5903	5912	5922	5932	5941	5950	5960	5970	5969
43	5988	5997	6006	6015	6025	6034	6044	6053	6063	6072	6081	6090
44	6099	6108	6118	6127	6135	6144	6154	6163	6172	6181	6191	6200
45	6208	6217	6227	6236	6244	6253	6263	6272	6280	6289	6298	6307
46	6315	6324	6334	6343	6351	6360	6369	6378	6387	6396	6404	6413
47	6422	6430	6438	6447	6456	6465	6473	6481	6490	6499	6508	6516
48	6524	6533	6542	6550	6559	6568	6576	6585	6593	6601	6610	6618
49	6626	6634	6643	6651	6660	6668	6676	6684	6693	6701	6710	6718
50	6725	6733	6742	6750	6759	6767	6775	6783	6791	6799	6807	6815
51	6824	6832	6840	6848	6855	6863	6871	6879	6887	6895	6903	6911
52	6919	6927	6934	6942	6950	6958	6966	6974	6981	6989	6997	7005
53	7012	7020	7028	7036	7042	7050	7058	7066	7073	7081	7088	7096
54	7103	7111	7118	7126	7133	7141	7148	7156	7163	7171	7178	7186
55	7193	7200	7207	7215	7222	7229	7236	7243	7251	7258	7265	7272
56	7279	7286	7294	7302	7308	7315	7322	7329	7336	7343	7350	7357
57	7364	7371	7378	7385	7391	7398	7405	7412	7419	7426	7432	7439
58	7446	7453	7459	7466	7473	7480	7486	7493	7500	7507	7513	7520
59	7526	7533	7539	7546	7553	7560	7565	7572	7578	7585	7591	7597
60	7603	7610	7617	7624	7629	7636	7642	7648	7654	7660	7667	7673
61	7679	7685	7691	7697	7704	7710	7716	7722	7728	7734	7740	7746
62	7753	7759	7764	7770	7776	7782	7788	7794	7800	7806	7812	7818
63	7823	7829	7834	7840	7846	7852	7857	7863	7869	7875	7880	7886
64	7891	7897	7903	7908	7913	7919	7925	7930	7935	7941	7947	7952
65	7957	7962	7968	7973	7979	7984	7990	7995	8000	8005	8011	8016
66	8021	8026	8031	8036	8042	8047	8052	8057	8062	8067	8072	8077
67	8082	8087	8092	8097	8102	8107	8112	8117	8122	8127	8131	8136
68	8141	8146	8150	8155	8160	8165	8169	8174	8179	8183	8187	8192
69	8197	8201	8206	8210	8215	8219	8224	8228	8233	8237	8242	8246

Tabelle 24

2d sin Θ für Gips

Reflektierende Kristallfläche: (020); $2d = 15155$ XE

M./G.	0	5	10	15	20	25	30	35	40	45	50	55
1	264,5	287,0	308,6	331,1	352,7	374,7	396,8	418,8	440,7	462,7	484,8	506,9
2	528,9	550,5	573,0	595,0	617,0	639,0	661,1	683,3	705,2	727,2	749,1	771,1
3	793,2	815,2	837,2	859,2	881,1	903,1	925,2	947,2	969,2	981,1	1013	1035
4	1057	1079	1101	1123	1145	1167	1189	1211	1233	1255	1277	1299
5	1321	1343	1365	1387	1409	1431	1453	1475	1496	1518	1540	1562
6	1584	1606	1628	1650	1672	1694	1716	1738	1759	1781	1803	1825
7	1847	1869	1891	1913	1934	1956	1978	2000	2022	2044	2066	2088
8	2109	2131	2153	2175	2196	2218	2240	2262	2284	2306	2327	2349
9	2371	2393	2414	2436	2458	2480	2501	2523	2545	2567	2588	2610
10	2632	2654	2675	2697	2718	2740	2762	2784	2805	2827	2848	2870
11	2892	2914	2935	2957	2978	3000	3022	3044	3065	3087	3108	3130
12	3151	3173	3194	3216	3237	3259	3280	3302	3323	3345	3366	3388
13	3409	3431	3452	3474	3495	3517	3538	3560	3581	3603	3624	3645
14	3666	3688	3709	3731	3752	3774	3795	3816	3837	3859	3880	3901
15	3922	3944	3.65	3986	4007	4029	4050	4072	4093	4114	4135	4156
16	4177	4199	4220	4241	4262	4283	4304	4326	4347	4368	4389	4410
17	4431	4452	4473	4494	4515	4526	4557	4578	4599	4620	4641	4662
18	4683	4704	4725	4746	4767	4788	4809	4830	4851	4872	4892	4913
19	4934	4955	4976	4997	5017	5038	5059	5080	5100	5121	5342	5163
20	5183	5204	5225	5246	5266	5287	5307	5328	5349	5370	5190	5411
21	5431	5452	5472	5493	5513	5534	5554	5575	5595	5616	5636	5657
22	5677	5698	5718	5739	5759	5780	5800	5820	5840	5861	5881	5902
23	5922	5942	5962	5983	6003	6023	6043	6064	6084	6104	6124	6144
24	6164	6184	6204	6225	6245	6265	6285	6305	6325	6345	6365	6385
25	6405	6425	6445	6465	6485	6505	6524	6544	6564	6584	6604	6624
26	6644	6664	6683	6703	6723	6743	6762	6782	6802	6822	6841	6861
27	6880	6900	6920	6940	6959	6979	6998	7018	7037	7057	7076	7096
28	7115	7135	7154	7174	7193	7212	7231	7251	7270	7290	7309	7328
29	7347	7367	7386	7405	7424	7444	7463	7482	7501	7520	7539	7559
30	7578	7597	7616	7635	7654	7673	7692	7711	7730	7749	7768	7786

Tabelle 24 (Fortsetzung)

$2d \sin \Theta$ für Gips

Reflektierende Kristallfläche: (020); $\quad 2d = 15155$ XE

M./G.	0	5	10	15	20	25	30	35	40	45	50	55
31	7805	7824	7843	7862	7881	7900	7919	7938	7956	7975	7994	8013
32	8031	8050	8068	8087	8106	8124	8143	8162	8180	8199	8217	8236
33	8254	8273	8291	8310	8328	8347	8365	8383	8401	8419	8438	8457
34	8475	8493	8511	8530	8548	8566	8584	8602	8620	8638	8656	8674
35	8693	8711	8729	8747	8765	8783	8801	8819	8836	8854	8872	8890
36	8908	8926	8944	8972	8979	8997	9015	9032	9050	9067	9085	9103
37	9121	9138	9156	9173	9191	9208	9226	9243	9261	9278	9296	9313
38	9330	9347	9365	9382	9400	9417	9434	9451	9469	9486	9503	9520
39	9537	9554	9572	9589	9606	9623	9640	9657	9674	9691	9708	9725
40	9742	9759	9775	9792	9809	9826	9842	9859	9876	9893	9909	9926
41	9943	9960	9976	9993	10009	10026	10042	10059	10075	10092	10108	10125
42	10141	10157	10173	10189	10206	10222	10239	10255	10271	10287	10303	10319
43	10336	10352	10368	10384	10400	10416	10432	10448	10464	10480	10496	10512
44	10528	10544	10559	10575	10591	10607	10622	10638	10654	10670	10685	10701
45	10716	10732	10747	10763	10778	10794	10809	10825	10840	10856	10871	10887
46	10902	10917	10932	10947	10963	10978	10993	11008	11023	11038	11054	11069
47	11084	11099	11114	11129	11144	11159	11174	11189	11203	11218	11233	11248
48	11262	11277	11292	11317	11321	11336	11351	11366	11380	11395	11409	11424
49	11438	11452	11466	11481	11495	11510	11524	11539	11553	11567	11581	11595
50	11609	11623	11638	11652	11666	11680	11694	11708	11722	11736	11750	11764
51	11778	11792	11805	11819	11833	11847	11861	11875	11888	11902	11915	11929
52	11942	11956	11969	11983	11996	12010	12023	12037	12050	12064	12077	12090
53	12103	12116	12130	12143	12156	12169	12183	12196	12209	12222	12235	12248
54	12261	12274	12287	12300	12312	12325	12338	12351	12363	12376	12389	12402
55	12414	12427	12440	12453	12465	12478	12490	12502	12515	12517	12539	12551
56	12564	12576	12589	12601	12613	12625	12638	12650	12662	12674	12686	12698
57	12710	12722	12734	12746	12758	12770	12782	12794	12805	12812	12829	12841
58	12852	12864	12876	12888	12899	12911	12922	12934	12945	12957	12968	12980
59	12990	13001	13013	13025	13036	13047	13058	13069	13080	13091	13103	13114
60	13125	13136	13147	13158	13169	13180	13190	13201	13212	13223	13234	13244

Sagel, Röntgen-Emissions- und Absorptions-Analyse

Tabelle 24 (Fortsetzung)

$2d \sin \Theta$ für Gips

Reflektierende Kristallfläche: (020); $2d = 15155$ XE

M./G.	0	5	10	15	20	25	30	35	40	45	50	55
61	13255	13265	13276	13286	13297	13307	13318	13328	13339	13350	13361	13371
62	13382	13392	13402	13412	13423	13433	13442	13452	13464	13474	13483	13493
63	13503	13513	13523	13533	13543	13553	13562	13572	13582	13592	13602	13612
64	13621	13631	13641	13650	13659	13669	13679	13688	13697	13707	13717	13726
65	13735	13744	13753	13763	13773	13782	13791	13800	13809	13818	13827	13836
66	13846	13854	13862	13871	13880	13889	13899	13907	13915	13923	13934	13942
67	13950	13958	13967	13975	13985	13994	14002	14010	14018	14026	14035	14043
68	14052	14060	14068	14076	14085	14093	14100	14108	14117	14125	14132	14140
69	14149	14156	14164	14172	14181	14188	14196	14204	14211	14219	14226	14234

Tabelle 25

$2d \sin \Theta$ für Glimmer

Reflektierende Kristallfläche: (002); $2d = 19920$ XE

M./G.	0	5	10	15	20	25	30	35	40	45	50	55
1	348,6	376,4	406,4	435,4	464,1	493,0	521,9	550,8	579,7	608,6	637,4	666,3
2	695,2	724,1	753,0	781,9	810,7	839,6	868,5	897,4	926,3	955,2	984,0	1013
3	1042	1071	1100	1129	1157	1186	1215	1245	1275	1304	1333	1362
4	1390	1419	1448	1477	1506	1535	1564	1593	1621	1650	1679	1708
5	1737	1766	1795	1824	1853	1882	1910	1938	1966	1995	2024	2053
6	2082	2108	2134	2165	2197	2226	2255	2284	2313	2342	2370	2399
7	2428	2457	2486	2514	2542	2571	2600	2629	2657	2686	2715	2744
8	2773	2802	2831	2858	2886	2915	2944	2973	3002	3031	3060	3088
9	3115	3144	3173	3202	3231	3260	3289	3317	3345	3374	3402	3431

Tabelle 25 (Fortsetzung)
$2d \sin \Theta$ für Glimmer
Reflektierende Kristallfläche: (002); $2d = 19920$ XE

M./G.	0	5	10	15	20	25	30	35	40	45	50	55
10	3460	3488	3516	3545	3574	3602	3629	3658	3687	3716	3745	3774
11	3801	3830	3859	3887	3914	3943	3972	4000	4028	4057	4086	4114
12	4141	4170	4199	4227	4255	4284	4311	4340	4368	4396	4424	4452
13	4482	4510	4538	4566	4594	4622	4651	4679	4707	4735	4763	4791
14	4819	4847	4874	4903	4932	4960	4988	5016	5044	5072	5100	5128
15	5155	5183	5211	5239	5267	5295	5323	5351	5378	5406	5434	5462
16	5490	5518	5546	5574	5602	5630	5657	5685	5713	5741	5769	5797
17	5825	5853	5880	5907	5934	5962	5990	6018	6046	6074	6101	6128
18	6155	6183	6211	6238	6265	6293	6321	6348	6376	6403	6430	6458
19	6486	6513	6540	6568	6596	6622	6649	6677	6705	6732	6759	6786
20	6813	6840	6868	6895	6922	6949	6976	7003	7030	7057	7086	7113
21	7139	7166	7193	7219	7247	7274	7301	7328	7354	7381	7408	7435
22	7462	7489	7516	7543	7570	7597	7623	7650	7677	7704	7731	7757
23	7783	7810	7837	7864	7890	7917	7944	7970	7996	8023	8049	8075
24	8101	8128	8155	8181	8207	8233	8261	8287	8313	8339	8366	8392
25	8418	8445	8472	8498	8524	8550	8576	8602	8627	8654	8681	8707
26	8733	8759	8785	8811	8837	8863	8888	8914	8940	8966	8992	9018
27	9044	9070	9095	9121	9147	9173	9199	9225	9249	9275	9301	9326
28	9352	9378	9402	9427	9454	9480	9506	9531	9556	9582	9607	9632
29	9657	9683	9709	9734	9759	9784	9809	9834	9860	9885	9910	9935
30	9960	9985	10010	10035	10060	10085	10109	10134	10159	10184	10209	10234
31	10259	10284	10309	10333	10358	10383	10408	10433	10458	10483	10508	10532
32	10556	10581	10605	10629	10653	10678	10707	10730	10753	10777	10801	10825
33	10848	10873	10898	10922	10946	10970	10994	11019	11044	11068	11091	11115
34	11139	11163	11187	11211	11235	11259	11283	11307	11330	11354	11378	11402
35	11426	11450	11474	11497	11520	11544	11568	11592	11615	11638	11661	11685
36	11709	11732	11755	11779	11803	11826	11848	11872	11896	11919	11942	11965
37	11988	12011	12034	12057	12081	12104	12127	12150	12173	12196	12219	12242
38	12265	12288	12311	12333	12354	12377	12400	12423	12446	12469	12492	12514
39	12536	12558	12581	12603	12625	12648	12671	12693	12715	12738	12761	12783

Tabelle 25 (Fortsetzung)

$2d \sin \Theta$ für Glimmer

Reflektierende Kristallfläche: (002); $2d = 19920$ XE

M./G.	0	5	10	15	20	25	30	35	40	45	50	55
40	12805	12828	12848	12870	12892	12915	12938	12960	12982	13004	13026	13048
41	13070	13092	13113	13134	13155	13177	13199	13221	13243	13265	13287	13308
42	13328	13350	13372	13393	13414	13436	13458	13479	13500	13522	13544	13565
43	13585	13606	13627	13648	13669	13691	13713	13734	13755	13776	13797	13818
44	13838	13859	13880	13900	13920	13941	13962	13983	14004	14025	14046	14066
45	14085	14106	14127	14147	14167	14188	14209	14229	14249	14269	14289	14309
46	14328	14349	14370	14390	14410	14430	14450	14470	14490	14510	14530	14550
47	14569	14588	14607	14627	14647	14667	14687	14706	14725	14745	14765	14784
48	14803	14823	14842	14861	14880	14900	14920	14939	14958	14977	14996	15015
49	15034	15053	15071	15090	15109	15128	15147	15166	15185	15204	15223	15242
50	15259	15278	15297	15316	15334	15352	15370	15389	15408	15426	15444	15463
51	15482	15500	15518	15536	15554	15572	15589	15607	15625	15643	15661	15679
52	15697	15715	15733	15751	15769	15787	15805	15822	15838	15856	15874	15891
53	15908	15926	15944	15961	15978	15996	16014	16031	16048	16065	16081	16098
54	16115	16132	16149	16166	16183	16200	16217	16234	16251	16268	16285	16302
55	16318	16334	16350	16367	16384	16400	16416	16433	16450	16466	16482	16498
56	16514	16531	16548	16564	16579	16595	16611	16627	16643	16659	16675	16691
57	16707	16723	16739	16755	16769	16785	16801	16817	16832	16847	16862	16878
58	16894	16909	16924	16939	16954	16969	16984	16999	17016	17031	17046	17061
59	17075	17090	17105	17120	17135	17149	17163	17178	17193	17208	17223	17237
60	17251	17266	17281	17295	17308	17323	17338	17352	17366	17380	17394	17408
61	17422	17436	17450	17464	17478	17492	17506	17520	17534	17548	17561	17575
62	17589	17602	17615	17629	17643	17656	17669	17683	17697	17710	17723	17736
63	17749	17762	17775	17788	17801	17814	17826	17839	17852	17865	17878	17891
64	17904	17917	17930	17942	17954	17967	17980	17992	18004	18017	18030	18042
65	18053	18065	18077	18090	18103	18115	18127	18139	18151	18163	18175	18187
66	18199	18211	18221	18233	18245	18257	18269	18280	18291	18302	18314	18325
67	18336	18347	18358	18370	18382	18393	18404	18415	18426	18437	18448	18459
68	18470	18481	18492	18503	18514	18524	18534	18544	18555	18565	18575	18586
69	18597	18607	18617	18628	18639	18649	18659	18669	18679	18689	18699	18707

85

Tabelle 26

$2d\sin\Theta$ für Zucker

Reflektierende Kristallfläche: (100); $2d = 21141$ XE

M.\G.	0	5	10	15	20	25	30	35	40	45	50	55
1	368,9	400,1	430,4	461,1	492,0	522,7	553,5	585,2	614,8	636,5	676,3	706,6
2	737,8	769,5	799,3	831,0	860,7	892,4	922,2	953,2	983,7	1015	1045	1076
3	1107	1138	1168	1199	1229	1260	1291	1322	1352	1383	1413	1444
4	1475	1505	1536	1567	1597	1618	1659	1690	1720	1751	1781	1812
5	1843	1874	1904	1935	1965	1996	2026	2057	2088	2119	2149	2180
6	2210	2241	2271	2301	2332	2363	2393	2424	2454	2485	2515	2546
7	2577	2608	2638	2668	2698	2729	2760	2790	2820	2850	2881	2911
8	2942	2972	3003	3033	3064	3094	3125	3155	3186	3216	3246	3276
9	3307	3337	3368	3398	3429	3459	3489	3520	3550	3580	3611	3641
10	3671	3701	3732	3762	3792	3823	3853	3883	3913	3943	3974	4004
11	4034	4064	4094	4124	4155	4185	4215	4245	4275	4305	4335	4365
12	4395	4425	4456	4486	4516	4546	4576	4606	4636	4666	4696	4726
13	4756	4786	4816	4846	4876	4906	4935	4965	4995	5025	5055	5085
14	5114	5144	5174	5204	5234	5264	5293	5323	5353	5383	5412	5442
15	5472	5502	5531	5561	5590	5620	5650	5680	5709	5739	5768	5798
16	5827	5857	5886	5916	5946	5976	6005	6034	6063	6093	6122	6152
17	6181	6211	6240	6270	6299	6328	6357	6387	6416	6445	6474	6503
18	6533	6362	6591	6621	6650	6679	6708	6735	6766	6796	6825	6854
19	6893	6922	6941	6970	6999	7028	7057	7086	7115	7144	7173	7202
20	7231	7260	7288	7317	7346	7375	7404	7432	7461	7490	7519	7547
21	7576	7604	7634	7662	7691	7720	7748	7777	7806	7835	7863	7892
22	7920	7949	7977	8005	8033	8062	8090	8119	8147	8176	8204	8232
23	8260	8289	8317	8346	8375	8403	8430	8458	8486	8515	8543	8571
24	8599	8627	8655	8683	8711	8739	8767	8795	8823	8851	8879	8807
25	8935	8963	8990	9018	9046	9074	9101	9129	9157	9185	9212	9240
26	9268	9296	9323	9351	9378	9406	9433	9461	9488	9516	9543	9571
27	9598	9626	9653	9680	9707	9735	9762	9789	9816	9844	9871	9898
28	9925	9952	9979	10007	10034	10061	10088	10115	10142	10169	10196	10223
29	10249	10276	10303	10330	10357	10384	10410	10437	10464	10491	10517	10544
30	10571	10598	10624	10651	10677	10704	10730	10757	10783	10810	10836	10863

Tabelle 26 (Fortsetzung)

$2d \sin \Theta$ für Zucker

Reflektierende Kristallfläche: (100); $2d = 21141$ XE

M.G.	0	5	10	15	20	25	30	35	40	45	50	55
31	10889	10925	10941	10968	10994	11020	11046	11073	11099	11125	11151	11177
32	11203	11229	11255	11281	11307	11333	11359	11385	11411	11437	11463	11489
33	11514	11540	11566	11592	11617	11643	11669	11695	11720	11746	11771	11797
34	11822	11848	11873	11899	11924	11950	11975	12000	12025	12050	12076	12101
35	12126	12151	12176	12201	12227	12252	12277	12302	12327	12352	12377	12402
36	12427	12452	12476	12501	12526	12551	12575	12600	12625	12650	12674	12699
37	12723	12748	12772	12797	12821	12846	12870	12895	12919	12943	12967	12992
38	13016	13040	13064	13088	13113	13138	13162	13186	13209	13233	13257	13281
39	13305	13328	13352	13376	13400	13424	13447	13471	13495	13519	13542	13566
40	13589	13613	13636	13660	13683	13707	13730	13754	13777	13800	13823	13847
41	13869	13893	13916	13939	13962	13985	14008	14031	14055	14078	14100	14123
42	14146	14169	14192	14215	14237	14260	14283	14306	14328	14351	14373	14396
43	14418	14441	14463	14486	14508	14530	14552	14575	14597	14619	14641	14664
44	14686	14708	14730	14752	14774	14796	14818	14840	14862	14884	14906	14928
45	14949	14971	14992	15014	15036	15058	15079	15101	15122	15144	15165	15187
46	15208	15229	15250	15271	15293	15314	15335	15356	15377	15398	15420	15441
47	15462	15483	15503	15524	15545	15566	15587	15608	15628	15649	15670	15691
48	15711	15732	15752	15772	15793	15813	15834	15854	15874	15894	15915	15935
49	15955	15975	15996	16016	16036	16056	16076	16096	16116	16136	16155	16175
50	16195	16215	16234	16254	16274	16294	16313	16333	16352	16372	16391	16411
51	16430	16450	16468	16488	16507	16526	16545	16564	16583	16602	16622	16641
52	16659	16678	16697	16716	16735	16754	16772	16791	16810	16829	16847	16866
53	16884	16903	16921	16940	16958	16976	16994	17013	17031	17049	17067	17085
54	17104	17122	17139	17157	17175	17193	17211	17229	17247	17265	17282	17299
55	17318	17336	17353	17371	17388	17406	17423	17440	17458	17475	17492	17509
56	17527	17544	17561	17578	17595	17612	17629	17646	17663	17680	17697	17714
57	17730	17747	17764	17781	17797	17814	17830	17847	17863	17880	17896	17913
58	17929	17946	17961	17978	17994	18011	18026	18043	18058	18075	18090	18105
59	18121	18137	18153	18168	18184	18200	18216	18232	18247	18263	18278	18294
60	18309	18324	18339	18354	18370	18385	18400	18415	18430	18445	18461	18476

Tabelle 26 (Fortsetzung)

$2d \sin \Theta$ für Zucker

Reflektierende Kristallfläche: (100); $2d = 21141$ XE

M.\G.	0	5	10	15	20	25	30	35	40	45	50	55
61	18490	18505	18520	18535	18549	18565	18579	18584	18608	18623	18638	18653
62	18668	18682	18695	18710	18725	18739	18752	18767	18782	18796	18809	18823
63	18837	18850	18864	18878	18892	18906	18919	18933	18947	18961	18974	18988
64	19002	19016	19029	19042	19054	19067	19082	19095	19107	19121	19135	19148
65	19160	19172	19185	19198	19213	19226	19238	19251	19264	19277	19289	19301
66	19314	19326	19338	19350	19363	19375	19388	19400	19412	19424	19437	19449
67	19460	19472	19484	19496	19509	19521	19532	19544	19555	19567	19579	19581
68	19602	19614	19625	19637	19648	19659	19670	19681	19693	19704	19714	19725
69	19737	19748	19758	19770	19782	19792	19803	19813	19824	19834	19845	19855

Tabelle 27

$2d \sin \Theta$ für β-Korund

Reflektierende Kristallfläche (0002); $2d = 22440$ XE

M.\G.	0	5	10	15	20	25	30	35	40	45	50	55
1	392,7	425,2	457,8	490,6	522,9	555,7	587,9	620,7	653,0	685,8	718,1	750,9
2	783,2	813,2	848,2	878,2	913,3	945,3	978,4	1016	1044	1076	1109	1141
3	1174	1206	1239	1271	1304	1336	1369	1402	1436	1468	1501	1533
4	1566	1598	1631	1664	1696	1729	1762	1794	1827	1859	1892	1934
5	1957	1989	2022	2055	2087	2119	2152	2184	2215	2247	2280	2312
6	2345	2377	2410	2442	2475	2507	2540	2572	2605	2637	2670	2702
7	2735	2768	2801	2832	2863	2895	2928	2960	2993	3026	3059	3091
8	3124	3156	3189	3221	3252	3284	3317	3349	3382	3314	3447	3479
9	3510	3542	3575	3607	3640	3672	3705	3737	3768	3800	3833	3865

Tabelle 27 (Fortsetzung)

$2d \sin \Theta$ für β-Korund

Reflektierende Kristallfläche: (0002); $2d = 22440$ XE

M./G.	0	5	10	15	20	25	30	35	40	45	50	55
10	3898	3930	3961	3993	4026	4058	4089	4121	4154	4186	4219	4251
11	4282	4314	4347	4378	4409	4442	4475	4406	4537	4569	4602	4633
12	4665	4697	4730	4761	4793	4825	4856	4888	4921	4953	4984	5016
13	5049	5081	5112	5144	5175	5207	5240	5272	5303	5334	5365	5396
14	5428	5460	5491	5523	5556	5588	5619	5651	5682	5714	5745	5776
15	5807	5838	5870	5901	5933	5964	5996	6027	6059	6090	6122	6153
16	6184	6215	6247	6278	6310	6341	6373	6404	6436	6467	6499	6530
17	6561	6592	6624	6655	6685	6715	6748	6779	6811	6841	6873	6903
18	6934	6965	6997	7027	7057	7088	7120	7151	7183	7213	7244	7275
19	7306	7336	7367	7398	7430	7460	7490	7521	7553	7583	7614	7644
20	7674	7705	7737	7767	7798	7828	7858	7888	7919	7950	7982	8012
21	8042	8072	8103	8133	8164	8194	8224	8254	8285	8315	8345	8375
22	8406	8436	8467	8497	8527	8557	8588	8618	8648	8678	8709	8738
23	8767	8797	8828	8858	8888	8918	8949	8978	9007	9037	9068	9097
24	9126	9156	9187	9216	9245	9275	9306	9335	9364	9394	9425	9454
25	9483	9513	9544	9573	9602	9631	9660	9690	9719	9748	9779	9809
26	9838	9867	9896	9925	9954	9984	10013	10042	10071	10100	10129	10159
27	10188	10217	10246	10275	10304	10334	10363	10391	10419	10448	10477	10507
28	10536	10564	10592	10621	10650	10679	10708	10736	10764	10794	10823	10851
29	10879	10908	10937	10965	10993	11021	11049	11078	11108	11136	11164	11192
30	11220	11248	11276	11304	11332	11360	11388	11416	11444	11472	11501	11529
31	11557	11585	11613	11641	11669	11697	11725	11753	11781	11809	11837	11864
32	11891	11919	11947	11975	12001	12029	12057	12085	12113	12140	12167	12195
33	12221	12249	12277	12304	12331	12358	12385	12413	12441	12468	12495	12522
34	12548	12575	12602	12629	12656	12683	12710	12737	12764	12791	12818	12835
35	12872	12809	12925	12951	12977	13004	13031	13058	13085	13111	13136	13163
36	13190	13216	13242	13269	13296	13322	13347	13374	13401	13427	13453	13479
37	13504	13530	13556	13583	13610	13646	13661	13687	13713	13729	13765	13791
38	13816	13842	13868	13893	13917	13943	13969	13995	14021	14046	14072	14098
39	14121	14147	14173	14198	14222	14248	14274	14299	14323	14349	14375	14400

89

Tabelle 27 (Fortsetzung)

$2d \sin \Theta$ für β-Korund

Reflektierende Kristallfläche: (0002); $\quad 2d = 22440$ XE

M./G.	0	5	10	15	20	25	30	35	40	45	50	55
40	14424	14449	14474	14499	14523	14549	14575	14600	14624	14649	14674	14699
41	14723	14748	14772	14796	14819	14844	14869	14894	14918	14943	14967	14991
42	15015	15040	15064	15088	15111	15136	15160	15184	15208	15232	15257	15281
43	15304	15328	15351	15375	15398	15423	15448	15472	15495	15518	15542	15566
44	15589	15613	15636	15658	15681	15705	15728	15752	15775	15799	15822	15845
45	15867	15891	15914	15937	15959	15982	16006	16029	16051	16074	16096	16119
46	16141	16174	16188	16210	16233	16255	16278	16300	16323	16345	16368	16390
47	16413	16434	16455	16477	16500	16522	16545	16566	16588	16610	16633	16654
48	16675	16677	16720	16741	16763	16785	16808	16829	16850	16871	16893	16914
49	16935	16956	16978	16999	17021	17042	17063	17084	17106	17127	17149	17170
50	17189	17210	17232	17253	17274	17294	17315	17336	17357	17377	17398	17419
51	17440	17460	17481	17501	17521	17541	17562	17582	17602	17622	17642	17662
52	17683	17703	17723	17743	17764	17784	17804	17823	17842	17862	17882	17902
53	17921	17941	17961	17980	17999	18019	18040	18059	18078	18097	18116	18135
54	18154	18173	18192	18211	18230	18249	18268	18289	18307	18326	18345	18364
55	18383	18403	18405	18425	18457	18465	18493	18512	18531	18549	18567	18585
56	18603	18622	18641	18659	18677	18695	18713	18731	18749	18767	18785	18803
57	18820	18838	18856	18873	18890	18908	18926	18944	18962	18983	18995	19013
58	19031	19048	19065	19082	19099	19116	19132	19150	19168	19185	19202	19219
59	19236	19253	19269	19286	19303	19319	19334	19351	19368	19385	19402	19418
60	19433	19450	19467	19483	19498	19515	19532	19548	19563	19579	19595	19611
61	19626	19641	19657	19673	19689	19704	19720	19736	19752	19767	19783	19799
62	19815	19830	19844	19849	19875	19890	19904	19920	19936	19951	19965	19980
63	19994	20008	20023	20038	20052	20067	20082	20097	20111	20126	20140	20155
64	20169	20184	20198	20212	20225	20239	20254	20268	20281	20295	20310	20324
65	20337	20350	20364	20378	20393	20407	20420	20434	20447	20460	20474	20487
66	20501	20514	20526	20539	20553	20566	20580	20592	20604	20614	20631	20644
67	20656	20669	20681	20694	20708	20721	20732	20745	20757	20770	20782	20794
68	20806	20819	20831	20844	20856	20868	20878	20890	20903	20915	20925	20937
69	20950	20961	20972	20984	20997	21009	21020	21031	21042	21053	21064	21075

Tabelle 28
Sinus-Funktion

Θ G.	Θ M.	sin Θ	log sin Θ	Θ G.	Θ M.	sin Θ	log sin Θ	Θ G.	Θ M.	sin Θ	log sin Θ
0	0	0,0000	−∞		40	0,0814	8,9104		20	0,1622	9,2100
	5	0014	7,1627		45	0829	9181		25	1636	2138
	10	0029	4637		50	0843	9256		30	1651	2176
	15	0043	6398		55	0857	9330		35	1665	2214
	20	0058	7648	5	0	0872	9403		40	1679	2251
	25	0062	8617		5	0886	9475		45	1693	2288
	30	0087	9408		10	0901	9545		50	1708	2324
	35	0102	8,0078		15	0915	9614		55	1722	2361
	40	0116	0658		20	0930	9683	10	0	1737	2400
	45	0130	1169		25	0945	9750		5	1751	2432
	50	0145	1627		30	0959	9816		10	1765	2468
	55	0160	2041		35	0973	9881		15	1779	2503
1	0	0175	2419		40	0987	9945		20	1794	2538
	5	0189	2766		45	1001	9,0008		25	1808	2572
	10	0204	3088		50	1016	0070		30	1822	2606
	15	0219	3388		55	1031	0132		35	1836	2640
	20	0233	3668	6	0	1045	0192		40	1851	2674
	25	0247	3931		5	1060	0252		45	1865	2707
	30	0262	4179		10	1074	0311		50	1880	2741
	35	0277	4414		15	1088	0369		55	1894	2773
	40	0291	4637		20	1103	0426	11	0	1908	2806
	45	0305	4849		25	1118	0483		5	1922	2838
	50	0320	5050		30	1132	0539		10	1937	2871
	55	0334	5243		35	1147	0594		15	1951	2902
2	0	0349	5428		40	1161	0648		20	1965	2934
	5	0364	5605		45	1176	0702		25	1979	2965
	10	0378	5776		50	1190	0755		30	1994	3000
	15	0392	5940		55	1204	0807		35	2008	3028
	20	0407	6097	7	0	1219	0859		40	2022	3058
	25	0422	6250		5	1234	0910		45	2036	3089
	30	0436	6397		10	1248	0961		50	2051	3119
	35	0450	6539		15	1263	1011		55	2065	3149
	40	0465	6677		20	1276	1060	12	0	2079	3179
	45	0480	6810		25	1291	1109		5	2093	3208
	50	0494	6940		30	1305	1157		10	2108	3238
	55	0508	7066		35	1320	1205		15	2122	3267
3	0	0523	7188		40	1334	1252		20	2136	3296
	5	0537	7307		45	1348	1299		25	2150	3325
	10	0552	7423		50	1363	1345		30	2164	3353
	15	0566	7535		55	1377	1390		35	2178	3382
	20	0581	7645	8	0	1392	1436		40	2193	3410
	25	0596	7751		5	1406	1480		45	2207	3438
	30	0610	7857		10	1421	1525		50	2221	3466
	35	0625	7959		15	1435	1568		55	2235	3493
	40	0640	8059		20	1449	1612	13	0	2250	3521
	45	0654	8156		25	1463	1655		5	2264	3548
	50	0669	8252		30	1478	1697		10	2278	3575
	55	0684	8345		35	1492	1739		15	2292	3602
4	0	0698	8436		40	1507	1781		20	2306	3629
	5	0713	8525		45	1521	1822		25	2320	3656
	10	0727	8613		50	1536	1863		30	2335	3682
	15	0741	8699		55	1550	1903		35	2349	3708
	20	0756	8783	9	0	1564	1943		40	2363	3734
	25	0771	8865		5	1578	1983		45	2377	3760
	30	0785	8946		10	1593	2022		50	2391	3786
	35	0799	9026		15	1607	2061		55	2405	3811

Tabelle 28 (Fortsetzung)

Sinus-Funktion

Θ G.	Θ M.	sin Θ	log sin Θ	Θ G.	Θ M.	sin Θ	log sin Θ	Θ G.	Θ M.	sin Θ	log sin Θ
14	0	0,2419	9,3837		40	0,3201	9,5052		20	0,3961	9,5978
	5	2433	3862		45	3215	5071		25	3974	5992
	10	2447	3887		50	3228	5090		30	3988	6007
	15	2461	3912		55	3242	5108		35	4001	6022
	20	2476	3937	19	0	3256	5126		40	4014	6036
	25	2490	3962		5	3270	5145		45	4027	6050
	30	2504	3986		10	3283	5163		50	4041	6065
	35	2518	4010		15	3297	5181		55	4054	6079
	40	2532	4035		20	3311	5199	24	0	4067	6093
	45	2546	4059		25	3325	5217		5	4081	6107
	50	2560	4083		30	3338	5235		10	4094	6121
	55	2574	4106		35	3352	5253		15	4107	6135
15	0	2588	4130		40	3366	5271		20	4120	6149
	5	2602	4154		45	3380	5288		25	4133	6163
	10	2616	4177		50	3393	5306		30	4147	6177
	15	2630	4200		55	3407	5323		35	4160	6191
	20	2644	4223	20	0	3420	5341		40	4173	6205
	25	2658	4246		5	3434	5358		45	4186	6219
	30	2672	4269		10	3448	5375		50	4200	6232
	35	2686	4292		15	3462	5392		55	4213	6246
	40	2700	4314		20	3475	5409	25	0	4226	6260
	45	2714	4337		25	3489	5426		5	4239	6273
	50	2728	4359		30	3502	5443		10	4253	6287
	55	2742	4381		35	3516	5460		15	4266	6300
16	0	2756	4403		40	3529	5477		20	4279	6313
	5	2770	4425		45	3543	5494		25	4292	6327
	10	2784	4447		50	3557	5510		30	4305	6340
	15	2798	4469		55	3570	5527		35	4318	6353
	20	2812	4491	21	0	3584	5543		40	4331	6366
	25	2826	4512		5	3597	5560		45	4344	6379
	30	2840	4533		10	3611	5576		50	4358	6392
	35	2854	4555		15	3624	5592		55	4371	6405
	40	2868	4576		20	3638	5609	26	0	4384	6418
	45	2882	4597		25	3651	5625		5	4397	6431
	50	2896	4618		30	3665	5641		10	4410	6444
	55	2910	4639		35	3678	5657		15	4423	6457
17	0	2924	4659		40	3692	5673		20	4436	6470
	5	2938	4680		45	3706	5689		25	4449	6483
	10	2952	4701		50	3719	5704		30	4462	6495
	15	2966	4721		55	3733	5720		35	4475	6508
	20	2979	4741	22	0	3746	5736		40	4488	6521
	25	2993	4761		5	3760	5751		45	4501	6533
	30	3007	4781		10	3773	5767		50	4514	6546
	35	3021	4801		15	3786	5782		55	4527	6558
	40	3035	4821		20	3800	5798	27	0	4540	6571
	45	3049	4841		25	3813	5813		5	4553	6583
	50	3063	4861		30	3827	5828		10	4566	6595
	55	3077	4880		35	3840	5844		15	4579	6608
18	0	3090	4900		40	3854	5859		20	4592	6620
	5	3104	4919		45	3867	5874		25	4605	6632
	10	3118	4939		50	3881	5889		30	4618	6644
	15	3132	4958		55	3894	5904		35	4631	6656
	20	3145	4977	23	0	3907	5919		40	4643	6668
	25	3159	4996		5	3920	5934		45	4656	6680
	30	3173	5015		10	3934	5948		50	4669	6692
	35	3187	5034		15	3947	5963		55	4682	6704

Tabelle 28 (Fortsetzung)
Sinus-Funktion

Θ G.	Θ M.	sin Θ	log sin Θ	Θ G.	Θ M.	sin Θ	log sin Θ	Θ G.	Θ M.	sin Θ	log sin Θ
28	0	0,4695	9,6716		40	0,5398	9,7322		20	0,6065	9,7828
	5	4708	6728		45	5410	7332		25	6076	7836
	10	4720	6740		50	5422	7342		30	6088	7845
	15	4733	6752		55	5434	7351		35	6099	7853
	20	4746	6763	33	0	5446	7361		40	6111	7861
	25	4759	6775		5	5458	7371		45	6122	7869
	30	4772	6787		10	5471	7381		50	6134	7877
	35	4785	6798		15	5483	7390		55	6145	7885
	40	4797	6810		20	5495	7400	38	0	6157	7893
	45	4810	6821		25	5507	7409		5	6168	7902
	50	4823	6833		30	5519	7419		10	6180	7910
	55	4836	6844		35	5531	7428		15	6191	7918
29	0	4848	6856		40	5544	7438		20	6202	7926
	5	4861	6867		45	5556	7447		25	6213	7934
	10	4874	6878		50	5568	7457		30	6225	7942
	15	4887	6890		55	5580	7466		35	6236	7949
	20	4899	6901	34	0	5592	7476		40	6248	7957
	25	4911	6912		5	5604	7485		45	6259	7965
	30	4924	6923		10	5616	7494		50	6271	7973
	35	4937	6935		15	5628	7504		55	6282	7981
	40	4950	6946		20	5640	7513	39	0	6293	7989
	45	4962	6957		25	5652	7522		5	6304	7997
	50	4975	6968		30	5664	7531		10	6316	8004
	55	4987	6979		35	5676	7541		15	6327	8012
30	0	5000	6990		40	5688	7550		20	6338	8020
	5	5013	7001		45	5700	7559		25	6349	8027
	10	5025	7012		50	5712	7568		30	6361	8035
	15	5038	7022		55	5724	7577		35	6372	8043
	20	5050	7033	35	0	5736	7586		40	6383	8050
	25	5063	7044		5	5748	7595		45	6394	8058
	30	5075	7055		10	5760	7604		50	6406	8066
	35	5088	7065		15	5772	7613		55	6417	8073
	40	5100	7076		20	5783	7622	40	0	6428	8081
	45	5113	7087		25	5795	7631		5	6439	8088
	50	5125	7097		30	5807	7640		10	6450	8096
	55	5138	7108		35	5819	7648		15	6461	8103
31	0	5150	7118		40	5831	7657		20	6472	8111
	5	5163	7129		45	5842	7666		25	6483	8118
	10	5175	7139		50	5854	7675		30	6495	8125
	15	5188	7150		55	5866	7684		35	6506	8133
	20	5200	7160	36	0	5878	7692		40	6517	8140
	25	5212	7171		5	5889	7701		45	6528	8148
	30	5225	7181		10	5901	7710		50	6539	8155
	35	5238	7191		15	5913	7718		55	6550	8162
	40	5250	7201		20	5925	7727	41	0	6561	8161
	45	5262	7212		25	5936	7735		5	6572	8177
	50	5275	7222		30	5948	7744		10	6583	8184
	55	5287	7232		35	5959	7752		15	6593	8191
32	0	5299	7242		40	5972	7761		20	6604	8198
	5	5311	7252		45	5983	7769		25	6615	8206
	10	5324	7262		50	5995	7778		30	6626	8213
	15	5336	7272		55	6006	7786		35	6637	8220
	20	5348	7282	37	0	6018	7795		40	6648	8227
	25	5360	7292		5	6029	7803		45	6659	8234
	30	5373	7302		10	6041	7811		50	6670	8241
	35	5385	7312		15	6053	7820		55	6680	8248

Tabelle 28 (Fortsetzung)
Sinus-Funktion

Θ G.	Θ M.	sin Θ	log sin Θ	Θ G.	Θ M.	sin Θ	log sin Θ	Θ G.	Θ M.	sin Θ	log sin Θ
42	0	0,6691	9,8255		40	0,7274	9,8618		20	0,7808	9,8925
	5	6702	8262		45	7284	8624		25	7817	8930
	10	6713	8269		50	7294	8630		30	7826	8935
	15	6723	8276		55	7304	8635		35	7835	8941
	20	6734	8283	47	0	7314	8641		40	7844	8946
	25	6745	8290		5	7324	8647		45	7853	8950
	30	6756	8297		10	7333	8653		50	7862	8955
	35	6766	8304		15	7343	8659		55	7871	8960
	40	6777	8311		20	7353	8665	52	0	7880	8965
	45	6788	8317		25	7363	8671		5	7889	8970
	50	6799	8324		30	7373	8676		10	7898	8975
	55	6809	8331		35	7383	8682		15	7907	8980
43	0	6820	8338		40	7392	8688		20	7916	8985
	5	6831	8345		45	7402	8694		25	7925	8990
	10	6841	8351		50	7412	8699		30	7934	8995
	15	6852	8358		55	7422	8705		35	7943	9000
	20	6862	8365	48	0	7431	8711		40	7951	9004
	25	6873	8372		5	7441	8716		45	7960	9009
	30	6884	8378		10	7451	8722		50	7969	9014
	35	6894	8385		15	7461	8728		55	7978	9019
	40	6905	8391		20	7470	8733	53	0	7986	9024
	45	6915	8398		25	7480	8739		5	7995	9028
	50	6926	8405		30	7490	8745		10	8004	9033
	55	6936	8411		35	7500	8750		15	8012	9038
44	0	6947	8418		40	7509	8756		20	8021	9042
	5	6957	8424		45	7518	8761		25	8030	9047
	10	6968	8431		50	7528	8767		30	8039	9052
	15	6978	8437		55	7537	8772		35	8048	9057
	20	6988	8444	49	0	7547	8778		40	8056	9061
	25	6999	8450		5	7556	8783		45	8064	9066
	30	7009	8457		10	7566	8789		50	8073	9070
	35	7019	8463		15	7575	8794		55	8081	9075
	40	7030	8469		20	7585	8800	54	0	8090	9080
	45	7040	8476		25	7594	8805		5	8098	9084
	50	7051	8482		30	7604	8811		10	8107	9089
	55	7061	8489		35	7613	8816		15	8115	9093
45	0	7071	8495		40	7623	8821		20	8124	9098
	5	7081	8501		45	7632	8827		25	8133	9102
	10	7092	8507		50	7642	8832		30	8141	9107
	15	7102	8514		55	7651	8837		35	8149	9111
	20	7112	8520	50	0	7660	8843		40	8158	9116
	25	7122	8526		5	7669	8848		45	8166	9120
	30	7133	8532		10	7679	8853		50	8175	9125
	35	7143	8539		15	7688	8858		55	8183	9129
	40	7153	8545		20	7698	8864	55	0	8192	9134
	45	7163	8551		25	7707	8869		5	8200	9138
	50	7173	8557		30	7716	8874		10	8208	9143
	55	7183	8563		35	7725	8879		15	8216	9147
46	0	7193	8569		40	7735	8884		20	8225	9151
	5	7203	8575		45	7744	8890		25	8233	9156
	10	7214	8582		50	7753	8895		30	8241	9160
	15	7224	8588		55	7762	8900		35	8249	9164
	20	7234	8594	51	0	7772	8905		40	8258	9169
	25	7244	8600		5	7781	8910		45	8266	9173
	30	7254	8606		10	7790	8915		50	8274	9177
	35	7264	8612		15	7799	8920		55	8282	9182

Tabelle 28 (Fortsetzung)
Sinus-Funktion

Θ G.	Θ M.	sin Θ	log sin Θ	Θ G.	Θ M.	sin Θ	log sin Θ	Θ G.	Θ M.	sin Θ	log sin Θ
56	0	0,8290	9,9186		45	0,8725	9,9408		30	0,9100	9,9590
	5	8298	9190		50	8732	9411		35	9106	9593
	10	8307	9194		55	8739	9415		40	9112	9596
	15	8315	9199	61	0	8746	9418		45	9118	9599
	20	8323	9203		5	8753	9422		50	9124	9602
	25	8331	9207		10	8760	9425		55	9130	9605
	30	8339	9211		15	8767	9429	66	0	9136	9607
	35	8347	9215		20	8774	9432		5	9142	9610
	40	8355	9219		25	8781	9436		10	9147	9613
	45	8363	9224		30	8788	9439		15	9153	9616
	50	8371	9228		35	8795	9442		20	9159	9619
	55	8379	9232		40	8802	9446		25	9165	9621
57	0	8387	9236		45	8809	9449		30	9171	9624
	5	8395	9240		50	8816	9453		35	9176	9627
	10	8403	9244		55	8823	9456		40	9182	9629
	15	8411	9248	62	0	8830	9459		45	9188	9632
	20	8418	9252		5	8837	9463		50	9194	9635
	25	8426	9256		10	8843	9466		55	9199	9638
	30	8434	9260		15	8850	9469	67	0	9205	9640
	35	8442	9264		20	8857	9473		5	9210	9643
	40	8450	9268		25	8864	9476		10	9216	9646
	45	8458	9272		30	8870	9479		15	9222	9648
	50	8465	9276		35	8877	9483		20	9228	9651
	55	8473	9280		40	8884	9486		25	9233	9654
58	0	8481	9284		45	8891	9489		30	9239	9656
	5	8488	9288		50	8897	9492		35	9244	9659
	10	8496	9292		55	8903	9496		40	9250	9661
	15	8503	9296	63	0	8910	9499		45	9255	9664
	20	8511	9300		5	8917	9502		50	9261	9667
	25	8519	9304		10	8923	9505		55	9266	9669
	30	8526	9308		15	8929	9508	68	0	9272	9672
	35	8534	9312		20	8936	9512		5	9277	9674
	40	8542	9315		25	8943	9515		10	9283	9677
	45	8549	9319		30	8949	9518		15	9288	9679
	50	8557	9323		35	8956	9521		20	9294	9682
	55	8564	9327		40	8962	9524		25	9299	9684
59	0	8572	9331		45	8968	9527		30	9304	9687
	5	8580	9334		50	8975	9530		35	9309	9689
	10	8587	9338		55	8982	9534		40	9315	9672
	15	8594	9342	64	0	8988	9537		45	9320	9694
	20	8602	9346		5	8994	9540		50	9325	9697
	25	8609	9350		10	9001	9543		55	9330	9699
	30	8616	9353		15	9007	9546	69	0	9336	9702
	35	8623	9357		20	9013	9549		5	9341	9704
	40	8631	9361		25	9019	9552		10	9346	9706
	45	8638	9364		30	9026	9555		15	9351	9709
	50	8646	9368		35	9032	9558		20	9357	9711
	55	8653	9372		40	9038	9561		25	9362	9714
60	0	8660	9375		45	9045	9564		30	9367	9716
	5	8667	9379		50	9051	9567		35	9372	9718
	10	8675	9383		55	9057	9570		40	9377	9721
	15	8682	9386	65	0	9063	9573		45	9382	9730
	20	8689	9390		5	9069	9576		50	9387	9725
	25	8696	9393		10	9075	9579		55	9392	9728
	30	8704	9397		15	9081	9582	70	0	9397	9730
	35	8711	9401		20	9088	9584				
	40	8718	9404		25	9094	9587				

Tabelle 29
Abweichungen vom BRAGGschen Gesetz für mehrere Wellenlängen
$\dfrac{\log \sin \varphi_n}{n}$ aus der Spektrallinie

Ord-nung	W $L\beta_1$	Cu $K\alpha_1$	Fe $K\beta_1$	Fe $K\alpha_1$	V $K\alpha_1$	Sc $K\alpha_1$	Sn $L\beta_1$	K $K\alpha_1$
1	8,9269523	9,0065961	9,0635972	9,1059168	9,2174174	9,3003512	9,3482412	9,3917609
2	2986	0186	0590	3109	2169973	0059	3478718	3780
3	1675	0059561	0629822	2218	8777	2998780	7110	2741
4	1032	9043	9360	1674	7914	8130	—	—
5	0362	8837	8975	1298	7639	—	—	—
6	0009	8618	—	1062	—	—	—	—
7	—	8400	—	—	—	—	—	—
8	—	8330	—	—	—	—	—	—
10	8,9259594	—	—	—	—	—	—	—

Tabelle 30[1]

Brechungskorrektur: $\delta = 2{,}71 \cdot 10^{-6} \, \lambda^2 \, \varrho \, \dfrac{\Sigma Z}{\Sigma A}$

$\delta \cdot 10^6$

$\varrho \dfrac{\Sigma Z}{\Sigma A} \diagdown \lambda$	V $K\alpha$	Cr $K\alpha$	Mn $K\alpha$	Fe $K\alpha$	Co $K\alpha$	Ni $K\alpha$	Cu $K\alpha$	Mo $K\alpha$
0,1	1,84	1,42	1,20	1,02	0,87	0,75	0,64	0,14
2	3,63	2,84	2,40	2,03	1,74	1,49	1,29	0,27
3	5,52	4,27	3,60	3,05	2,61	2,24	1,93	0,42
4	7,37	5,69	4,79	4,07	3,47	2,98	2,58	0,56
5	9,21	7,11	5,99	5,09	4,34	3,73	3,22	0,68
6	11,05	8,53	7,19	6,10	5,21	4,48	3,87	0,82
7	12,89	9,96	8,39	7,12	6,08	5,22	4,51	0,96
8	14,73	11,38	9,59	8,14	6,95	5,97	5,15	1,10
9	16,57	12,80	10,79	9,15	7,82	6,71	5,80	1,23
1,0	18,42	14,22	11,99	10,17	8,69	7,46	6,44	1,37
1	20,25	15,65	13,18	11,19	9,55	8,21	7,09	1,51
2	22,10	17,07	14,38	12,20	10,42	8,95	7,73	1,64
3	23,94	18,49	15,58	13,22	11,29	9,70	8,37	1,78
4	25,78	19,91	16,78	14,24	12,16	10,44	9,02	1,92
5	27,62	21,33	17,98	15,26	13,03	11,19	9,66	2,05
6	29,46	22,76	19,18	16,27	13,90	11,94	10,31	2,19
7	31,30	24,18	20,38	17,29	14,76	12,68	10,95	2,33
8	33,14	25,60	21,57	18,31	15,63	13,43	11,60	2,46
9	34,98	27,02	22,77	19,32	16,50	14,17	12,24	2,60
2,0	36,83	28,45	23,97	20,34	17,37	14,92	12,88	2,74
1	38,67	29,87	25,17	21,36	18,24	15,67	13,53	2,87
2	40,51	31,29	26,37	22,38	19,11	16,41	14,17	3,01
3	42,35	32,71	27,57	23,39	19,98	17,16	14,82	3,15
4	44,19	34,13	28,77	24,41	20,84	17,90	15,46	3,29

[1] Entn.: SAGEL, K.: Tabellen zur Röntgenstrukturanalyse, Berlin/Göttingen/Heidelberg: Springer 1958.

Tabelle 30 (Fortsetzung)

Brechungskorrektur: $\delta = 2{,}71 \cdot 10^{-6} \lambda^2 \varrho \dfrac{\Sigma Z}{\Sigma A}$

$\delta \cdot 10^6$

$\varrho \dfrac{\Sigma Z}{\Sigma A}$ $\diagdown$ λ	V $K\alpha$	Cr $K\alpha$	Mn $K\alpha$	Fe $K\alpha$	Co $K\alpha$	Ni $K\alpha$	Cu $K\alpha$	Mo $K\alpha$
5	46,03	35,56	29,97	25,43	21,71	18,65	16,11	3,42
6	47,87	36,98	31,16	26,44	22,58	19,40	16,75	3,56
7	49,71	38,40	32,36	27,46	23,45	20,14	17,39	3,70
8	51,56	39,82	33,56	28,48	24,35	20,89	18,04	3,83
9	53,40	41,25	34,76	29,50	25,19	21,63	18,68	3,97
3,0	55,24	42,67	35,96	30,51	26,06	22,38	19,33	4,11
1	57,08	44,09	37,16	31,53	26,92	23,13	19,97	4,24
2	58,92	45,51	38,36	32,55	27,79	23,87	20,61	4,38
3	60,76	46,94	39,55	33,56	28,66	24,62	21,26	4,52
4	62,60	48,36	40,75	34,58	29,53	25,36	21,90	4,65
5	64,45	49,78	41,95	35,60	30,40	26,11	22,55	4,79
6	66,29	51,20	43,15	36,61	31,27	26,86	23,19	4,93
7	68,13	52,62	44,35	37,63	32,14	27,60	23,84	5,07
8	69,97	54,05	45,55	38,65	33,00	28,35	24,48	5,20
9	71,81	55,47	46,75	39,67	33,87	29,09	25,12	5,34
4,0	73,65	56,89	47,94	40,68	34,74	29,84	25,77	5,48
1	75,49	58,31	49,14	41,70	35,61	30,59	26,41	5,61
2	77,33	59,74	50,34	42,72	36,48	31,33	27,06	5,75
3	79,18	61,16	51,54	43,73	37,35	32,08	27,70	5,89
4	81,02	62,58	52,74	44,75	38,21	32,82	28,34	6,02
5	82,86	64,00	53,94	45,77	39,08	33,57	28,99	6,16
6	84,70	65,43	55,14	46,79	39,95	34,32	29,63	6,30
7	86,54	66,85	56,33	47,80	40,82	35,06	30,28	6,43
8	88,38	68,27	57,53	48,82	41,69	35,81	30,92	6,57
9	90,22	69,69	58,73	49,84	42,56	36,55	31,57	6,71
5,0	92,06	71,11	59,93	50,85	43,43	37,30	32,21	6,85
1	93,91	72,54	61,13	51,87	44,29	38,05	32,85	6,98
2	95,75	73,69	62,33	52,89	45,16	38,79	33,50	7,12
3	97,59	75,38	63,53	53,91	46,03	39,54	34,14	7,26
4	99,43	76,80	64,74	54,92	46,90	40,28	34,79	7,39
5	101,27	78,23	65,92	55,94	47,77	41,03	35,43	7,53
6	103,11	79,65	67,12	56,96	48,64	41,78	36,08	7,67
7	104,95	81,07	68,32	57,97	49,51	42,52	36,72	7,80
8	106,79	82,49	69,52	58,99	50,37	43,27	37,36	7,94
9	108,64	83,92	70,72	60,01	51,24	44,01	38,01	8,08
6,0	110,48	85,34	71,92	61,02	52,11	44,76	38,65	8,21
1	112,32	86,76	73,11	62,04	52,98	45,51	39,30	8,35
2	114,16	88,18	74,31	63,06	53,85	46,25	39,94	8,49
3	116,00	89,60	75,51	64,08	54,72	47,00	40,58	8,62
4	117,84	91,03	76,71	65,09	55,58	47,74	41,23	8,76
5	119,68	92,45	77,91	66,11	56,45	48,49	41,87	8,90
6	121,53	93,87	79,11	67,13	57,32	49,24	42,52	9,04
7	123,37	95,29	80,31	68,14	58,19	49,98	43,16	9,17
8	125,21	96,72	81,50	69,16	59,06	50,73	43,81	9,31
9	127,05	98,14	82,70	70,18	59,93	51,44	44,45	9,45
7,0	128,89	99,56	83,90	71,20	60,80	52,22	45,09	9,58
1	130,73	100,98	85,10	72,21	61,66	52,97	45,74	9,72

Tabelle 30 (Fortsetzung)

Berechnungskorrektur: $\delta = 2{,}71 \cdot 10^{-6} \lambda^2 \varrho \dfrac{\Sigma Z}{\Sigma A}$

$\delta \cdot 10^6$

$\dfrac{\Sigma A}{\varrho \Sigma Z}$ λ	V $K\alpha$	Cr $K\alpha$	Mn $K\alpha$	Fe $K\alpha$	Co $K\alpha$	Ni $K\alpha$	Cu $K\alpha$	Mo $K\alpha$
2	132,57	102,40	86,30	73,23	62,53	53,71	46,38	9,86
3	134,41	103,83	87,50	74,25	63,40	54,46	47,03	9,99
4	136,26	105,25	88,70	75,26	64,27	55,20	47,67	10,13
5	138,10	106,67	89,90	76,28	65,14	55,95	48,32	10,27
6	139,94	108,09	91,09	77,30	66,01	56,70	48,96	10,40
7	141,78	109,52	92,29	78,32	66,88	57,44	49,60	10,54
8	143,62	110,94	93,49	79,33	67,74	58,19	50,25	10,68
9	145,46	112,36	94,69	80,50	68,61	58,93	50,89	10,82
8,0	147,30	113,78	95,89	81,37	69,48	59,78	51,54	10,95
1	149,14	115,21	97,09	82,38	70,35	60,43	52,18	11,09
2	150,99	116,63	98,29	83,40	71,22	61,17	52,82	11,23
3	152,83	118,05	99,48	84,42	72,09	61,92	53,47	11,36
4	154,67	119,47	100,68	85,43	72,96	62,66	54,11	11,50
5	156,51	120,89	101,88	86,45	73,82	63,41	54,76	11,64
6	158,35	122,32	103,08	87,47	74,69	64,16	55,40	11,77
7	160,19	123,74	104,28	88,49	75,56	64,90	56,05	11,91
8	162,03	125,16	105,48	89,50	76,43	65,65	56,69	12,05
9	163,87	126,58	106,68	90,52	77,30	66,39	57,33	12,18
9,0	165,72	128,01	107,87	91,54	78,17	67,14	57,98	12,32
1	167,56	129,43	109,07	92,55	79,03	67,89	58,62	12,46
2	169,40	130,85	110,27	93,57	79,90	68,63	59,27	12,59
3	171,24	132,27	111,47	94,59	80,77	69,38	59,91	12,73
4	173,08	133,70	112,67	95,61	81,64	70,12	60,55	12,87
5	174,92	135,12	113,87	96,62	82,51	70,87	61,20	13,01
6	176,76	136,54	115,07	97,64	83,38	71,62	61,84	13,14
7	178,61	137,96	116,26	98,66	84,25	72,36	62,49	13,28
8	180,45	139,38	117,46	99,67	85,11	73,11	63,13	13,42
9	182,29	140,85	118,66	100,69	85,98	73,85	63,78	13,55
10,0	184,13	142,23	119,86	101,71	86,85	74,60	64,42	13,69

Tabelle 30b

$\dfrac{\delta}{\lambda^2} 10^6$ der wichtigsten Analysatorkristalle

Aluminium	3,56	Kochsalz	2,80
Gips	3,70	β-Korund	5,18
Glimmer	3,9	Pentaerythrit	3,65
Kalkspat	3,9	Quarz	3,58
Calciumfluorid	4,21	Zucker	—

Tabelle 31

Röntgenwellenlängen in X-Einheiten

$n\lambda$	Linie	$n\lambda$	Linie	$n\lambda$	Linie
103	U: $K1\beta_2$	215	Ta: $K1\alpha_1$	309	Sm: $K1\alpha_1$
111	U: $K1\beta_1$		Tm: $K1\beta_1$		Au: $K2\beta_2$
114	Th: $K1\beta_2$	217	Er: $K1\beta_2$	310	U: $K3\beta_2$
117	Th: $K1\beta_1$	220	Ta: $K1\alpha_2$	313	Sm: $K1\alpha_2$
126	U: $K1\alpha_1$	222	Hf: $K1\alpha_1$	315	Ce: $K1\beta_1$
131	U: $K1\alpha_2$		Er: $K1\beta_1$	318	Au: $K2\beta_1$
133	Th: $K1\alpha_1$		U: $K2\beta_2$		Pt: $K2\beta_2$
138	Th: $K1\alpha_2$	227	Hf: $K1\alpha_2$	320	La: $K1\beta_2$
	Bi: $K1\beta_2$	228	Th: $K2\beta_2$	321	Bi: $K2\alpha_1$
142	Bi: $K1\beta_1$	229	Lu: $K1\alpha_1$	327	La: $K1\beta_1$
	Pb: $K1\beta_2$	231	D–: $K1\beta_2$		Pt: $K2\beta_1$
145	Pb: $K1\beta_1$	234	Lu: $K1\alpha_2$		Ir: $K2\beta_2$
	Tl: $K1\beta_2$		Th: $K2\beta_1$	330	Pb: $K2\alpha_1$
150	Tl: $K1\beta_1$	236	Yb: $K1\alpha_1$	331	Nd: $K1\alpha_1$
154	Au: $K1\beta_2$	237	D–: $K1\beta_1$		Bi: $K2\alpha_2$
159	Au: $K1\beta_1$	239	Tb: $K1\beta_2$	332	Ba: $K1\beta_2$
	Pt: $K1\beta_2$	241	Yb: $K1\alpha_2$	334	U: $K3\beta_1$
161	Bi: $K1\alpha_1$	244	Tm: $K1\alpha_1$	336	Nd: $K1\alpha_2$
163	Pt: $K1\beta_1$	246	Tb: $K1\beta_1$		Ir: $K2\beta_1$
164	Ir: $K1\beta_2$	248	Gd: $K1\beta_2$	337	Os: $K2\beta_2$
165	Pb: $K1\alpha_1$	249	Tm: $K1\alpha_2$	340	Tl: $K2\alpha_1$
	Bi: $K1\alpha_2$	251	U: $K2\alpha_1$		Pb: $K2\alpha_2$
168	Ir: $K1\beta_1$	252	Er: $K1\alpha_1$		Ba: $K1\beta_1$
169	Os: $K1\beta_2$	254	Gd: $K1\beta_1$	342	Th: $K3\beta_2$
170	Tl: $K1\alpha_1$	257	Er: $K1\alpha_2$	343	Pr: $K1\alpha_1$
	Pb: $K1\alpha_2$		Eu: $K1\beta_2$	345	Cs: $K1\beta_2$
173	Os: $K1\beta_1$	260	Ho: $K1\alpha_1$	347	Os: $K2\beta_1$
174	Re: $K1\beta_2$	261	U: $K2\alpha_2$		Re: $K2\beta_2$
175	Tl: $K1\alpha_2$	263	Eu: $K1\beta_1$	348	Pr: $K1\alpha_2$
179	Re: $K1\beta_1$	265	Ho: $K1\alpha_2$	349	Tl: $K2\alpha_2$
	W: $K1\beta_2$		Th: $K2\alpha_1$	352	Th: $K3\beta_1$
180	Au: $K1\alpha_1$	266	Sm: $K1\beta_2$	354	Cs: $K1\beta_1$
184	W: $K1\beta_1$	269	Dy: $K1\alpha_1$	356	Ce: $K1\alpha_1$
185	Au: $K1\alpha_2$	273	Sm: $K1\beta_1$	358	Re: $K2\beta_1$
	Ta: $K1\beta_2$	274	Dy: $K1\alpha_2$		W: $K2\beta_2$
	Pt: $K1\alpha_1$	275	Th: $K2\alpha_2$	360	Au: $K2\alpha_1$
190	Pt: $K1\alpha_2$		Bi: $K2\beta_2$	365	Ce: $K1\alpha_2$
	Ta: $K1\beta_1$	278	Tb: $K1\alpha_1$	368	W: $K2\beta_1$
	Hf: $K1\beta_2$	283	Tb: $K1\alpha_2$	369	Au: $K2\alpha_2$
191	Ir: $K1\alpha_1$		Bi: $K2\beta_1$		Ta: $K2\beta_2$
195	Hf: $K1\beta_1$		Pb: $K2\beta_2$	370	La: $K1\alpha_1$
196	Os: $K1\alpha_1$	286	Nd: $K1\beta_2$		Pt: $K2\alpha_2$
	Ir: $K1\alpha_2$	288	Gd: $K1\alpha_1$	375	La: $K1\alpha_2$
	Lu: $K1\beta_2$	291	Pb: $K2\beta_1$		I: $K1\beta_2$
202	Os: $K1\alpha_2$		Tl: $K2\beta_2$	377	U: $K3\alpha_1$
	Lu: $K1\beta_1$	292	Gd: $K1\alpha_2$	379	Ta: $K2\beta_1$
	Re: $K1\alpha_1$	293	Nd: $K1\beta_1$	380	Pt: $K2\alpha_2$
203	Yb: $K1\beta_2$	296	Pr: $K1\beta_2$	381	Ir: $K2\alpha_1$
207	Re: $K1\alpha_2$	298	Eu: $K1\alpha_1$		Hf: $K2\beta_2$
	U: $K2\beta_2$	300	Tl: $K2\beta_1$	383	J: $K1\beta_1$
208	Yb: $K1\beta_1$	303	Eu: $K1\alpha_2$	384	Ba: $K1\alpha_1$
209	W: $K1\alpha_1$	304	Pr: $K1\beta_1$	389	Ba: $K1\alpha_2$
213	W: $K1\alpha_2$	308	Ce: $K1\beta_2$	390	Hf: $K2\beta_1$

Tabelle 31 (Fortsetzung)

Röntgenwellenlängen in X-Einheiten

$n\lambda$	Linie	$n\lambda$	Linie	$n\lambda$	Linie
390	Te: $K\,1\beta_2$	474	Cd: $K\,1\beta_1$	552	W: $K\,3\beta_1$
391	Ir: $K\,2\alpha_2$		Dy: $K\,2\beta_1$	554	Ta: $K\,3\beta_2$
392	U: $K\,3\alpha_2$	476	Au: $K\,3\beta_1$		Au: $K\,3\alpha_2$
393	Os: $K\,2\alpha_1$		Pt: $K\,3\beta_2$	555	Pt: $K\,3\alpha_1$
	Lu: $K\,2\beta_2$	478	Tb: $K\,2\beta_2$	556	Tb: $K\,2\alpha_1$
398	Th: $K\,3\alpha_1$	482	Bi: $K\,3\alpha_1$	558	Ag: $K\,1\alpha_1$
400	Cs: $K\,1\alpha_1$		Yb: $K\,2\alpha_2$	561	Ru: $K\,1\alpha_2$
	Te: $K\,1\beta_1$	486	Ag: $K\,1\beta_2$	563	Ag: $K\,1\alpha_2$
402	Os: $K\,2\alpha_2$	488	Tm: $K\,2\alpha_1$	566	Tb: $K\,2\alpha_2$
403	Lu: $K\,2\beta_1$	490	Sn: $K\,1\alpha_1$		Bi: $K\,4\beta_1$
404	Cs: $K\,1\alpha_2$		Pt: $K\,3\beta_1$	567	Pb: $K\,4\beta_2$
405	Re: $K\,2\alpha_1$	491	Tb: $K\,2\beta_1$	570	Pt: $K\,3\alpha_2$
406	Yb: $K\,2\beta_2$		Ir: $K\,3\beta_2$		Ta: $K\,3\beta_1$
407	Sb: $K\,1\beta_2$	494	Sn: $K\,1\alpha_2$	571	Nd: $K\,2\beta_2$
413	Th: $K\,3\alpha_2$	495	Pb: $K\,3\alpha_1$		Ru: $K\,1\beta_1$
	Bi: $K\,3\beta_2$		Gd: $K\,2\beta_2$	572	Ir: $K\,3\alpha_1$
414	Re: $K\,2\alpha_2$	496	Ag: $K\,1\beta_1$		Hf: $K\,3\beta_2$
	U: $K\,4\beta_2$		Tm: $K\,2\alpha_2$	575	Gd: $K\,2\alpha_1$
416	Sb: $K\,1\beta_1$		Bi: $K\,3\alpha_2$	582	Pb: $K\,4\beta_1$
417	W: $K\,2\alpha_1$	504	Er: $K\,2\alpha_1$		Tl: $K\,4\beta_2$
	Yb: $K\,2\beta_1$		U: $K\,4\alpha_1$	584	Pd: $K\,1\alpha_1$
425	Sn: $K\,1\beta_2$	505	Ir: $K\,3\beta_1$	585	Gd: $K\,2\alpha_2$
	Bi: $K\,3\beta_1$	506	Os: $K\,3\beta_2$		Nd: $K\,2\beta_1$
	Pb: $K\,3\beta_2$	508	Gd: $K\,2\beta_1$	586	Ir: $K\,3\alpha_2$
426	W: $K\,2\alpha_2$	509	Pd: $K\,1\beta_2$		Hf: $K\,3\beta_1$
430	Ta: $K\,2\alpha_1$		Tl: $K\,3\beta_1$	588	Os: $K\,3\alpha_1$
	Tm: $K\,2\beta_1$		Pb: $K\,3\alpha_2$	589	Pd: $K\,1\alpha_2$
432	J: $K\,1\alpha_1$	511	In: $K\,1\alpha_1$	590	Tc: $K\,1\beta_2$
434	Sn: $K\,1\beta_1$	513	Er: $K\,2\alpha_2$		Lu: $K\,3\beta_2$
	Er: $K\,2\beta_2$		Eu: $K\,2\alpha_2$	592	Pr: $K\,2\beta_2$
437	J: $K\,1\alpha_2$	516	In: $K\,1\alpha_2$		U: $L\,1\gamma_6$
	Pb: $K\,3\beta_1$	519	Pd: $K\,1\beta_1$	596	Eu: $K\,2\alpha_1$
	Tl: $K\,3\beta_2$	520	Os: $K\,3\beta_1$	600	Tl: $K\,4\beta_1$
440	Ta: $K\,2\alpha_2$	521	Ho: $K\,2\alpha_1$	601	Tc: $K\,1\beta_1$
442	Hf: $K\,2\alpha_1$	522	Re: $K\,3\beta_2$	603	Os: $K\,3\alpha_2$
444	In: $K\,1\beta_2$	523	U: $K\,4\alpha_2$	605	Eu: $K\,2\alpha_2$
	Er: $K\,2\beta_1$	524	Tl: $K\,3\alpha_2$		Lu: $K\,3\beta_1$
446	U: $K\,4\beta_1$	526	Eu: $K\,2\beta_2$	606	Re: $K\,3\alpha_1$
449	Tl: $K\,3\beta_1$	530	Ho: $K\,2\alpha_2$		Pr: $K\,2\beta_1$
450	Te: $K\,1\alpha_1$		Th: $K\,4\alpha_1$	610	Yb: $K\,3\beta_2$
453	Hf: $K\,2\alpha_2$	532	Sm: $K\,2\beta_2$	612	Rh: $K\,1\alpha_1$
454	In: $K\,1\beta_1$	533	Cd: $K\,1\alpha_1$	614	U: $L\,1\gamma_1$
455	Te: $K\,1\alpha_2$	534	Rh: $K\,1\beta_1$	615	Ce: $K\,2\beta_2$
456	Th: $K\,4\beta_2$	536	Re: $K\,3\beta_1$	616	Rh: $K\,1\alpha_2$
458	Lu: $K\,2\alpha_1$	537	W: $K\,3\beta_2$	617	Sm: $K\,2\alpha_1$
462	Dy: $K\,2\beta_2$	538	Cd: $K\,1\alpha_2$		Au: $K\,4\beta_2$
463	Au: $K\,3\beta_2$		Dy: $K\,2\alpha_1$	620	Mo: $K\,1\beta_2$
	Cd: $K\,1\beta_2$	539	Au: $K\,3\alpha_1$	622	Re: $K\,3\alpha_2$
467	Lu: $K\,2\alpha_2$	545	Rh: $K\,1\beta_2$	625	Yb: $K\,3\beta_1$
468	Th: $K\,4\beta_1$		Sm: $K\,2\beta_1$	626	Sm: $K\,2\alpha_2$
469	Sb: $K\,1\alpha_1$	547	Dy: $K\,2\alpha_2$		W: $K\,3\alpha_1$
472	Yb: $K\,2\alpha_2$	550	Th: $K\,4\alpha_2$	630	Ce: $K\,2\beta_1$
474	Sb: $K\,1\alpha_2$		Bi: $K\,4\beta_2$	631	Mo: $K\,1\beta_1$

Tabelle 31 (Fortsetzung)

Röntgenwellenlängen in X-Einheiten

$n\lambda$	Linie	$n\lambda$	Linie	$n\lambda$	Linie
631	Th: $L\,1\gamma_6$	719	Au: $K\,4\alpha_1$	795	Ho: $K\,3\alpha_2$
635	Au: $K\,4\beta_1$		U: $L\,1\beta_1$	797	Sm: $K\,3\beta_2$
	Pt: $K\,4\beta_2$	723	Yb: $K\,3\alpha_2$	799	Cs: $K\,2\alpha_1$
638	La: $K\,2\beta_2$	724	U: $L\,1\beta_5$		Te: $K\,2\beta_1$
641	Ru: $K\,1\alpha_1$	727	Y: $K\,1\beta_2$	802	U: $L\,1\eta_2$
	W: $K\,3\alpha_2$	730	Ce: $K\,2\alpha_2$	805	Os: $K\,4\alpha_2$
643	Bi: $K\,4\alpha_1$	732	Tm: $K\,3\alpha_1$		Lu: $K\,4\beta_1$
645	Tm: $K\,3\beta_1$	735	W: $K\,4\beta_1$	807	Dy: $K\,3\alpha_1$
646	Ru: $K\,1\alpha_2$	736	Tb: $K\,3\beta_1$	808	Cs: $K\,2\alpha_2$
650	Er: $K\,3\beta_2$		U: $L\,1\beta_7$	810	Re: $K\,4\alpha_1$
652	Th: $L\,1\gamma_1$	738	Au: $K\,4\alpha_2$		Tl: $L\,1\gamma_4$
653	Nb: $K\,1\beta_2$		Ta: $K\,4\beta_2$	811	Bi: $L\,1\gamma_1$
	Pt: $K\,4\beta_1$	739	Y: $K\,1\beta_1$	813	Yb: $K\,4\beta_2$
654	Ir: $K\,4\beta_2$	740	La: $K\,2\alpha_1$		Pb: $L\,1\gamma_3$
655	La: $K\,2\beta_1$		Pt: $K\,4\alpha_1$	814	Sb: $K\,2\beta_2$
659	Ta: $K\,3\alpha_2$	743	Gd: $K\,3\beta_2$	815	Rb: $K\,1\beta_2$
660	Pb: $K\,4\alpha_1$	745	Nb: $K\,1\alpha_1$	818	Sm: $K\,3\beta_1$
661	Bi: $K\,4\alpha_2$	746	Tm: $K\,3\alpha_2$		Pb: $L\,1\gamma_2$
662	Nd: $K\,2\alpha_1$		U: $L\,1\beta_4$	820	D–: $K\,3\alpha_2$
664	Nb: $K\,1\beta_1$	749	Nb: $K\,1\alpha_2$	827	Y: $K\,1\alpha_1$
	Hf: $K\,3\alpha_1$		La: $K\,2\alpha_2$		Rb: $K\,1\beta_1$
	Ba: $K\,2\beta_2$	750	J: $K\,2\beta_2$		Re: $K\,4\alpha_2$
667	Er: $K\,3\beta_1$	753	Th: $L\,1\beta_3$	831	Y: $K\,1\alpha_2$
672	Nd: $K\,2\alpha_2$	754	U: $L\,1\beta_2$	832	Sb: $K\,2\beta_1$
673	Ir: $K\,4\beta_1$	756	Er: $K\,3\alpha_1$	834	Yb: $K\,4\beta_1$
674	Tc: $K\,1\alpha_1$	758	Ta: $K\,4\beta_1$	835	Tb: $K\,3\alpha_1$
	Os: $K\,4\beta_2$	760	Pt: $K\,4\alpha_2$		W: $K\,4\alpha_1$
678	Tc: $K\,1\alpha_2$	761	U: $L\,1\gamma_4$	838	Pb: $L\,1\gamma_1$
679	Pb: $K\,4\alpha_2$	762	Ir: $K\,4\alpha_1$	849	Tb: $K\,3\alpha_2$
680	Tl: $K\,4\alpha_1$		Gd: $K\,3\beta_1$	850	Sn: $K\,2\beta_2$
	Hf: $K\,3\alpha_2$		Hf: $K\,4\beta_2$	853	W: $K\,4\alpha_2$
	Ba: $K\,2\beta_1$	764	Th: $L\,1\beta_4$	856	Nd: $K\,3\beta_2$
686	Lu: $K\,3\alpha_1$	766	J: $K\,2\beta_1$	860	Tm: $K\,4\beta_1$
687	Pr: $K\,2\alpha_1$	768	Ba: $K\,2\alpha_1$		Ta: $K\,4\alpha_1$
689	Zr: $K\,1\beta_2$	769	Er: $K\,3\alpha_2$	862	Gd: $K\,3\alpha_1$
691	Cs: $K\,2\beta_2$		Eu: $K\,3\beta_2$	864	Tm: $K\,4\beta_1$
693	Dy: $K\,3\beta_2$		Sr: $K\,1\beta_2$	865	J: $K\,2\alpha_1$
	Os: $K\,4\beta_1$	778	Ba: $K\,2\alpha_2$	866	Tl: $L\,1\gamma_1$
696	Pr: $K\,2\alpha_2$	780	Hf: $K\,4\beta_1$	867	Er: $K\,4\beta_2$
	Re: $K\,4\beta_2$	781	Ho: $K\,3\alpha_1$	869	Sn: $K\,2\beta_1$
698	Tl: $K\,4\alpha_2$		Te: $K\,2\beta_2$	874	Sr: $K\,1\alpha_1$
700	Zr: $K\,1\beta_1$		Sr: $K\,1\beta_1$		J: $K\,2\alpha_2$
	Lu: $K\,3\alpha_2$	782	Ir: $K\,4\alpha_2$	877	Gd: $K\,3\alpha_2$
707	Cs: $K\,2\beta_1$	783	Pb: $L\,1\gamma_4$	878	Sr: $K\,1\alpha_2$
708	Mo: $K\,1\alpha_1$	784	Zr: $K\,1\alpha_1$		Nd: $K\,3\beta_1$
709	Yb: $K\,3\alpha_1$	785	Os: $K\,4\alpha_1$	879	Ta: $K\,4\alpha_2$
	U: $L\,1\beta_3$		Bi: $L\,1\gamma_3$	885	Hf: $K\,4\alpha_1$
711	Dy: $K\,3\beta_1$		Lu: $K\,4\beta_2$	888	In: $K\,2\beta_2$
712	Mo: $K\,1\alpha_2$	789	Zr: $K\,1\alpha_2$	889	Pr: $K\,3\beta_2$
	Ce: $K\,2\alpha_1$		Eu: $K\,3\beta_1$		Er: $K\,4\beta_1$
714	Re: $K\,4\beta_1$	792	Th: $L\,1\beta_2$	894	Eu: $K\,3\alpha_1$
716	W: $K\,4\beta_2$		Th: $L\,1\beta_4$	895	Hg: $L\,1\gamma_1$
717	Tb: $K\,3\beta_2$		Bi: $L\,1\gamma_2$	901	Te: $K\,2\alpha_1$

Tabelle 31 (Fortsetzung)

Röntgenwellenlängen in X-Einheiten

$n\lambda$	Linie	$n\lambda$	Linie	$n\lambda$	Linie
906	Hf: $K4\alpha_2$	996	Ba: $K3\beta_2$	1104	Au: $L1\beta_4$
907	In: $K2\beta_1$	999	Tl: $L1\beta_3$	1106	Se: $K1\alpha_2$
908	Eu: $K3\alpha_2$	1006	Pb: $L1\beta_4$	1110	La: $K3\alpha_1$
909	U: $L1\alpha_1$	1007	Nd: $K3\alpha_2$	1113	Tb: $K4\alpha_1$
910	Te: $K2\alpha_2$	1008	Er: $K4\alpha_1$		Th: $L1l$
	Pr: $K3\beta_1$		Hg: $L1\beta_7$	1114	Ge: $K1\beta_2$
914	Hg: $L1\gamma_5$	1008	Tl: $L1\beta_2$	1116	Ag: $K2\alpha_1$
916	Lu: $K4o_1$	1013	Tl: $L1\beta_1$	1118	Pt: $L1\beta_1$
919	Br: $K1\beta_2$	1014	Gd: $K4\beta_1$	1121	Ru: $K2\beta_2$
921	U: $L1\alpha_2$	1017	Pd: $K2\beta_2$	1124	La: $K3\alpha_2$
923	Ce: $K3\beta_2$	1020	Ba: $K3\beta_1$	1125	Ag: $K2\alpha_2$
924	Rb: $K1\alpha_1$	1022	In: $K2\alpha_1$		J: $K3\beta_2$
	Pt: $L1\gamma_1$	1023	Os: $K1\gamma_1$	1126	Ge: $K1\beta_1$
	Dy: $K4\beta_2$	1026	Er: $K4\alpha_2$	1132	Tb: $K4\alpha_2$
925	Sm: $K3\alpha_1$		Eu: $K4\beta_2$	1133	Ir: $L1\beta_2$
	Au: $L1\gamma_1$	1030	In: $K2\alpha_2$	1135	Ta: $L1\gamma_1$
927	Cd: $K2\beta_2$		Pr: $K3\alpha_1$	1138	Ir: $L1\beta_3$
928	Rb: $K1\alpha_2$		Hg: $L1\beta_3$	1141	Pt: $L1\beta_4$
931	Br: $K1\beta_1$	1036	Cs: $K3\beta_2$	1142	Bi: $L1\alpha_1$
934	Lu: $K4\alpha_2$	1038	Br: $K1\alpha_1$		Ru: $K2\beta_1$
937	Bi: $L1\beta_3$		Tl: $L1\beta_4$		Nd: $K4\beta_2$
939	Sb: $K2\alpha_1$		Pd: $K2\beta_1$	1149	J: $K3\beta_1$
940	Sm: $K3\alpha_2$		Hg: $L1\beta_2$	1150	Gd: $K4\alpha_1$
944	Yb: $K4\alpha_1$	1042	Br: $K1\alpha_1$	1153	Bi: $L1\alpha_2$
945	Ce: $K3\beta_1$		As: $K1\beta_2$	1154	Ba: $K3\alpha_1$
948	Sb: $K2\alpha_2$		Ho: $K4\alpha_1$	1155	Ir: $L1\beta_1$
	Cd: $K2\beta_1$	1044	Pr: $K3\alpha_2$	1167	Ba: $K3\alpha_2$
949	Dy: $K4\beta_1$	1046	Hg: $L1\beta_1$	1168	Pd: $K2\alpha_1$
950	Bi: $L1\beta_1$	1052	Eu: $K4\beta_1$	1169	Gd: $K4\alpha_2$
953	Bi: $L1\beta_2$	1055	As: $K1\beta_1$		Os: $L1\beta_2$
954	Th: $L1\alpha_1$	1058	Re: $L1\gamma_2$	1170	Nd: $K4\beta_1$
955	Tb: $K4\beta_2$	1060	Ho: $K4\alpha_1$	1171	Te: $K3\beta_2$
956	Pt: $L1\gamma_1$		Cs: $K3\beta_1$	1172	Pb: $L1\alpha_1$
958	La: $K3\beta_2$	1064	Sm: $K4\beta_2$	1173	As: $K1\alpha_1$
965	Yb: $K4\alpha_2$	1065	U: $L1l$	1177	As: $K1\alpha_2$
966	Th: $L1\alpha_2$	1066	Cd: $K2\alpha_1$		Pd: $K2\alpha_2$
967	Pb: $L1\beta_3$		Au: $L1\beta_2$		Hf: $L1\gamma_1$
972	Ag: $K2\beta_2$	1068	Rh: $K2\beta_2$		Ir: $L1\beta_4$
975	Bi: $L1\beta_4$		Au: $L1\beta_2$		Os: $L1\beta_3$
976	Tm: $K4\alpha_1$	1069	Ce: $K3\alpha_1$	1180	Tc: $K2\beta_2$
978	Se: $K1\beta_2$		Hg: $L1\beta_4$	1184	Pb: $L1\alpha_2$
979	Sn: $K2\alpha_1$	1076	Cd: $K2\beta_1$		Pr: $K4\beta_2$
980	Pb: $L1\beta_1$		Dy: $K4\alpha_1$	1192	Eu: $K4\alpha_1$
981	Pb: $L1\beta_2$	1081	Pt: $L1\beta_1$	1193	Ga: $K1\beta_2$
982	La: $K3\beta_1$		Au: $L1\beta_1$	1194	Os: $L1\beta_1$
	Tb: $K4\beta_1$	1089	Rh: $K2\beta_1$	1198	Cs: $K3\alpha_1$
988	Sn: $K2\alpha_2$	1090	Sm: $K4\beta_1$		Te: $K3\beta_1$
989	Ir: $L1\gamma_1$	1092	Dy: $K4\alpha_2$	1203	Tc: $K2\beta_1$
990	Se: $K1\beta_1$	1095	Ce: $K3\alpha_2$	1204	Re: $L1\beta_2$
991	Gd: $K4\beta_2$	1096	W: $L1\gamma_1$	1205	Tl: $L1\alpha_1$
992	Ag: $K2\beta_1$	1100	Pt: $L1\beta_2$		Ga: $K1\beta_1$
993	Nd: $K3\alpha_1$	1102	Se: $K1\alpha_1$	1210	Eu: $K4\alpha_2$
994	Tm: $K4\alpha_2$		Pt: $L1\beta_3$	1212	Cs: $K3\alpha_2$

Tabelle 31 (Fortsetzung)

Röntgenwellenlängen in X-Einheiten

$n\lambda$	Linie	$n\lambda$	Linie	$n\lambda$	Linie
1214	Pr: $K\,4\beta_1$	1324	Hf: $L\,1\beta_2$	1457	Au: $L\,1l$
1215	Os: $L\,1\beta_4$	1328	Ba: $K\,4\beta_2$	1458	Ag: $K\,3\beta_2$
1216	Tl: $L\,1\alpha_2$	1330	Nb: $K\,2\beta_1$	1460	Ce: $K\,4\alpha_2$
1218	Re: $L\,1\beta_3$	1332	In: $K\,3\beta_2$		Tm: $L\,1\beta_2$
1220	Lu: $L\,1\gamma_1$	1337	Ga: $K\,1\alpha_1$	1469	Sn: $K\,3\alpha_1$
1221	Sb: $K\,3\beta_2$	1341	Ga: $K\,1\alpha_2$	1470	Dy: $L\,1\gamma_1$
	Yb: $L\,1\gamma_3$	1343	Nd: $K\,4\alpha_2$	1473	W: $L\,1\alpha_1$
	W: $L\,1\beta_1$		Ta: $L\,1\beta_4$		Yb: $L\,1\beta_1$
1224	Rh: $K\,2\alpha_1$	1347	Tc: $K\,2\alpha_1$	1478	Y: $K\,2\beta_1$
1225	Yb: $L\,1\gamma_2$		Pb: $L\,1l$	1480	La: $K\,4\alpha_1$
1227	U: $L\,2\gamma_1$	1348	Ir: $L\,1\alpha_1$	1482	Sn: $K\,3\alpha_2$
1230	Ce: $K\,4\beta_2$	1351	Te: $K\,3\alpha_1$	1484	W: $L\,1\alpha_2$
1233	Rh: $K\,2\alpha_2$		Hf: $L\,1\beta_3$	1488	Ag: $K\,3\beta_1$
1234	Sm: $K\,4\alpha_1$	1356	Tc: $K\,2\alpha_2$		Yb: $L\,1\beta_4$
	W: $L\,1\beta_8$	1360	Ir: $L\,1\alpha_2$	1489	Nb: $K\,2\alpha_1$
1236	Re: $L\,1\beta_1$		Ba: $K\,4\beta_1$	1493	U: $L\,2\beta_4$
1239	Mo: $K\,2\beta_2$	1361	In: $K\,3\beta_1$	1497	Ni: $K\,1\beta_1$
	Hg: $L\,1\alpha_1$	1362	Er: $L\,1\gamma_1$		Pt: $L\,1l$
1242	W: $L\,1\beta_2$	1364	Te: $K\,3\alpha_2$	1498	La: $K\,4\alpha_2$
1247	Hg: $L\,1\alpha_2$	1367	Lu: $L\,1\beta_2$		J: $K\,4\beta_2$
1249	Sb: $K\,3\beta_1$	1371	Hf: $L\,1\beta_1$	1499	Nb: $K\,2\alpha_2$
1251	Ge: $K\,1\alpha_1$	1373	Pr: $K\,4\alpha_1$	1502	Tm: $L\,1\beta_3$
1252	Sm: $K\,4\alpha_2$	1377	Zr: $K\,2\beta_2$	1506	Th: $L\,2\beta_3$
1255	Ge: $K\,1\alpha_2$	1382	Cs: $K\,4\beta_2$		U: $L\,2\beta_2$
	Re: $L\,1\beta_4$		Tl: $L\,1l$	1511	Er: $L\,1\beta_2$
1260	Ce: $K\,4\beta_1$	1389	Cu: $K\,1\beta_1$	1519	Ta: $L\,1\alpha_1$
	W: $L\,1\beta_3$		Os: $L\,1\alpha_1$	1527	Pd: $K\,3\beta_2$
1262	Mo: $K\,2\beta_1$		Hf: $L\,1\beta_4$		Tm: $L\,1\beta_1$
1265	Yb: $L\,1\gamma_1$	1390	Cd: $K\,3\beta_2$		Th: $L\,2\beta_1$
1273	Au: $L\,1\alpha_1$	1392	Pr: $K\,4\alpha_2$		Tb: $L\,1\gamma_1$
1275	Sn: $K\,3\beta_2$	1399	Os: $L\,1\beta_3$	1530	Ta: $L\,1\alpha_2$
1278	La: $K\,4\beta_2$		Lu: $L\,1\beta_3$	1531	Ir: $L\,1l$
1279	W: $L\,1\beta_1$	1401	Zr: $K\,2\beta_1$	1532	In: $K\,3\alpha_1$
1281	Zn: $K\,1\beta_2$	1405	Sb: $K\,3\alpha_1$		J: $K\,4\beta_1$
1282	Ta: $L\,1\beta_2$	1413	Yb: $L\,1\beta_2$	1537	Cu: $K\,1\alpha_1$
1283	Ru: $K\,2\alpha_1$	1414	Ho: $L\,1\gamma_1$		Ba: $K\,4\alpha_1$
1285	Au: $L\,1\alpha_2$		Cs: $K\,4\beta_1$	1538	Sr: $K\,2\beta_2$
1293	Zn: $K\,1\beta_1$	1416	Mo: $K\,2\alpha_1$	1541	Cu: $K\,1\alpha_2$
1297	Ru: $K\,2\alpha_2$	1418	Hg: $L\,1l$		Tm: $L\,1\beta_4$
	J: $K\,3\alpha_1$		U: $L\,2\beta_3$	1547	In: $K\,3\alpha_2$
1299	W: $L\,1\beta_4$	1421	Sb: $K\,3\alpha_2$	1553	Fe: $K\,1\beta_1$
1302	Sn: $K\,3\beta_1$		Lu: $L\,1\beta_4$	1556	Ba: $K\,4\alpha_2$
1304	Ta: $L\,1\beta_3$	1422	Cd: $K\,3\beta_1$	1558	Pd: $K\,3\beta_1$
	Th: $L\,2\gamma_1$	1424	Mo: $K\,2\alpha_2$		Er: $L\,1\beta_3$
1305	Nb: $K\,2\beta_2$	1426	Ce: $K\,4\alpha_1$	1562	Te: $K\,4\beta_2$
1310	Pt: $L\,1\alpha_1$	1430	Re: $L\,1\alpha_1$	1563	Sr: $K\,2\beta_1$
	La: $K\,4\beta_1$	1432	Zn: $K\,1\alpha_1$	1564	Ho: $L\,1\beta_2$
1311	J: $K\,3\alpha_2$	1436	Zn: $K\,1\alpha_2$	1566	Hf: $L\,1\alpha_1$
1313	Tm: $L\,1\gamma_1$	1437	U: $L\,2\beta_1$	1569	Zr: $K\,2\alpha_1$
1314	Bi: $L\,1l$		Lu: $L\,1\beta_4$	1577	Zr: $K\,2\alpha_2$
1321	Pt: $L\,1\alpha_2$	1441	Re: $L\,1\alpha_2$		Hf: $L\,1\alpha_2$
1323	Nd: $K\,4\alpha_1$	1449	Yb: $L\,1\beta_3$	1583	Er: $L\,1\beta_1$
1324	Ta: $L\,1\beta_1$	1455	Y: $K\,2\beta_2$	1584	Th: $L\,2\beta_2$

Tabelle 31 (Fortsetzung)

Röntgenwellenlängen in X-Einheiten

$n\lambda$	Linie	$n\lambda$	Linie	$n\lambda$	Linie
1584	Th: $L\,2\beta_4$	1753	Fe: $K\,1\beta_1$	1890	Yb: $L\,1l$
1589	Gd: $L\,1\gamma_1$	1755	Sr: $K\,2\alpha_2$	1893	Mo: $K\,3\beta_1$
1596	Er: $L\,1\beta_4$	1766	Pd: $K\,3\alpha_2$		Th: $L\,3\gamma_6$
	Te: $K\,4\beta_1$	1770	Tc: $K\,3\beta_2$	1895	Sb: $K\,4\alpha_2$
1598	Cs: $K\,4\alpha_1$	1774	Tb: $L\,1\beta_1$	1896	Cd: $K\,4\beta_1$
1599	Cd: $K\,3\alpha_1$		Hf: $L\,1l$	1900	Bi: $L\,2\beta_1$
1602	Rh: $K\,3\beta_2$	1776	In: $K\,4\beta_2$	1905	Dy: $L\,1\alpha_1$
1614	Cd: $K\,3\alpha_2$	1780	Er: $L\,1\alpha_1$	1906	Mn: $K\,1\beta_1$
1615	Lu: $L\,1\alpha_1$	1783	Tb: $L\,1\beta_4$		Bi: $L\,2\beta_2$
1616	Cs: $K\,4\alpha_2$	1785	Co: $K\,1\alpha_1$	1907	Au: $L\,2\gamma_5$
1616	Ho: $L\,1\beta_3$	1788	Tl: $L\,2\gamma_5$	1908	Th: $L\,2\gamma_1$
1617	Co: $K\,1\beta_1$	1789	Co: $K\,1\alpha_2$	1912	Pt: $L\,2\gamma_1$
1620	Dy: $L\,1\beta_2$		Hg: $L\,2\gamma_1$	1914	Ir: $L\,2\gamma_3$
1623	Bi: $L\,2\gamma_1$	1790	Pt: $L\,2\gamma_4$	1916	Dy: $L\,1\alpha_2$
1626	Lu: $L\,1\alpha_2$	1791	Er: $L\,1\alpha_2$		Eu: $L\,1\beta_1$
1627	Re: $L\,1l$		U: $L\,3\gamma_3$	1921	Pb: $L\,2\beta_7$
1628	Sb: $K\,4\beta_2$		Au: $L\,2\gamma_3$	1924	Ru: $K\,3\alpha_1$
1630	Rb: $K\,2\beta_2$	1795	Pm: $L\,1\gamma_1$		Eu: $L\,1\beta_4$
1634	Rh: $K\,3\beta_1$	1801	Te: $K\,4\alpha_1$	1927	Ir: $L\,2\gamma_2$
1643	Ho: $L\,1\beta_1$		Nd: $L\,1\gamma_2$	1932	Fe: $K\,1\alpha_1$
1654	Ni: $K\,1\alpha_1$	1803	Au: $L\,2\gamma_2$		Th: $L\,2\alpha_2$
	Y: $K\,2\alpha_1$	1805	Tc: $K\,3\beta_1$	1934	Pb: $L\,2\beta_3$
	Rb: $K\,2\beta_1$	1808	Eu: $L\,1\beta_2$	1936	Fe: $K\,1\alpha_2$
	Eu: $L\,1\gamma_1$	1811	Gd: $L\,1\beta_3$	1938	Ru: $K\,3\alpha_2$
	Ho: $L\,1\beta_4$	1813	U: $L\,3\gamma_2$	1944	Ag: $K\,4\beta_2$
1658	Ni: $K\,1\alpha_2$	1814	In: $K\,4\beta_1$	1951	Tm: $L\,1l$
1662	Y: $K\,2\alpha_2$	1817	U: $L\,2\alpha_1$		Bi: $L\,2\beta_4$
1665	Sb: $K\,4\beta_1$	1820	Te: $K\,4\alpha_2$	1952	Pm: $L\,1\beta_2$
1668	Yb: $L\,1\alpha_1$	1829	Hg: $L\,2\gamma_5$	1955	Th: $L\,3\gamma_1$
1675	Ag: $K\,3\alpha_1$	1832	Lu: $L\,1l$	1956	Se: $K\,2\beta_2$
	W: $L\,1l$	1836	Rh: $K\,3\alpha_1$	1957	Pr: $L\,1\gamma_1$
1676	Pb: $L\,2\gamma_1$	1837	Br: $K\,2\beta_2$		Tl: $L\,2\gamma_5$
1677	Db: $L\,1\beta_3$	1841	Ho: $L\,1\alpha_1$	1958	Sn: $K\,4\alpha_1$
1679	Yy: $L\,1\alpha_2$		U: $L\,2\alpha_2$		Nb: $K\,3\beta_2$
	Tb: $L\,1\beta_2$		U: $L\,3\gamma_1$		Sm: $L\,1\beta_3$
1682	Ru: $K\,3\beta_2$	1843	Gd: $L\,1\beta_1$	1960	Pb: $L\,2\beta_1$
1688	Ag: $K\,3\alpha_2$	1845	Bi: $L\,2\beta_5$	1962	Pb: $L\,2\beta_2$
1700	Sn: $K\,4\beta_2$	1847	Rb: $K\,2\alpha_1$	1971	Pt: $L\,2\gamma_5$
1707	Dy: $L\,1\beta_1$	1848	Pt: $L\,3\alpha_1$	1972	Tb: $L\,1\alpha_1$
1714	Ru: $K\,3\beta_1$	1849	Rh: $K\,2\gamma_2$	1976	Sn: $K\,4\alpha_2$
1717	Dy: $L\,1\beta_4$		Au: $L\,2\gamma_1$		Tl: $L\,2\beta_7$
1723	Tm: $L\,1\alpha_1$	1850	Gd: $L\,1\beta_4$	1978	Ir: $L\,2\gamma_1$
	Sm: $L\,1\gamma_1$	1852	Ho: $L\,1\alpha_2$	1980	Se: $K\,2\beta_1$
1725	Ta: $L\,1l$	1853	Cd: $K\,4\beta_2$	1982	Tb: $L\,1\alpha_2$
1729	J: $K\,4\alpha_1$	1856	Rb: $K\,2\alpha_2$	1983	Bi: $L\,2\beta_6$
1731	Tl: $L\,2\gamma_1$	1859	Mo: $K\,3\beta_2$	1984	Ag: $K\,4\beta_1$
1734	Tm: $L\,1\alpha_2$	1862	Br: $K\,2\beta_1$	1991	Ce: $L\,1\gamma_2$
1737	Sn: $K\,4\beta_1$	1864	Pt: $L\,2\gamma_2$	1993	Nb: $K\,3\gamma_2$
1742	Gd: $L\,1\beta_2$	1873	Bi: $L\,2\beta_3$		Sm: $L\,1\beta_1$
	Tb: $L\,1\beta_3$	1874	Nd: $L\,1\gamma_1$	1996	Sm: $L\,1\beta_4$
1747	Sr: $K\,2\alpha_1$	1877	Sb: $K\,4\alpha_1$		Tl: $L\,2\beta_3$
1748	J: $K\,4\alpha_2$		Sm: $L\,1\beta_2$	2012	Pb: $L\,2\beta_4$
1752	Pd: $K\,3\alpha_1$	1883	Eu: $L\,1\beta_3$	2013	Hg: $L\,2\beta_5$

Tabelle 31 (Fortsetzung)

Röntgenwellenlängen in X-Einheiten

$n\lambda$	Linie	$n\lambda$	Linie	$n\lambda$	Linie
2015	Er: $L1l$	1237	Hg: $L2\beta_4$	2280	Pt: $L2\beta_4$
	Tl: $L2\beta_2$	2140	Pt: $L2\beta_5$		Os: $L2\beta_5$
2021	Tc: $K3\alpha_1$	2145	W: $L2\gamma_6$	2283	Bi: $L2\alpha_1$
2026	Tl: $L2\beta_1$	2152	Cd: $K4\alpha_2$	2285	Cr: $K1\alpha_1$
2031	Nd: $L1\beta_2$	2154	Dy: $L1l$		Ru: $K4\beta_1$
2033	Tc: $K3\alpha_2$		Hg: $L2\beta_6$	2288	Pm: $L1\alpha_2$
2037	Pd: $K4\beta_2$	2155	U: $L3\beta_1$	2289	Cr: $K1\alpha_2$
	Pm: $L1\beta_3$	2159	Pt: $L2\beta_1$	2291·	Th: $L3\beta_1$
2038	Pb: $L2\beta_6$	2162	Nd: $L1\beta_1$	2298	La: $L1\beta_2$
2042	Gd: $L1\alpha_1$		Pt: $L2\beta_7$	2306	Bi: $L2\alpha_2$
2044	In: $K4\alpha_1$		Au: $L2\beta_1$		Ce: $L1\beta_3$
	Ce: $L1\gamma_1$	2175	U: $L3\beta_5$	2307	Sr: $K3\beta_2$
2046	Os: $L2\gamma_1$	2176	Ce: $L1\beta_7$		Gd: $L1l$
2051	W: $L2\gamma_4$	2178	Rh: $K4\beta_1$	2311	Ir: $L2\beta_1$
2053	Gd: $L1\alpha_2$	2182	Y: $K3\beta_2$	2321	Pt: $L2\alpha_1$
2062	In: $K4\alpha_2$	2192	W: $L2\gamma_1$	2323	Hg: $L2\eta$
	Hg: $L2\beta_3$	2195	Sm: $L1\alpha_1$	2337	Pd: $K4\alpha_1$
2066	Zr: $K3\beta_2$	2199	Pt: $L2\beta_2$	2338	Os: $L2\beta_2$
2073	Au: $L2\beta_5$	2204	Se: $K2\alpha_1$	2341	Ta: $L2\gamma_5$
2074	Tl: $L2\beta_4$		Ce: $L1\beta_2$	2343	Cs: $L1\gamma_1$
2075	Br: $K2\alpha_1$		Pt: $L2\beta_3$		Pt: $L2\alpha_2$
	Pm: $L1\beta_1$	2206	Sm: $L1\alpha_2$	2344	Pb: $L2\alpha_1$
	Hg: $L2\beta_2$		Ta: $L2\gamma_2$		Sr: $K3\beta_1$
2078	Pd: $K4\beta_1$	2207	Ir: $L2\beta_5$		Ce: $L1\beta_4$
2081	Cr: $K1\beta_1$	2208	Au: $L2\beta_4$	2346	As: $K2\alpha_1$
2082	Ho: $L1l$	2212	Se: $K2\alpha_2$	2351	Ce: $L1\beta_1$
2084	Br: $K2\alpha_2$		Pr: $L1\beta_3$		Ir: $L2\beta_6$
	As: $K2\beta_2$	2218	Y: $K3\beta_1$	2353	Zr: $K3\alpha_1$
2092	Hg: $L2\beta_1$	2223	Ta: $L2\gamma_6$		Hf: $L2\gamma_1$
2095	Tl: $L2\beta_6$	2226	Th: $L2l$		Pb: $L3\gamma_4$
2096	Au: $L2\beta_2$	2229	Ge: $K2\beta_2$	2354	As: $K2\alpha_2$
			Tb: $L1l$		Pd: $K4\alpha_2$
2098	Mn: $K1\alpha_1$	2232	Ag: $K4\alpha_1$		Ir: $L2\beta_4$
2101	Mn: $K1\alpha_2$		Cs: $L1\gamma_2$		Os: $L2\beta_3$
	Zr: $K3\beta_1$	2234	Nb: $K3\alpha_1$	2355	Lu: $L2\gamma_3$
2110	As: $K2\beta_1$	2235	Pt: $L2\beta_1$	2360	Tc: $K4\beta_2$
2116	Eu: $L1\alpha_1$	2236	Ba: $L1\gamma_1$		U: $L3\beta_6$
	Re: $L2\gamma_1$	2242	Ru: $K4\beta_2$	2365	Nd: $L1\alpha_1$
	Pr: $L1\beta_2$	2245	U: $L3\beta_4$	2366	Zr: $K3\alpha_2$
2120	W: $L2\gamma_3$	2248	Nb: $K3\alpha_2$		Lu: $L2\gamma_2$
2122	Nd: $L1\beta_3$	2250	Pr: $L1\beta_4$	2368	Pb: $L2\alpha_2$
2123	Mo: $K3\alpha_1$		Ag: $K4\alpha_2$		Bi: $L3\gamma_1$
2125	Ta: $L2\gamma_4$	2251	Tl: $L2\eta$	2376	Nd: $L1\alpha_2$
2127	Eu: $L1\alpha_2$	2253	Ge: $K2\beta_1$		Th: $L3\beta_2$
	U: $L3\beta_3$	2254	Pr: $L1\beta_1$		Th: $L3\beta_4$
2130	U: $L2l$	2260	Th: $L3\beta_3$	2386	Ga: $K2\beta_2$
2132	Cd: $K4\alpha_1$		U: $L3\beta_2$	2388	Os: $L2\beta_1$
	Au: $L2\beta_3$		W: $L2\gamma_5$	2390	Eu: $L1l$
	W: $L2\gamma_2$	2266	Ir: $L2\beta_2$	2399	Ba: $L1\beta_2$
2136	Mo: $K3\alpha_2$	2271	Ta: $L2\gamma_1$	2400	Au: $L2\eta$
	Rh: $K4\beta_2$	2277	Pm: $L1\alpha_1$	2405	La: $L1\beta_3$
	Au: $L2\beta_2$		Ir: $L2\beta_3$	2406	Tc: $K4\beta_1$
2137	La: $L1\gamma_1$	2280	V: $K1\beta_1$	2408	Re: $L2\beta_2$

Tabelle 31 (Fortsetzung)

Röntgenwellenlängen in X-Einheiten

$n\lambda$	Linie	$n\lambda$	Linie	$n\lambda$	Linie
2409	Os: $L\,2\beta_6$	2556	Ce: $L\,1\alpha_1$	2747	Ti: $K\,1\alpha_2$
2410	Tl: $L\,2\alpha_1$	2558	W: $L\,2\beta_1$	2754	Zr: $K\,4\beta_2$
	Ga: $K\,2\beta_1$	2562	Ba: $L\,1\beta_1$	2756	Br: $K\,3\beta_2$
2426	W: $L\,2\beta_5$		Zn: $K\,2\beta_2$	2762	U: $L\,3\alpha_2$
2430	Os: $L\,2\beta_4$	2564	Ta: $L\,2\beta_2$	2764	Tl: $L\,2l$
	Tl: $L\,3\gamma_4$	2565	Ce: $L\,1\alpha_2$	2770	Ba: $L\,1\alpha_1$
2433	Tl: $L\,2\alpha_2$		Ru: $K\,4\alpha_1$	2771	Rb: $K\,3\alpha_1$
2435	Re: $L\,2\beta_3$	2570	Au: $L\,2\alpha_2$	2772	Pt: $L\,3\gamma_1$
	Bi: $L\,3\gamma_1$	2575	W: $L\,2\beta_6$		Sn: $L\,1\gamma_4$
2439	Pb: $L\,3\gamma_3$	2577	J: $L\,1\gamma_1$	2774	Sc: $K\,1\beta_1$
2440	Lu: $L\,2\gamma_1$	2584	Zn: $K\,2\beta_1$		Au: $L\,3\gamma_1$
2442	W: $L\,2\beta_7$	2592	Ru: $K\,4\alpha_2$	2777	Os: $L\,2\alpha_1$
2444	La: $L\,1\beta_4$		Tl: $L\,3\gamma_1$	2778	Pr: $L\,1l$
2445	Rb: $K\,3\beta_2$	2598	W: $L\,2\beta_4$	2779	Ba: $L\,1\alpha_2$
2448	Rh: $K\,4\alpha_1$	2607	Th: $L\,4\gamma_1$		Cu: $K\,2\beta_1$
2453	La: $L\,1\beta_1$		Ta: $L\,2\beta_3$		Hf: $L\,2\beta_4$
2454	U: $L\,4\gamma_1$	2611	Nb: $K\,4\beta_2$	2783	Rb: $K\,3\alpha_2$
2457	Pb: $L\,3\gamma_2$	2620	Sr: $K\,3\alpha_1$	2793	Br: $K\,3\beta_1$
2458	Pr: $L\,1\alpha_1$		Pt: $L\,2\alpha_1$	2796	Lu: $L\,2\beta_3$
2466	Rh: $K\,4\alpha_2$	2623	Cs: $L\,1\beta_3$	2797	Os: $L\,2\alpha_2$
2468	Pr: $L\,1\alpha_2$	2624	Er: $L\,2\gamma_3$	2801	Zr: $K\,4\beta_1$
2472	Re: $L\,2\beta_1$	2625	Tm: $L\,2\gamma_1$	2810	Bi: $L\,3\beta_3$
	Th: $L\,3\beta_1$	2627	Bi: $L\,2l$	2826	Yb: $L\,2\beta_2$
2477	Hg: $L\,2\alpha_1$	2632	Sr: $K\,3\alpha_2$	2827	Dy: $L\,2\gamma_3$
	Sm: $L\,1l$	2637	Er: $L\,2\gamma_2$		Sn: $L\,1\gamma_3$
2479	Mo: $K\,4\beta_2$	2643	Pt: $L\,2\alpha_2$	2829	Ho: $L\,2\gamma_1$
	Th: $L\,3\beta_6$	2648	Ta: $L\,2\beta_1$	2831	Mo: $K\,4\alpha_1$
2480	Pt: $L\,2\eta$		Hf: $L\,2\beta_2$	2837	Hg: $L\,2l$
2481	Y: $K\,3\alpha_1$	2658	Nb: $K\,4\beta_1$		U: $L\,4\beta_3$
	Rb: $K\,3\beta_1$	2660	La: $L\,1\alpha_1$		W: $L\,2\eta$
2484	W: $L\,2\beta_2$	2661	Cs: $L\,1\beta_4$	2841	Lu: $L\,2\beta_1$
2494	Y: $K\,3\alpha_2$	2669	La: $L\,1\alpha_2$		Db: $L\,2\gamma_2$
2495	Hg: $L\,3\gamma_4$	2674	Ga: $K\,2\alpha_1$	2846	So: $L\,2\gamma_1$
2498	V: $K\,1\alpha_1$	2678	Cs: $L\,1\beta_1$	2848	My: $K\,4\alpha_2$
2499	Hg: $L\,2\alpha_2$	2682	Ga: $K\,2\alpha_2$	2850	Bi: $L\,3\beta_1$
2502	V: $K\,1\alpha_2$	2684	Hg: $L\,3\gamma_1$	2858	Tb: $L\,2\gamma_4$
	Ge: $K\,2\alpha_1$	2686	Ta: $L\,2\beta_4$	2860	Re: $L\,2\alpha_1$
2506	Cs: $L\,1\beta_2$	2690	Sb: $L\,1\gamma_2$		Bi: $L\,3\beta_2$
	Ta: $L\,2\beta_5$	2694	Tc: $K\,4\alpha_1$	2862	Th: $L\,3\alpha_1$
2509	Ti: $K\,1\beta_1$		Pb: $L\,2l$	2864	Zn: $K\,2\alpha_1$
2510	Ge: $K\,2\alpha_2$	2697	Ir: $L\,2\alpha_1$	2868	J: $L\,1\beta_3$
2511	Ba: $L\,1\beta_3$	2699	Hf: $L\,2\beta_3$		Pt: $L\,3\gamma_1$
2513	Re: $L\,2\beta_4$	2707	Te: $L\,1\gamma_1$	2872	Zn: $K\,2\alpha_2$
	Bi: $L\,3\gamma_5$	2712	Tc: $K\,4\alpha_2$	2874	U: $L\,4\beta_1$
2514	Pb: $L\,3\gamma_1$	2720	Ir: $L\,2\alpha_2$		Lu: $L\,2\beta_4$
2518	Tl: $L\,3\gamma_3$	2723	Ho: $L\,2\gamma_3$	2876	Te: $L\,1\beta_2$
2521	W: $L\,2\beta_3$	2725	Er: $L\,2\gamma_1$	2882	Re: $L\,2\alpha_2$
2523	Ta: $L\,2\beta_7$		U: $L\,3\alpha_1$	2886	Cs: $L\,1\alpha_1$
2524	Mo: $K\,4\beta_1$	2734	Lu: $L\,2\beta_2$		Ce: $L\,1l$
2529	Yb: $L\,2\gamma_1$		Ho: $L\,2\gamma_2$	2890	Ir: $L\,3\gamma_2$
2537	Tl: $L\,3\gamma_2$	2742	Hf: $L\,2\beta_1$	2896	Cs: $L\,1\alpha_2$
2547	Au: $L\,2\alpha_1$	2743	Ti: $K\,1\alpha_1$	2898	Th: $L\,3\alpha_2$
2550	Ba: $L\,1\beta_4$	2745	J: $L\,1\beta_2$		Yb: $L\,2\beta_3$

Tabelle 31 (Fortsetzung)

Röntgenwellenlängen in X-Einheiten

$n\lambda$	Linie	$n\lambda$	Linie	$n\lambda$	Linie
2901	Pb: $L\,3\beta_3$	3077	Sr: $K\,4\beta_2$	3289	W: $L\,3\gamma_1$
2906	J: $L\,1\beta_4$	3082	Cu: $K\,2\alpha_2$	3290	Bi: $L\,4\gamma_1$
2909	Y: $K\,4\beta_2$		Tm: $L\,2\beta_4$	3292	Te: $L\,1\alpha_2$
2914	Au: $L\,2l$	3083	Ca: $K\,1\beta_1$	3299	Pt: $L\,3\beta_2$
2920	Tm: $L\,2\beta_2$	3091	Hg: $L\,3\beta_3$		Sn: $L\,1\beta_3$
2925	Bi: $L\,3\beta_4$	3106	Fe: $K\,2\beta_1$	3306	Se: $K\,3\alpha_1$
2931	J: $L\,1\beta_1$	3111	Tl: $L\,3\beta_4$		Pt: $L\,3\beta_3$
2934	Se: $K\,3\beta_2$	3113	Br: $K\,3\alpha_1$	3308	Ni: $K\,2\alpha_1$
2936	Ta: $L\,2\eta$		Hg: $L\,3\beta_2$		Eu: $L\,2\gamma_1$
2937	Tb: $L\,2\gamma_3$	3116	Er: $L\,2\beta_3$		Y: $K\,4\alpha_1$
2939	Dy: $L\,2\gamma_1$	3126	Br: $K\,3\alpha_2$		Rb: $K\,4\beta_1$
2940	Pb: $L\,3\beta_1$		As: $K\,3\beta_2$	3311	Ho: $L\,2\beta_4$
	Dy: $L\,2\gamma_1$	3127	Sr: $K\,4\beta_1$	3312	Sm: $L\,2\gamma_2$
2943	Pb: $L\,3\beta_2$	3129	Ba: $L\,1l$	3313	Au: $L\,3\beta_4$
2945	Yb: $L\,2\beta_1$		Ho: $L\,2\beta_2$	3316	Ni: $K\,2\alpha_2$
2947	W: $L\,2\alpha_1$	3132	Hf: $L\,2\alpha_1$	3320	Se: $K\,3\alpha_2$
	Tb: $L\,2\gamma_2$	3137	Zr: $K\,4\alpha_1$	3325	Y: $K\,4\alpha_2$
2957	Y: $K\,4\beta_1$	3140	Hg: $L\,3\beta_1$	3329	Cd: $L\,1\gamma_1$
2966	Ir: $L\,3\gamma_1$	3142	J: $L\,1\alpha_1$	3332	In: $L\,1\beta_2$
2969	W: $L\,2\alpha_2$	3146	Sb: $L\,1\beta_3$	3336	Yb: $L\,2\alpha_1$
2970	Se: $K\,3\beta_1$	3151	J: $L\,1\alpha_2$		Sn: $L\,1\beta_4$
2976	Yb: $L\,2\beta_4$	3154	Zr: $K\,4\alpha_2$	3339	Th: $L\,3l$
2979	Nb: $K\,4\alpha_1$		Hf: $L\,2\alpha_2$	3342	Ge: $K\,3\beta_2$
2986	U: $L\,4\beta_4$	3156	In: $L\,1\gamma_1$	3350	W: $L\,2l$
2994	Ni: $K\,2\beta_1$	3165	As: $K\,3\beta_1$	3352	Ca: $K\,1\alpha_1$
	Pt: $L\,2l$	3167	Er: $L\,2\gamma_1$		Pb: $L\,4\gamma_1$
2995	Sn: $L\,1\gamma_1$	3168	Th: $L\,4\beta_2$	3353	Pt: $L\,3\beta_1$
	Tl: $L\,3\beta_3$		Th: $L\,4\beta_4$	3354	Dy: $L\,2\beta_3$
2998	Nb: $K\,4\alpha_2$	3169	Sn: $L\,1\beta_2$	3355	Ca: $K\,1\alpha_2$
3000	La: $L\,1l$	3174	Eu: $L\,2\gamma_3$	3358	Yb: $L\,2\alpha_2$
3003	Te: $L\,1\beta_3$	3176	Re: $L\,3\gamma_1$	3359	Tb: $L\,2\beta_2$
3005	Tm: $L\,2\beta_3$	3178	Gd: $L\,2\gamma_1$	3378	Sn: $L\,1\beta_1$
3012	Th: $L\,4\beta_3$	3183	Sb: $L\,1\beta_4$		Ge: $K\,3\beta_1$
3014	U: $L\,4\beta_2$	3188	Eu: $L\,2\gamma_2$	3399	Ir: $L\,3\beta_2$
3017	Sb: $L\,1\beta_2$	3192	Er: $L\,2\beta_4$	3407	Ta: $L\,3\gamma_1$
3018	Pb: $L\,3\beta_4$	3195	U: $L\,3l$	3412	Dy: $L\,2\beta_1$
3022	Er: $L\,2\beta_2$	3197	Au: $L\,3\beta_3$	3414	Ir: $L\,3\beta_3$
3025	Sc: $K\,1\alpha_1$	3204	Au: $L\,3\beta_2$	3420	Pt: $L\,3\beta_4$
	Tl: $L\,3\beta_2$	3208	Hg: $L\,3\beta_4$	3425	Bi: $L\,3\alpha_1$
3028	Sc: $K\,1\alpha_2$	3219	Sb: $L\,1\beta_1$	3432	Sb: $L\,1\alpha_1$
3038	Ta: $L\,2\alpha_1$	3231	Lu: $L\,2\alpha_1$	3434	Dy: $L\,2\beta_4$
3039	Tl: $L\,3\beta_1$		Ho: $L\,2\beta_3$	3441	Sb: $L\,1\alpha_2$
3040	Te: $L\,1\beta_4$	3235	Co: $K\,2\gamma_1$	3446	Tm: $L\,2\alpha_1$
3053	Gd: $L\,2\gamma_3$	3240	Dy: $L\,2\beta_2$		Sm: $L\,2\gamma_1$
3054	Tm: $L\,2\beta_1$	3243	Pt: $L\,3\beta_1$	3447	K: $K\,1\beta_1$
	Tb: $L\,2\gamma_1$		Au: $L\,3\beta_1$	3450	Ta: $L\,2l$
	Th: $L\,4\beta_1$	3246	Bi: $L\,4\gamma_1$	3459	Bi: $L\,3\alpha_2$
3060	Ta: $L\,2\alpha_2$	3253	Lu: $L\,2\alpha_2$	3463	Tl: $L\,4\beta_1$
3062	Ir: $L\,2l$	3255	Re: $L\,2l$		In: $L\,1\beta_3$
	Gd: $L\,2\gamma_2$	3260	Rb: $K\,4\beta_2$	3466	Ir: $L\,3\beta_1$
3069	Os: $L\,3\gamma_1$		Cs: $L\,1l$	3468	Tm: $L\,2\alpha_2$
3070	Te: $L\,1\beta_1$	3282	Te: $L\,1\alpha_1$	3482	Pd: $L\,1\gamma_2$
3075	Cu: $K\,2\alpha_1$	3287	Ho: $L\,2\beta_1$	3484	Gd: $L\,2\beta_2$

Tabelle 31 (Fortsetzung)

Röntgenwellenlängen in X-Einheiten

$n\lambda$	Linie	$n\lambda$	Linie	$n\lambda$	Linie
3484	Tb: $L\,2\beta_3$	3694	Rb: $K\,4\alpha_1$	3904	Pm: $L\,2\beta_2$
3494	Sr: $K\,4\alpha_1$	3696	Ag: $L\,1\beta_2$	3910	Ce: $L\,2\gamma_2$
3500	In: $L\,1\beta_4$	3698	Au: $L\,4\gamma_1$	3912	Se: $K\,4\beta_2$
3506	Fe: $K\,2\beta_1$	3700	Gd: $L\,2\beta_4$		Ta: $L\,3\beta_3$
	Cd: $L\,1\beta_2$	3704	Ho: $L\,2\alpha_2$	3914	Pr: $L\,2\gamma_1$
	Os: $L\,3\beta_2$	3708	Re: $L\,3\beta_1$	3916	Sm: $L\,2\beta_3$
3510	Sr: $K\,4\alpha_2$	3709	Te: $L\,1l$	3920	Pb: $L\,4\beta_1$
3515	Ag: $L\,1\gamma_1$	3711	Rb: $K\,4\alpha_2$	3924	Pb: $L\,4\beta_2$
3516	Pb: $L\,3\alpha_1$	3716	Hg: $L\,3\alpha_1$	3927	Ag: $L\,1\beta_1$
3519	As: $K\,3\alpha_1$	3717	Pd: $L\,1\gamma_1$	3931	Pt: $L\,3\alpha_1$
3529	As: $K\,3\alpha_2$	3724	Br: $K\,4\beta_1$	3935	Rh: $L\,1\gamma_1$
	Hf: $L\,3\gamma_1$	3726	W: $L\,3\beta_2$	3938	Tm: $L\,3\gamma_1$
3531	Ir: $L\,3\beta_4$	3731	Cd: $L\,1\beta_1$	3941	Bi: $L\,3l$
	Os: $L\,3\beta_3$	3734	K: $K\,1\alpha_1$	3943	Tb: $L\,2\alpha_1$
3548	In: $L\,1\beta_1$	3737	K: $K\,1\alpha_2$	3948	Cd: $L\,1\alpha_1$
	Tb: $L\,2\beta_1$	3738	Pr: $L\,2\gamma_3$	3956	Ir: $L\,4\gamma_1$
	Au: $L\,3\alpha_1$	3746	Bi: $L\,4\beta_3$	3957	Cd: $L\,1\alpha_2$
	Hf: $L\,2l$	3748	Hg: $L\,3\alpha_2$	3960	Se: $K\,4\beta_1$
3550	J: $L\,1l$		Nd: $L\,2\gamma_1$	3965	Pt: $L\,3\alpha_2$
3552	Pb: $L\,3\alpha_2$	3750	Pr: $L\,2\gamma_2$		Tb: $L\,2\alpha_2$
3560	Er: $L\,2\alpha_2$	3753	Ge: $K\,3\alpha_1$	3971	Hf: $L\,3\beta_2$
3565	Tb: $L\,2\beta_4$	3756	Sm: $L\,2\beta_2$	3973	Ta: $L\,3\beta_1$
3570	Au: $L\,3\alpha_2$	3764	In: $L\,1\alpha_1$	3980	Yb: $L\,2l$
3571	Co: $K\,2\alpha_1$		Eu: $L\,2\beta_3$	3987	Sm: $L\,2\beta_1$
3578	Hg: $L\,4\gamma_1$	3765	Ge: $K\,3\alpha_2$	3993	Sm: $L\,2\beta_4$
	Co: $K\,2\alpha_2$	3769	Re: $L\,3\beta_4$	3994	Tl: $L\,4\beta_3$
3579	Ga: $K\,3\beta_2$	3773	In: $L\,1\alpha_2$	4011	Ga: $K\,3\alpha_1$
3582	Er: $L\,2\alpha_2$	3781	W: $L\,3\beta_3$	4023	Ga: $K\,3\alpha_2$
3585	Os: $L\,3\beta_1$	3794	Yb: $L\,3\gamma_1$	4024	Pb: $L\,4\beta_4$
	Nd: $L\,2\beta_3$	3800	Bi: $L\,4\beta_1$	4027	Pd: $L\,1\beta_3$
3590	Pm: $L\,2\gamma_1$	3810	Dy: $L\,2\beta_1$	4030	Er: $L\,2l$
3593	Sn: $L\,1\alpha_1$	3812	Bi: $L\,4\beta_2$		Ta: $L\,3\beta_4$
3601	Sn: $L\,1\alpha_2$	3813	Mn: $K\,2\beta_1$	4032	Tl: $L\,4\beta_2$
3612	Re: $L\,3\beta_2$	3816	Th: $L\,4\alpha_1$	4045	Ir: $L\,3\alpha_1$
3615	Tl: $L\,3\alpha_1$	3824	Pt: $L\,4\gamma_1$	4049	Hf: $L\,3\beta_3$
	Ga: $K\,3\beta_1$		Ag: $L\,1\beta_3$	4052	Tl: $L\,4\beta_1$
	Eu: $L\,2\beta_2$	3832	Dy: $L\,2\alpha_2$	4063	Nd: $L\,2\beta_2$
3622	Gd: $L\,2\beta_3$		Eu: $L\,2\beta_1$		Pd: $L\,1\beta_4$
3635	U: $L\,4\alpha_1$	3837	W: $L\,3\beta_1$		Sn: $L\,1l$
3637	Cd: $L\,1\beta_3$	3843	Zn: $K\,3\beta_2$	4076	Pm: $L\,2\beta_3$
3640	Co: $K\,2\alpha_1$	3846	Ta: $L\,3\beta_2$	4080	Ir: $L\,3\alpha_2$
3645	Os: $L\,3\beta_4$	3862	Ag: $L\,1\beta_2$	4083	Gd: $L\,2\alpha_1$
3648	Tl: $L\,3\alpha_2$	3864	Th: $L\,4\alpha_2$	4088	Ce: $L\,2\gamma_1$
3653	Re: $L\,3\beta_3$		Pb: $L\,4\beta_3$		Er: $L\,3\gamma_1$
3658	Co: $K\,2\alpha_2$		Fe: $K\,2\beta_1$	4092	Os: $L\,4\gamma_1$
3660	Lu: $L\,3\gamma_1$		Nd: $L\,2\gamma_1$	4102	Lu: $L\,3\beta_2$
3664	Lu: $L\,2l$	3872	Fe: $K\,2\alpha_2$	4105	Gd: $L\,2\alpha_2$
3674	Br: $K\,4\beta_2$	3878	Zn: $K\,3\beta_1$	4113	Hf: $L\,3\beta_1$
	Cd: $L\,1\beta_4$	3880	Sb: $L\,1l$	4122	Hg: $L\,4\beta_3$
3682	Ho: $L\,2\alpha_1$	3897	W: $L\,3\beta_4$		Rh: $L\,1\beta_2$
	U: $L\,4\alpha_2$	3900	Bi: $L\,4\beta_4$	4138	Pd: $L\,1\beta_1$
3686	Gd: $L\,2\beta_1$	3901	Pd: $L\,1\beta_2$	4146	Ag: $L\,1\alpha_1$
3692	Pt: $L\,4\gamma_1$	3902	Tm: $L\,2l$		Tl: $L\,3l$

Tabelle 31 (Fortsetzung)

Röntgenwellenlängen in X-Einheiten

$n\lambda$	Linie	$n\lambda$	Linie	$n\lambda$	Linie
4148	Tl: $L\,4\beta_4$	4394	Cl: $K\,1\beta_1$	4612	Ce: $L\,2\beta_3$
4150	Br: $K\,4\alpha_1$	4400	Pt: $L\,4\beta_2$	4614	Gd: $L\,2l$
	Hg: $L\,4\beta_2$	4406	Pt: $L\,4\beta_3$	4622	Ir: $L\,4\beta_1$
4151	Pm: $L\,2\beta_1$	4408	Ce: $L\,2\beta_2$	4623	Cu: $K\,3\alpha_2$
4154	Ag: $L\,1\alpha_2$	4409	Se: $K\,4\alpha_1$		Tm: $L\,3\beta_4$
4162	Cr: $K\,2\beta_1$		Dy: $L\,3\gamma_1$	4642	Pt: $L\,4\alpha_1$
4164	Ho: $L\,2l$	4411	Sm: $L\,2\alpha_2$	4659	Fe: $K\,3\beta_1$
4166	Os: $L\,3\alpha_1$	4416	Au: $L\,4\beta_4$	4665	Pb: $M\,1\gamma$
4167	Cu: $K\,3\beta_1$	4418	Yb: $L\,3\beta_1$	4674	Er: $L\,3\beta_3$
4168	Br: $K\,4\alpha_2$	4420	W: $L\,3\alpha_1$		Os: $L\,4\beta_2$
	As: $K\,4\beta_2$	4425	Se: $K\,4\alpha_2$	4686	Cs: $L\,2\gamma_1$
	Hf: $L\,3\beta_4$		Pr: $L\,2\beta_3$		Pt: $L\,4\alpha_2$
4174	Ru: $L\,1\gamma_1$	4454	W: $L\,3\alpha_2$	4688	Pb: $L\,4\alpha_1$
4186	Hg: $L\,4\beta_1$	4458	Ge: $K\,4\beta_2$		Ce: $L\,2\beta_4$
4195	Mn: $K\,2\alpha_1$		Tb: $L\,2l$	4692	As: $K\,4\alpha_1$
	Os: $L\,3\alpha_2$	4465	Yb: $L\,3\beta_4$		Ho: $L\,3\beta_2$
	Lu: $L\,3\beta_3$		Cs: $L\,2\gamma_2$	4698	Hf: $L\,3\alpha_1$
4203	Mn: $K\,2\alpha_2$	4471	Cd: $L\,1l$	4702	Ce: $L\,2\beta_1$
4220	As: $K\,4\beta_1$		Pt: $L\,4\beta_1$	4707	As: $K\,4\alpha_2$
4230	Pr: $L\,2\beta_2$	4472	Ba: $L\,2\gamma_1$	4706	Hf: $L\,4\gamma_1$
4232	Eu: $L\,2\alpha_1$	4478	Ru: $L\,1\beta_3$	4708	Ir: $L\,4\beta_4$
4234	Re: $L\,4\gamma_1$	4489	Pt: $L\,3l$		Os: $L\,4\beta_3$
4238	Yb: $L\,3\beta_2$	4491	Ni: $K\,3\beta_1$	4716	Mo: $L\,1\gamma_1$
4242	Ho: $L\,3\gamma_1$	4500	Pr: $L\,2\beta_4$	4718	Cl: $K\,1\alpha_1$
4244	Nd: $L\,2\beta_3$	4506	Ge: $K\,4\beta_1$	4721	Cl: $K\,1\alpha_2$
	Rh: $L\,1\beta_3$	4508	Pr: $L\,2\beta_1$	4731	Hf: $L\,3\alpha_2$
4245	Eu: $L\,2\alpha_2$		Tm: $L\,3\beta_3$		Nd: $L\,2\alpha_1$
	Hg: $L\,3l$	4514	Ru: $L\,1\beta_4$	4736	Pb: $L\,4\alpha_2$
4260	In: $L\,1l$	4522	Bi: $M\,1\gamma$	4750	Er: $L\,3\beta_1$
4263	Lu: $L\,3\beta_1$	4533	Er: $L\,3\beta_2$	4752	Nd: $L\,2\alpha_2$
	Au: $L\,4\beta_3$		Ir: $L\,4\beta_3$	4767	Gd: $L\,3\gamma_1$
4272	Au: $L\,4\beta_2$	4540	La: $L\,2\beta_4$	4772	Ga: $K\,4\beta_2$
4274	La: $L\,2\gamma_1$	4542	Ta: $L\,4\gamma_1$	4778	Os: $L\,4\beta_1$
4276	Hg: $L\,4\beta_4$	4554	Ir: $L\,4\beta_2$	4780	Pt: $L\,5\gamma_1$
4280	Rh: $L\,1\beta_4$	4557	Pm: $L\,2\alpha_1$	4788	Er: $L\,3\beta_4$
4290	Re: $L\,3\alpha_1$		Ta: $L\,4\beta_3$	4798	Ba: $L\,2\beta_2$
4296	Zn: $K\,3\alpha_1$	4559	V: $K\,2\beta_1$	4811	La: $L\,2\beta_3$
4308	Zn: $K\,3\alpha_2$	4560	Pt: $L\,4\beta_4$	4815	Tl: $L\,1\gamma_2$
	Dy: $L\,2l$	4566	Bi: $L\,4\alpha_1$	4816	Re: $L\,4\beta_2$
4312	Lu: $L\,3\beta_4$	4570	Cr: $K\,2\alpha_1$	4820	Tl: $L\,4\alpha_1$
4323	Re: $L\,3\alpha_2$	4576	Pm: $L\,2\alpha_2$		Ga: $K\,4\beta_1$
4324	Nd: $L\,2\beta_1$	4578	Cr: $K\,2\alpha_2$	4836	Ru: $L\,1\alpha_1$
	Pt: $L\,4\beta_1$	4580	Tm: $L\,3\beta_1$	4844	Ru: $L\,1\alpha_2$
	Au: $L\,4\beta_1$		Tb: $L\,3\gamma_1$	4848	Ho: $L\,3\beta_3$
4348	Yb: $L\,3\beta_3$	4586	Cs: $L\,2\gamma_1$		Lu: $L\,3\alpha_1$
4359	Pd: $L\,1\alpha_1$	4588	Rh: $L\,1\alpha_1$	4853	Co: $K\,3\beta_1$
4363	Ru: $L\,1\beta_2$	4590	Ta: $L\,3\alpha_2$	4860	Dy: $L\,3\beta_2$
4365	Rh: $L\,1\beta_1$	4593	Ir: $L\,3l$		Os: $L\,4\beta_4$
4367	Pd: $L\,1\alpha_2$	4596	Rh: $L\,1\alpha_2$	4864	Tl: $L\,4\alpha_2$
4371	Au: $L\,3l$		La: $L\,2\beta_2$	4870	Eu: $L\,2l$
4381	Tm: $L\,3\beta_2$	4611	Cu: $K\,3\alpha_1$		Re: $L\,4\beta_3$
4385	W: $L\,4\gamma_1$		Ru: $L\,1\beta_1$		
4390	Sm: $L\,2\alpha_1$	4612	Bi: $L\,4\alpha_2$	4879	Lu: $L\,3\alpha_2$

Tabelle 31 (Fortsetzung)

Röntgenwellenlängen in X-Einheiten

$n\lambda$	Linie	$n\lambda$	Linie	$n\lambda$	Linie
4882	Re: $L\,3l$	5169	Sm: $L\,3\gamma_1$	5492	Ru: $L\,1l$
	Lu: $L\,4\gamma_1$	5175	Ta: $L\,3l$	5494	Ti: $K\,2\alpha_2$
4888	La: $L\,2\beta_4$	5196	W: $L\,4\beta_4$	5495	Lu: $L\,3l$
4906	La: $L\,2\beta_1$	5202	Tm: $L\,3\alpha_2$	5523	Ho: $L\,3\alpha_1$
4913	Mo: $L\,1\beta_2$	5206	Rh: $L\,1l$	5529	Gd: $L\,3\beta_1$
4916	Pr: $L\,2\alpha_1$	5216	Ta: $L\,4\beta_3$	5540	Ba: $L\,2\alpha_1$
4930	Ho: $L\,3\beta_1$	5226	Gd: $L\,3\beta_2$	5548	Sc: $K\,2\beta_1$
4936	Pr: $L\,2\alpha_2$		Nb: $L\,1\beta_2$	5550	Gd: $L\,3\beta_4$
4942	Pd: $L\,1l$	5228	Tb: $L\,3\beta_3$	5554	Os: $L\,4\alpha_1$
4944	Re: $L\,4\beta_1$	5240	Pt: $L\,4\alpha_1$	5556	Ho: $L\,3\alpha_2$
4954	Sm: $L\,2l$	5246	Cs: $L\,2\beta_3$		Pr: $L\,2l$
4956	Hg: $L\,4\alpha_1$	5251	Tm: $L\,4\gamma_1$	5558	Ba: $L\,2\alpha_2$
4963	Ni: $K\,3\alpha_1$	5259	Fe: $K\,3\beta_1$		Hf: $L\,4\beta_4$
	Eu: $L\,3\gamma_1$	5286	Pt: $L\,4\alpha_2$		Cu: $K\,4\beta_1$
4966	Ho: $L\,3\beta_4$	5294	Hf: $L\,4\beta_2$	5575	Zr: $L\,1\beta_2$
4968	W: $L\,4\beta_2$	5297	Ta: $L\,4\beta_1$	5592	Lu: $L\,4\beta_3$
4974	Ni: $K\,3\alpha_2$	5299	Nb: $L\,1\beta_3$	5595	Os: $L\,4\alpha_2$
4996	Hg: $L\,4\alpha_2$	5309	Pt: $M\,1\gamma$	5621	Zr: $L\,1\beta_3$
4997	V: $K\,2\alpha_1$	5320	La: $L\,2\alpha_1$	5622	Nd: $L\,3\gamma_1$
5003	Yb: $L\,3\alpha_1$	5322	Tb: $L\,3\beta_1$	5634	Sm: $L\,3\beta_2$
	Mo: $L\,1\beta_3$		Cs: $L\,2\beta_4$	5649	Eu: $L\,3\beta_3$
5004	V: $K\,2\alpha_1$	5335	Nb: $L\,1\beta_4$	5652	Yb: $L\,4\beta_2$
	Ge: $K\,4\alpha_1$	5338	La: $L\,2\alpha_2$	5658	Ho: $L\,4\gamma_1$
5012	Cs: $L\,2\beta_2$	5340	Er: $L\,3\alpha_1$		Zr: $L\,1\beta_4$
5018	Ti: $K\,2\beta_1$	5341	Nd: $L\,2l$	5670	Yb: $L\,3l$
5020	Ge: $K\,4\alpha_2$	5348	Ga: $K\,4\alpha_1$		Os: $M\,1\gamma$
5022	S: $K\,1\beta_1$		Tb: $L\,3\beta_4$	5682	Lu: $L\,4\beta_1$
	Ba: $L\,2\beta_3$	5356	Co: $K\,3\alpha_1$	5690	Sb: $L\,2\gamma_1$
5024	W: $L\,3l$		Cs: $L\,2\beta_1$	5712	Nb: $L\,1\alpha_1$
5026	Nb: $L\,1\gamma_1$	5361	S: $K\,1\alpha_1$	5715	Dy: $L\,3\alpha_1$
	Re: $L\,4\beta_2$	5364	S: $K\,1\alpha_2$	5719	Mn: $K\,3\beta_1$
5031	Dy: $L\,3\beta_3$		Ga: $K\,4\alpha_2$	5720	Nb: $L\,1\alpha_2$
5037	Yb: $L\,3\alpha_2$	5367	Co: $K\,3\alpha_2$		Re: $L\,4\alpha_1$
	Mo: $L\,1\beta_4$	5372	Ta: $L\,4\beta_4$	5728	Zn: $K\,4\alpha_1$
5039	Tb: $L\,3\beta_2$	5373	Zr: $L\,1\gamma_1$	5737	J: $L\,2\beta_3$
5042	W: $L\,4\beta_3$		Hf: $L\,3l$	5744	Zn: $K\,4\alpha_2$
5060	Yb: $L\,4\gamma_1$	5374	Er: $L\,3\alpha_2$	5748	Dy: $L\,3\alpha_2$
5094	Au: $L\,4\alpha_1$	5386	Pm: $L\,3\gamma_1$		Eu: $L\,3\beta_1$
5100	Ba: $L\,2\beta_4$	5394	Ir: $L\,4\alpha_1$		Lu: $L\,4\beta_4$
5112	Ce: $L\,2\alpha_1$	5395	Ho: $L\,1\alpha_1$	5753	Te: $L\,2\beta_2$
5116	W: $L\,4\beta_1$	5398	Hf: $L\,4\beta_3$	5764	Re: $L\,4\alpha_2$
5118	Dy: $L\,3\beta_1$	5403	Mo: $L\,1\alpha_1$		Eu: $L\,3\beta_4$
5124	Ba: $L\,2\beta_1$	5414	Te: $L\,2\gamma_1$	5772	Cs: $L\,2\alpha_1$
	Zn: $K\,4\beta_2$	5424	Eu: $L\,3\beta_2$		Ce: $L\,2l$
5128	Ta: $L\,4\beta_2$	5433	Gd: $L\,3\beta_3$		P: $K\,1\beta_1$
5130	Ce: $L\,2\alpha_2$	5440	Ir: $L\,4\alpha_2$	5792	Cs: $L\,2\alpha_2$
5135	Au: $M\,1\gamma$	5452	Er: $L\,4\gamma_1$		Fe: $K\,3\alpha_1$
5140	Au: $L\,4\alpha_2$	5468	Lu: $L\,4\beta_2$	5796	
5151	Dy: $L\,3\beta_4$	5481	Nb: $L\,1\beta_1$	5798	Yb: $L\,4\beta_3$
5154	J: $L\,2\gamma_1$	5484	Hf: $L\,4\beta_1$	5808	Fe: $K\,3\alpha_2$
5166	Mo: $L\,1\beta_1$	5486	Ti: $K\,2\alpha_1$	5812	J: $L\,2\beta_4$
5168	Zn: $K\,4\beta_1$	5490	J: $L\,2\beta_2$	5824	Zr: $L\,1\beta_1$
	Tm: $L\,3\alpha_1$		Ir: $M\,1\gamma$	5840	Tm: $L\,4\beta_2$
				5853	Tm: $L\,3l$

Tabelle 31 (Fortsetzung)

Röntgenwellenlängen in X-Einheiten

$n\lambda$	Linie	$n\lambda$	Linie	$n\lambda$	Linie
5855	Pm: $L\,3\beta_2$	6256	Ho: $L\,4\beta_2$	6673	Sn: $L\,2\beta_4$
5862	J: $L\,2\beta_1$	6258	Ba: $L\,2l$	6687	Tb: $L\,3l$
5871	Pr: $L\,3\gamma_1$	6264	Hf: $L\,4\alpha_1$	6704	Ca: $K\,2\alpha_1$
5874	Sm: $L\,3\beta_3$	6284	J: $L\,2\alpha_1$	6707	Dy: $L\,4\beta_3$
5875	Re: $M\,1\gamma$	6292	Mn: $K\,3\alpha_1$	6710	Ca: $K\,2\alpha_2$
5879	Dy: $L\,4\gamma_1$		Sb: $L\,2\beta_3$		Ba: $L\,3\gamma_1$
5883	Hf: $L\,5\gamma_1$	6299	Ta: $M\,1\gamma$		Yb: $L\,4\alpha_2$
5890	Yb: $L\,4\beta_1$	6303	Mn: $K\,3\alpha_2$	6718	Tb: $L\,4\beta_2$
5894	W: $L\,4\alpha_1$		J: $L\,2\alpha_2$	6748	Lu: $M\,1\gamma$
5915	Tb: $L\,3\alpha_1$	6308	Hf: $L\,4\alpha_2$	6750	Pr: $L\,3\beta_4$
5937	W: $L\,4\alpha_2$	6312	In: $L\,2\gamma_1$	6753	Si: $K\,1\beta_1$
5946	Tb: $L\,3\alpha_2$	6334	Er: $L\,4\beta_1$	6756	Sm: $L\,2\beta_1$
5952	Yb: $L\,4\beta_4$	6338	Sn: $L\,2\beta_2$	6762	Pr: $L\,3\beta_1$
5971	Y: $L\,1\beta_3$	6344	Pr: $L\,3\beta_2$	6774	Rb: $L\,1\beta_3$
5980	Sm: $L\,3\beta_1$	6349	Eu: $L\,3\alpha_1$	6807	Rb: $L\,1\beta_4$
5988	Ni: $K\,4\beta_1$	6354	Sr: $L\,1\beta_3$	6825	Dy: $L\,4\beta_1$
	Sm: $L\,3\beta_1$	6356	Gd: $L\,4\gamma_1$	6834	Pm: $L\,3\alpha_1$
5990	Sn: $L\,2\gamma_1$	6366	Sb: $L\,2\beta_4$	6839	V: $K\,3\beta_1$
6000	La: $L\,2l$		Nd: $L\,3\beta_2$	6849	Sr: $L\,1\alpha_1$
6006	Te: $L\,2\beta_3$	6382	Eu: $L\,3\alpha_2$	6855	Cr: $K\,3\alpha_1$
	Y: $L\,1\beta_4$		Er: $L\,4\beta_4$		Sr: $L\,1\alpha_2$
6010	Tm: $L\,4\beta_3$	6390	Sr: $L\,1\beta_4$	6864	Sb: $L\,2\alpha_1$
6034	Sb: $L\,2\beta_2$	6411	La: $L\,3\gamma_1$		Pm: $L\,3\alpha_2$
6045	Er: $L\,3l$	6435	Y: $L\,1\alpha_1$	6867	Cr: $K\,3\alpha_2$
6050	Sc: $K\,2\alpha_1$	6438	Sb: $L\,2\beta_1$		Dy: $L\,4\beta_4$
6056	Sc: $K\,2\alpha_2$	6443	Y: $L\,1\alpha_2$	6882	Sb: $L\,2\alpha_2$
6058	Zr: $L\,1\alpha_1$	6462	Lu: $L\,4\alpha_1$	6892	Tm: $L\,4\alpha_1$
6065	Zr: $L\,1\alpha_2$		Dy: $L\,3l$		Sm: $L\,4\gamma_1$
	Er: $L\,4\beta_2$	6464	Ho: $L\,4\beta_3$	6894	K: $K\,2\beta_1$
6076	Ta: $L\,4\alpha_1$	6470	Co: $K\,4\beta_1$		La: $L\,3\beta_2$
	W: $M\,1\gamma$	6487	Dy: $L\,4\beta_2$	6904	Zr: $L\,1l$
6081	Te: $L\,2\beta_4$	6486	Nd: $L\,3\beta_1$	6918	Ce: $L\,3\beta_3$
6094	Nd: $L\,3\beta_2$	6504	Nb: $L\,1l$	6925	Gd: $L\,3l$
6106	Tm: $L\,4\beta_1$	6506	Lu: $L\,4\alpha_2$	6925	In: $L\,2\beta_3$
6108	Tb: $L\,4\gamma_1$	6520	Cs: $L\,2l$	6936	Tm: $L\,4\alpha_2$
6114	Pm: $L\,3\beta_3$	6530	Hf: $M\,1\gamma$	6968	Gd: $L\,4\beta_2$
6120	Ta: $L\,4\alpha_2$	6564	Te: $L\,2\alpha_1$	6970	Tb: $L\,4\beta_3$
6126	Gd: $L\,3\alpha_1$	6574	Ho: $L\,4\gamma_1$	7000	In: $L\,2\beta_4$
6132	Ce: $L\,3\gamma_1$	6584	Te: $L\,2\alpha_2$	7009	Yb: $M\,1\gamma$
6138	Mo: $L\,1l$	6590	Sm: $L\,3\alpha_1$	7012	Fe: $K\,4\beta_1$
6141	Te: $L\,2\beta_1$	6598	Sn: $L\,2\beta_3$		Cd: $L\,2\beta_2$
6143	P: $K\,1\alpha$	6610	Sr: $L\,1\beta_1$	7029	Cs: $L\,3\gamma_1$
6150	Cu: $K\,4\alpha_1$	6612	Ce: $L\,3\beta_2$	7030	Ag: $L\,2\gamma_1$
6158	Gd: $L\,3\alpha_2$	6616	Yb: $L\,4\alpha_1$	7032	Ce: $L\,3\beta_4$
6164	Cu: $K\,4\alpha_2$		Eu: $L\,4\gamma_1$	7053	Ce: $L\,3\beta_1$
	Tm: $L\,4\beta_4$	6617	Sm: $L\,3\alpha_2$	7061	Rb: $L\,1\beta_1$
6166	Ca: $K\,2\beta_1$		Ni: $K\,4\alpha_1$	7070	Ho: $L\,5\gamma_1$
6199	Y: $L\,1\beta_1$	6622	Ho: $L\,4\beta_4$	7095	Nd: $L\,3\alpha_1$
6218	Fe: $K\,4\beta_1$	6634	Ni: $K\,4\alpha_2$	7096	In: $L\,2\beta_1$
6226	Pm: $L\,3\beta_1$	6637	Pr: $L\,3\beta_3$		Tb: $L\,4\beta_1$
6232	Er: $L\,4\beta_3$	6658	Cd: $L\,2\gamma_1$	7100	J: $L\,2l$
6243	Cr: $K\,3\beta_1$	6663	In: $L\,2\beta_2$	7111	Si: $K\,1\alpha_1$
6246	Ho: $L\,3l$	6671	Yb: $L\,4\alpha_1$	7113	Si: $K\,1\alpha_2$

Tabelle 31 (Fortsetzung)

Röntgenwellenlängen in X-Einheiten

$n\lambda$	Linie	$n\lambda$	Linie	$n\lambda$	Linie
7120	Er: $L\,4\alpha_1$	7695	Ce: $L\,3\alpha_2$	8325	Al: $K\,1\alpha_2$
7128	Nd: $L\,3\alpha_2$	7726	Nd: $L\,4\gamma_1$	8334	Pr: $L\,3l$
7130	Tb: $L\,4\beta_4$		Ag: $L\,2\beta_4$	8337	Ba: $L\,3\alpha_2$
7142	Co: $K\,4\alpha_1$	7728	Fe: $K\,4\alpha_1$	8346	Ru: $L\,2\gamma_1$
7155	Co: $K\,4\alpha_2$	7731	J: $L\,3\gamma_1$		Rb: $L\,1l$
7166	Er: $L\,4\alpha_2$	7744	Fe: $K\,4\alpha_2$	8358	Br: $L\,1\alpha$
7170	Eu: $L\,3l$	7760	Sb: $L\,2l$	8389	Mn: $K\,4\alpha_1$
7180	Pm: $L\,4\gamma_1$	7802	Pd: $L\,2\beta_2$	8405	Mn: $K\,4\alpha_2$
7186	Sn: $L\,2\alpha_1$	7808	Pm: $L\,4\beta_2$	8460	Pr: $L\,4\beta_2$
7196	Ba: $L\,3\beta_2$	7820	Sr: $L\,1l$	8465	Eu: $L\,4\alpha_1$
7202	Sn: $L\,2\alpha_2$	7828	Pr: $L\,4\gamma_1$	8468	Tb: $M\,1\gamma$
7216	La: $L\,3\beta_3$	7832	Sm: $L\,4\beta_3$	8488	Nd: $L\,4\beta_3$
7232	Eu: $L\,4\beta_2$	7849	Ho: $M\,1\gamma$		Rh: $L\,2\beta_3$
7244	Gd: $L\,4\beta_3$	7853	Ag: $L\,2\beta_3$	8509	Eu: $L\,4\alpha_2$
7274	Cd: $L\,2\beta_3$	7869	Cs: $L\,3\beta_3$	8520	In: $L\,2l$
7303	Rb: $L\,1\alpha_1$	7870	Rh: $L\,2\gamma_1$	8535	Sb: $L\,3\gamma_1$
7310	Rb: $L\,1\alpha_2$	7886	Tb: $L\,4\alpha_1$	8548	La: $L\,4\gamma_1$
7331	La: $L\,3\beta_4$	7896	Cd: $L\,2\alpha_1$	8605	J: $L\,3\beta_3$
7341	Y: $L\,1l$	7914	Cd: $L\,2\alpha_2$	8629	Te: $L\,3\beta_2$
7348	Cd: $L\,2\beta_4$	7929	Tb: $L\,4\alpha_2$	8648	Nd: $L\,4\beta_1$
7359	La: $L\,3\beta_1$	7962	Al: $K\,1\beta_1$	8658	Cs: $L\,3\alpha_1$
7364	Ho: $L\,4\alpha_1$	7974	Sm: $L\,4\beta_1$		Ce: $L\,3l$
7372	Gd: $L\,4\beta_1$	7980	La: $L\,3\alpha_1$	8674	Cs: $L\,3\alpha_2$
7374	Pr: $L\,3\alpha_1$	7983	Cs: $L\,3\beta_4$	8718	Se: $L\,1\beta_1$
7371	Ag: $L\,2\beta_2$	8007	La: $L\,3\alpha_2$		Pd: $L\,2\alpha_1$
7400	Gd: $L\,4\beta_4$	8011	Nd: $L\,3l$		J: $L\,3\beta_4$
7404	Pr: $L\,3\alpha_2$	8034	Cs: $L\,3\beta_1$	8725	Ru: $L\,2\beta_2$
7408	Ho: $L\,4\alpha_2$	8052	Pd: $L\,2\beta_3$	8730	Rh: $L\,2\beta_1$
7419	Te: $L\,2l$	8058	Cs: $L\,3\alpha_1$	8734	Pd: $L\,2\alpha_2$
7431	Sm: $L\,3l$	8088	Cs: $L\,3\alpha_2$	8780	Sm: $L\,4\alpha_1$
7434	Pd: $L\,2\gamma_1$	8109	Br: $L\,1\beta_1$	8788	Cl: $K\,2\beta_1$
7460	Cd: $L\,2\beta_1$	8121	Te: $L\,3\gamma_1$	8793	J: $L\,3\beta_1$
7468	K: $K\,2\alpha_1$	8126	Nd: $L\,4\beta_2$	8816	Ce: $L\,4\beta_2$
7474	K: $K\,2\alpha_2$		Pd: $L\,2\beta_4$	8823	Sm: $L\,4\alpha_2$
7486	Nd: $L\,4\gamma_1$		Sn: $L\,2l$	8826	Gd: $M\,1\gamma$
7495	V: $K\,3\alpha_1$		Dy: $M\,1\gamma$	8850	Pr: $L\,4\beta_3$
7507	V: $K\,3\alpha_2$	8152	Pm: $L\,4\beta_3$	8912	As: $L\,4\gamma_1$
7512	Sm: $L\,4\beta_2$	8168	Gd: $L\,4\alpha_1$	8942	Cd: $L\,2l$
7518	Cs: $L\,3\beta_1$	8176	Ce: $L\,4\gamma_1$	8944	Ba: $L\,4\gamma_1$
7527	Ti: $K\,3\beta_1$	8211	Gd: $L\,4\alpha_2$	8955	Ru: $L\,2\beta_3$
	Eu: $L\,4\beta_3$	8229	Ti: $K\,3\alpha_1$	8972	Se: $L\,1\alpha$
7528	In: $L\,2\alpha_1$	8235	J: $L\,3\beta_2$	8985	Sn: $L\,3\gamma_1$
7530	Er: $M\,1\gamma$	8241	Ti: $K\,3\alpha_2$	9000	La: $L\,3l$
7533	Ba: $L\,3\beta_3$	8244	Rh: $L\,2\beta_2$		Pr: $L\,4\beta_4$
7546	In: $L\,2\alpha_2$	8270	Eu: $L\,5\gamma_1$	9008	Te: $L\,3\beta_3$
7620	Dy: $L\,4\alpha_1$	8276	Pd: $L\,2\beta_1$	9016	Pr: $L\,4\beta_1$
7626	Mn: $K\,4\beta_1$	8291	Ag: $L\,2\alpha_1$	9027	Ru: $L\,2\beta_4$
7650	Ba: $L\,3\beta_4$	8302	Pm: $L\,4\beta_1$	9051	Sb: $L\,3\beta_2$
	Ag: $L\,2\beta_3$	8308	Ag: $L\,2\alpha_2$	9075	Sc: $K\,3\alpha_1$
7664	Dy: $L\,4\alpha_2$	8310	Ba: $L\,3\alpha_1$	9086	Sc: $K\,3\alpha_2$
	Eu: $L\,4\beta_1$	8322	Al: $K\,1\alpha_1$	9110	Pm: $L\,4\alpha_1$
7668	Ce: $L\,3\alpha_1$		Sc: $K\,3\beta_1$	9118	V: $K\,4\beta_1$
7686	Ba: $L\,3\beta_1$	8324	Cr: $K\,4\beta_1$	9121	Te: $L\,3\beta_4$

Tabelle 31 (Fortsetzung)

Röntgenwellenlängen in X-Einheiten

$n\lambda$	Linie	$n\lambda$	Linie	$n\lambda$	Linie
9140	Cr: $K\,4\alpha_1$	9506	Sn: $L\,3\beta_2$	10010	Sn: $L\,3\beta_4$
9152	Pm: $L\,4\alpha_2$	9532	Mg: $K\,1\beta_1$	10035	Ti: $K\,4\beta_1$
9156	Cr: $K\,4\alpha_2$	9564	Br: $L\,1l$	10044	Ba: $L\,4\beta_2$
9176	Rh: $L\,2\alpha_1$	9580	Sm: $M\,1\gamma$		S: $K\,2\beta_1$
9192	Rh: $L\,2\alpha_2$	9586	Ba: $L\,4\beta_2$	10054	Nb: $L\,2\gamma_1$
	La: $L\,4\beta_2$	9599	Sb: $L\,3\beta_4$	10077	Mo: $L\,2\beta_4$
	Eu: $M\,1\gamma$	9622	La: $L\,4\beta_3$	10134	Sn: $L\,3\beta_1$
9210	Te: $L\,3\beta_1$	9652	As: $L\,1\alpha$	10272	Se: $L\,1l$
9222	Ru: $L\,2\beta_1$	9657	Sb: $L\,3\beta_1$	10333	Mo: $L\,2\beta_1$
9224	Ce: $L\,4\beta_3$	9672	Ru: $L\,2\alpha_1$	10389	In: $L\,3\beta_3$
9249	Ca: $K\,3\beta_1$	9685	Pd: $L\,2l$	10412	Rh: $L\,2l$
9372	Cs: $L\,4\gamma_1$	9688	Ru: $L\,2\alpha_2$	10454	Nb: $L\,2\beta_2$
9376	Ce: $L\,4\beta_4$	9776	La: $L\,4\beta_4$	10518	Cd: $L\,3\beta_2$
9387	Ba: $L\,3l$	9780	Cs: $L\,3l$	10547	Ag: $L\,3\gamma_1$
9392	Cs: $L\,4\gamma_1$	9814	La: $L\,4\beta_1$	10599	Nb: $L\,2\beta_3$
9395	As: $L\,1\beta_1$	9826	Mo: $L\,2\beta_2$	10669	Nb: $L\,2\beta_4$
9396	Ag: $L\,2l$	9830	Pr: $L\,4\alpha_1$	10722	S: $K\,2\alpha_1$
9404	Ce: $L\,4\beta_1$	9848	Te: $L\,3\alpha_1$	10728	S: $K\,2\alpha_2$
9426	J: $L\,3\alpha_1$	9869	Mg: $K\,1\alpha$	10746	Zr: $L\,2\gamma_1$
9432	Mo: $L\,2\gamma_1$	9870	Pr: $L\,4\alpha_2$	10778	Sn: $L\,3\alpha_1$
9436	Cl: $K\,2\alpha_1$	9876	Te: $L\,3\alpha_2$	10791	Mo: $L\,2\alpha_1$
9442	Cl: $K\,2\alpha_2$	9897	Sn: $L\,3\beta_3$	10806	Mo: $L\,2\alpha_2$
9444	Sb: $L\,3\beta_3$	9987	Cd: $L\,3\gamma_1$	10807	Sn: $L\,3\alpha_2$
9453	J: $L\,3\alpha_2$	9994	V: $K\,4\alpha_1$	10827	Te: $L\,4\gamma_1$
9460	Nd: $L\,4\alpha_1$	10000	In: $L\,3\beta_2$	10962	Nb: $L\,2\beta_1$
9468	In: $L\,3\gamma_1$	10006	Mo: $L\,2\beta_3$	10971	Ti: $K\,4\alpha_1$
9502	Nd: $L\,4\alpha_2$	10008	V: $K\,4\alpha_2$	10986	Ti: $K\,4\alpha_2$

Tabelle 32

Röntgenwellenlängen der Elemente

(Relative Intensität von $K_{\alpha_1} = 100$ und $L_{\alpha_1} = 100$ gesetzt.
Intensitätsverhältnis der vier ersten Ordnungen: 100 : 20 : 7 : 3)

λ [XE]	Relative Intensität	Linie	λ [XE]	Relative Intensität	Linie	λ [XE]	Relative Intensität	Linie
Aluminium (Al)			11380	0,3	$L\,4\gamma_1$	2769	100	$L\,1\alpha_1$
			12068	0,7	$L\,4\beta_2$	2779	12	$L\,1\alpha_2$
7962	15	$K\,1\beta_1$	12584	0,2	$L\,4\beta_3$	3129	3	$L\,1l$
8322	100	$K\,1\alpha_1$				4472	2	$L\,2\gamma_1$
8324	50	$K\,1\alpha_2$	*Arsen (As)*			4798	4	$L\,2\beta_2$
15920	3	$K\,2\beta_1$				5022	1,6	$L\,2\beta_3$
16644	20	$K\,2\alpha_1$	1042	4	$K\,1\beta_2$	5100	1	$L\,2\beta_4$
16648	10	$K\,2\alpha_2$	1055	20	$K\,1\beta_1$	5124	10	$L\,2\beta_1$
			1173	100	$K\,1\alpha_1$	5538	20	$L\,2\alpha_1$
Antimon (Sb)			1176	50	$K\,1\alpha_2$	5558	2,4	$L\,2\alpha_2$
			2084	1	$K\,2\beta_2$	6258	0,6	$L\,2l$
407,1	6	$K\,1\beta_2$	2110	4	$K\,2\beta_1$	6708	0,7	$L\,3\gamma_1$
416	28	$K\,1\beta_1$	2346	20	$K\,2\alpha_1$	7196	1,5	$L\,3\beta_2$
469,4	100	$K\,1\alpha_1$	2352	10	$K\,2\alpha_2$	7533	0,5	$L\,3\beta_3$
474	50	$K\,1\alpha_2$	3126	0,3	$K\,3\beta_2$	7650	0,3	$L\,3\beta_4$
814	1,2	$K\,2\beta_2$	3165	1,5	$K\,3\beta_1$	7686	3	$L\,3\beta_1$
832	6	$K\,2\beta_1$	3519	7	$K\,3\alpha_1$	8307	7	$L\,3\alpha_1$
938,8	20	$K\,2\alpha_1$	3528	3	$K\,3\alpha_2$	8337	0,9	$L\,3\alpha_2$
947,6	10	$K\,2\alpha_2$	4168	0,1	$K\,4\beta_2$	8944	0,3	$L\,4\gamma_1$
1221	0,4	$K\,3\beta_2$	4220	0,7	$K\,4\beta_1$	9387	1,5	$L\,3l$
1249	2,0	$K\,3\beta_1$	4692	3	$K\,4\alpha_1$	9586	0,7	$L\,4\beta_2$
1405	7	$K\,3\alpha_1$	4704	1,5	$K\,4\alpha_2$	10044	0,2	$L\,4\beta_3$
1421	3,5	$K\,3\alpha_2$				10200	0,1	$L\,4\beta_4$
1628	0	$K\,4\beta_2$	8912	6	$L\,1\beta_3$	10248	1,2	$L\,4\beta_1$
1665	0,8	$K\,4\beta_1$	9395	50	$L\,1\beta_1$	11076	3	$L\,4\alpha_1$
1877	3	$K\,4\alpha_1$	9652	100	$L\,1\alpha$	11116	0,4	$L\,4\alpha_2$
1895	1,5	$K\,4\alpha_2$						
			Barium (Ba)			*Blei (Pb)*		
2845	10	$L\,1\gamma_1$						
3017	20	$L\,1\beta_2$	332	6	$K\,1\beta_2$	141,7	9	$K\,1\beta_2$
3146	8	$L\,1\beta_3$	340	28	$K\,1\beta_1$	145,4	26	$K\,1\beta_1$
3183	5	$L\,1\beta_4$	384,3	100	$K\,1\alpha_1$	165	100	$K\,1\alpha_1$
3219	52	$L\,1\beta_1$	388,9	50	$K\,1\alpha_2$	169,8	54	$K\,1\alpha_2$
3432	100	$L\,1\alpha_1$	664	1,2	$K\,2\beta_2$	283	1,8	$K\,2\beta_2$
3441	12	$L\,1\alpha_2$	680	6	$K\,2\beta_1$	290,8	5	$K\,2\beta_1$
3880	3	$L\,1l$	768,6	20	$K\,2\alpha_1$	330	20	$K\,2\alpha_1$
5690	2	$L\,2\gamma_1$	778	10	$K\,2\alpha_2$	339,6	11	$K\,2\alpha_2$
6034	4	$L\,2\beta_2$	996	0,4	$K\,3\beta_2$	425	0,6	$K\,3\beta_2$
6292	1,6	$L\,2\beta_3$	1020	2	$K\,3\beta_1$	437	1,8	$K\,3\beta_1$
6366	1	$L\,2\beta_4$	1154	7	$K\,3\alpha_1$	495	7	$K\,3\alpha_1$
6438	10	$L\,2\beta_1$	1167	3	$K\,3\alpha_2$	509	3	$K\,3\alpha_2$
6869	20	$L\,2\alpha_1$	1328	0,2	$K\,4\beta_2$	567	0,3	$K\,4\beta_2$
6882	2,4	$L\,2\alpha_2$	1360	1	$K\,4\beta_1$	582	0,9	$K\,4\beta_1$
7760	0,6	$L\,2l$	1537	3,0	$K\,4\alpha_1$	660	3	$K\,4\alpha_1$
8535	0,7	$L\,3\gamma_1$	1556	1,5	$K\,4\alpha_2$	679	1	$K\,4\alpha_2$
9051	1,5	$L\,3\beta_2$						
9444	0,5	$L\,3\beta_3$	2236	10	$L\,1\gamma_1$	838	10	$L\,1\gamma_1$
9599	0,3	$L\,3\beta_4$	2399	20	$L\,1\beta_2$	967	8	$L\,1\beta_3$
9657	3	$L\,3\beta_1$	2511	8	$L\,1\beta_3$	980	52	$L\,1\beta_1$
10296	7	$L\,3\alpha_1$	2550	5	$L\,1\beta_4$	981	20	$L\,1\beta_2$
10323	0,9	$L\,3\alpha_2$	2562	50	$L\,1\beta_1$	1006	5	$L\,1\beta_4$

Tabelle 32 (Fortsetzung)

Röntgenwellenlängen der Elemente

(Relative Intensität von $K_{\alpha_1} = 100$ und $L_{\alpha_1} = 100$ gesetzt.
Intensitätsverhältnis der vier ersten Ordnungen: 100: 20: 7: 3)

λ [XE]	Relative Intensität	Linie	λ [XE]	Relative Intensität	Linie	λ [XE]	Relative Intensität	Linie
1172	100	$L\,1\alpha_1$	474	28	$K\,1\beta_1$	1198	7	$K\,3\alpha_1$
1184	12	$L\,1\alpha_2$	533	100	$K\,1\alpha_1$	1212	3	$K\,3\alpha_2$
1347	3	$L\,1l$	538	50	$K\,1\alpha_2$	1382	0,2	$K\,4\beta_2$
1676	2	$L\,2\gamma_1$	926,6	1,2	$K\,2\beta_2$	1414	1	$K\,4\beta_1$
1934	1,6	$L\,2\beta_3$	948	6	$K\,2\beta_1$	1598	3	$K\,4\alpha_1$
1960	10	$L\,2\beta_1$	1066	20	$K\,2\alpha_1$	1616	1,5	$K\,4\alpha_2$
1962	4	$L\,2\beta_2$	1076	10	$K\,2\alpha_2$			
2012	1	$L\,2\beta_4$	1390	0,4	$K\,3\beta_2$	2343	10	$L\,1\gamma_1$
2344	20	$L\,2\alpha_1$	1422	2	$K\,3\beta_1$	2506	20	$L\,1\beta_2$
2368	2,4	$L\,2\alpha_2$	1599	7	$K\,3\alpha_1$	2623	8	$L\,1\beta_3$
2514	0,1	$L\,3\gamma_1$	1614	3	$K\,3\alpha_2$	2661	5	$L\,1\beta_4$
2694	0,6	$L\,2l$	1853	0,2	$K\,4\beta_2$	2678	50	$L\,1\beta_1$
2901	0,1	$L\,3\beta_3$	1896	1	$K\,4\beta_1$	2886	100	$L\,1\alpha_1$
2940	0,7	$L\,3\beta_1$	2132	3	$K\,4\alpha_1$	2896	12	$L\,1\alpha_2$
2943	0,3	$L\,3\beta_2$	2152	1,5	$K\,4\alpha_2$	3260	3	$L\,1l$
3018	0,1	$L\,3\beta_4$				4686	2	$L\,2\gamma_1$
3352	0	$L\,4\gamma_1$	3329	10	$L\,1\gamma_1$	5012	4	$L\,2\beta_2$
3516	4	$L\,3\alpha_1$	3506	20	$L\,1\beta_2$	5246	1,6	$L\,2\beta_3$
3552	1	$L\,3\alpha_2$	3637	8	$L\,1\beta_3$	5322	1	$L\,2\beta_4$
3864	0	$L\,4\beta_3$	3674	5	$L\,1\beta_4$	5356	10	$L\,2\beta_1$
3920	0,3	$L\,4\beta_1$	3730	50	$L\,1\beta_1$	5772	20	$L\,2\alpha_1$
3924	0,1	$L\,4\beta_2$	3948	100	$L\,1\alpha_1$	5792	2	$L\,2\alpha_2$
4024	0	$L\,4\beta_4$	3957	12	$L\,1\alpha_2$	6520	0,6	$L\,2l$
4688	3	$L\,4\alpha_1$	4471	3	$L\,1l$	7029	0,7	$L\,3\gamma_1$
4736	0,5	$L\,4\alpha_2$	6658	2	$L\,2\gamma_1$	7518	1,5	$L\,3\beta_2$
			7012	4	$L\,2\beta_2$	7869	0,5	$L\,3\beta_3$
Brom (Br)			7274	1,6	$L\,2\beta_3$	7983	0,3	$L\,3\beta_4$
918,5	0,2	$K\,1\beta_2$	7348	1	$L\,2\beta_4$	8034	3	$L\,3\beta_1$
930,9	16	$K\,1\beta_1$	7460	10	$L\,2\beta_1$	8058	7	$L\,3\alpha_1$
1037,6	100	$K\,1\alpha_1$	7896	20	$L\,2\alpha_1$	8088	1	$L\,3\alpha_2$
1042	50	$K\,1\alpha_2$	7914	2,4	$L\,2\alpha_2$	9392	0,3	$L\,4\gamma_1$
1837	0	$K\,2\beta_2$	8942	0,6	$L\,2l$	9780	0,4	$L\,3l$
1862	3	$K\,2\beta_1$	9987	0,7	$L\,3\gamma_1$	10024	0,7	$L\,4\beta_2$
2075	20	$K\,2\alpha_1$	10518	1,5	$L\,3\beta_2$	10492	0,2	$L\,4\beta_3$
2084	10	$K\,2\alpha_2$	10911	0,5	$L\,3\beta_3$	10644	0,1	$L\,4\beta_4$
2756	0	$K\,3\beta_2$	11022	0,3	$L\,3\beta_4$	10712	0,4	$L\,4\beta_1$
2793	1	$K\,3\beta_1$	11190	3	$L\,3\beta_1$	11544	3	$L\,4\alpha_1$
3113	7	$K\,3\alpha_1$	11844	7	$L\,3\alpha_1$	11584	0,5	$L\,4\alpha_2$
3126	3	$K\,3\alpha_2$						
3674	0	$K\,4\beta_2$	Caesium (Cs)			Calcium (Ca)		
3724	1,5	$K\,4\beta_1$	345,4	6	$K\,1\beta_2$			
4150	3	$K\,4\alpha_1$	353,6	28	$K\,1\beta_1$	3083,3	15	$K\,1\beta_1$
4168	1,5	$K\,4\alpha_2$	399,5	100	$K\,1\alpha_1$	3351,7	100	$K\,1\alpha_1$
			404	50	$K\,1\alpha_2$	3355	50	$K\,1\alpha_2$
8109	50	$L\,1\beta_1$	691	1,2	$K\,2\beta_2$	6166	3	$K\,2\beta_1$
8358	100	$L\,1\alpha$	707	6	$K\,2\beta_1$	6704	20	$K\,2\alpha_1$
9564	2	$L\,1l$	799	20	$K\,2\alpha_1$	6710	10	$K\,2\alpha_2$
			808	10	$K\,2\alpha_2$	9250	1	$K\,3\beta_1$
Cadmium (Cd)			1036	0,5	$K\,3\beta_2$	10055	7	$K\,3\alpha_1$
463,3	6	$K\,1\beta_2$	1060	2	$K\,3\beta_1$	10065	3	$K\,3\alpha_2$

Tabelle 32 (Fortsetzung)

Röntgenwellenlängen der Elemente

(Relative Intensität von $K_{\alpha_1} = 100$ und $L_{\alpha_1} = 100$ gesetzt.
Intensitätsverhältnis der vier ersten Ordnungen: 100 : 20 : 7 : 3)

λ [XE]	Relative Intensität	Linie	λ [XE]	Relative Intensität	Linie	λ [XE]	Relative Intensität	Linie
\multicolumn{3}{c}{Cer (Ce)}	\multicolumn{3}{c}{Chlor (Cl)}	1916	12	$L\,1\alpha_2$
						2154	3	$L\,1l$
307,5	6	$K\,1\beta_2$	4394	15	$K\,1\beta_1$	2940	2	$L\,2\gamma_1$
315,2	28	$K\,1\beta_1$	4718	100	$K\,1\alpha_1$	3240	5	$L\,2\beta_2$
356,4	100	$K\,1\alpha_1$	4721	50	$K\,1\alpha_2$	3354	1,6	$L\,2\beta_3$
364,9	50	$K\,1\alpha_2$	8788	3	$K\,2\beta_1$	3412	10	$L\,2\beta_1$
615	1	$K\,2\beta_2$	9436	20	$K\,2\alpha_1$	3434	1	$L\,2\beta_4$
630	6	$K\,2\beta_1$	9442	10	$K\,2\alpha_2$	3810	20	$L\,2\alpha_1$
713	20	$K\,2\alpha_1$				3832	2,4	$L\,2\alpha_2$
730	10	$K\,2\alpha_2$	\multicolumn{3}{c}{Chrom (Cr)}	4308	0,6	$L\,2l$
923	0,5	$K\,3\beta_2$				4410	0,7	$L\,3\gamma_1$
945	2	$K\,3\beta_1$	2081	20	$K\,1\beta_1$	4860	1,5	$L\,3\beta_2$
1069	7	$K\,3\alpha_1$	2285	100	$K\,1\alpha_1$	5031	0,5	$L\,3\beta_3$
1095	3	$K\,3\alpha_2$	2289	50	$K\,1\alpha_2$	5118	3	$L\,3\beta_1$
1230	0,2	$K\,4\beta_2$	4162	5	$K\,2\beta_1$	5151	0,3	$L\,3\beta_4$
1260	1	$K\,4\beta_1$	4570	20	$K\,2\alpha_1$	5715	7	$L\,3\alpha_1$
1426	3	$K\,4\alpha_1$	4578	10	$K\,2\alpha_2$	5748	1	$L\,3\alpha_2$
1460	1,5	$K\,4\alpha_2$	6243	1,5	$K\,3\beta_1$	5880	0,3	$L\,4\gamma_1$
			6855	7	$K\,3\alpha_1$	6462	0,2	$L\,3l$
2044	10	$L\,1\gamma_1$	6867	3	$K\,3\alpha_2$	6480	0,7	$L\,4\beta_2$
2204	20	$L\,1\beta_2$	8324	0,7	$K\,4\beta_1$	6708	0,2	$L\,4\beta_3$
2306	8	$L\,1\beta_3$	9140	3	$K\,4\alpha_1$	6824	1,5	$L\,4\beta_1$
2344	5	$L\,1\beta_4$	9156	1,5	$K\,4\alpha_2$	6868	0,1	$L\,4\beta_4$
2351	50	$L\,1\beta_1$				7350	0	$L\,5\gamma_1$
2556	100	$L\,1\alpha_1$				7620	3	$L\,4\alpha_1$
2565	10	$L\,1\alpha_2$	\multicolumn{3}{c}{Dysprosium (Dy)}	7664	0,5	$L\,4\alpha_2$
2886	3	$L\,1l$	231,3	6	$K\,1\beta_2$			
4088	2	$L\,2\gamma_1$	237,1	28	$K\,1\beta_1$	\multicolumn{3}{c}{Eisen (Fe)}
4408	4	$L\,2\beta_2$	268,9	100	$K\,1\alpha_1$			
4612	1,6	$L\,2\beta_3$	273,6	50	$K\,1\alpha_2$	1553	17	$K\,1\beta_1$
4688	1	$L\,2\beta_4$	462,6	1,2	$K\,2\beta_2$	1932	100	$K\,1\alpha_1$
4702	10	$L\,2\beta_1$	474	6	$K\,2\beta_1$	1936	50	$K\,1\alpha_2$
5112	20	$L\,2\alpha_1$	538	20	$K\,2\alpha_1$	3106	2,4	$K\,2\beta_1$
5130	2	$L\,2\alpha_2$	547	10	$K\,2\alpha_2$	3864	20	$K\,2\alpha_1$
5772	0,6	$L\,2l$	694	0,5	$K\,3\beta_2$	3872	10	$K\,2\alpha_2$
6132	0,1	$L\,3\gamma_1$	711	2	$K\,3\beta_1$	4659	1	$K\,3\beta_1$
6612	0,3	$L\,3\beta_2$	807	7	$K\,3\alpha_1$	5796	7	$K\,3\alpha_1$
6918	0,1	$L\,3\beta_3$	820	3	$K\,3\alpha_2$	5808	3,5	$K\,3\alpha_2$
7032	0,1	$L\,3\beta_4$	924	0,2	$K\,4\beta_2$	6218	0,5	$K\,4\beta_1$
7053	3	$L\,3\beta_1$	949	1	$K\,4\beta_1$	7728	3,5	$K\,4\alpha_1$
7668	7	$L\,3\alpha_1$	1076	3	$K\,4\alpha_1$	7744	1,5	$K\,4\alpha_2$
7695	0,7	$L\,3\alpha_2$	1092	1,5	$K\,4\alpha_2$			
8176	0	$L\,4\gamma_1$				15710	8	$L\,1\beta_3$
8658	0,2	$L\,3l$	1470	10	$L\,1\gamma_1$	17255	52	$L\,1\beta_1$
8816	0,1	$L\,4\beta_2$	1620	20	$L\,1\beta_2$	17567	100	$L\,1\alpha$
9224	0	$L\,4\beta_3$	1677	8	$L\,1\beta_3$			
9376	0	$L\,4\beta_4$	1706	50	$L\,1\beta_1$	\multicolumn{3}{c}{Erbium (Er)}
9404	1,5	$L\,4\beta_1$	1717	5	$L\,1\beta_4$	216,7	8	$K\,1\beta_2$
10224	3	$L\,4\alpha_1$	1905	100	$L\,1\alpha_1$	222,2	28	$K\,1\beta_1$
10260	0,3	$L\,4\alpha_2$				252	100	$K\,1\alpha_1$

Tabelle 32 (Fortsetzung)

Röntgenwellenlängen der Elemente

(Relative Intensität von $K_{\alpha_1} = 100$ und $L_{\alpha_1} = 100$ gesetzt. Intensitätsverhältnis der vier ersten Ordnungen: 100: 20: 7: 3)

λ [XE]	Relative Intensität	Linie	λ [XE]	Relative Intensität	Linie	λ [XE]	Relative Intensität	Linie
256,7	52	$K\,1\alpha_2$	298	100	$K\,1\alpha_1$	292,4	52	$K\,1\alpha_2$
433	1,6	$K\,2\beta_2$	302,7	52	$K\,1\alpha_2$	495	1,6	$K\,2\beta_2$
444	6	$K\,2\beta_1$	513	1,6	$K\,2\beta_2$	508	6	$K\,2\beta_1$
504	20	$K\,2\alpha_1$	526	6	$K\,2\beta_1$	575	20	$K\,2\alpha_1$
513	10	$K\,2\alpha_2$	596	20	$K\,2\alpha_1$	585	10	$K\,2\beta_2$
650	0,5	$K\,3\beta_2$	605	10	$K\,2\alpha_2$	743	0,5	$K\,3\alpha_2$
667	2	$K\,3\beta_1$	769	0,5	$K\,3\beta_2$	762	2	$K\,3\beta_1$
756	7	$K\,3\alpha_1$	789	2	$K\,3\beta_1$	863	7	$K\,3\alpha_1$
770	4	$K\,3\alpha_2$	894	7	$K\,3\alpha_1$	877	4	$K\,3\alpha_2$
866	0,2	$K\,4\beta_2$	908	4	$K\,3\alpha_2$	990	0,2	$K\,4\beta_2$
888	1	$K\,4\beta_1$	1026	0,2	$K\,4\beta_2$	1016	1	$K\,4\beta_1$
1008	3	$K\,4\alpha_1$	1052	1	$K\,4\beta_1$	1150	3	$K\,4\alpha_1$
1026	2	$K\,4\alpha_2$	1192	3	$K\,4\alpha_1$	1170	1,5	$K\,4\alpha_2$
			1210	1,5	$K\,4\alpha_2$			
1363	10	$L\,1\gamma_1$				1589	11	$L\,1\gamma_1$
1511	20	$L\,1\beta_2$	1654	11	$L\,1\gamma_1$	1742	20	$L\,1\beta_2$
1558	8	$L\,1\beta_3$	1808	20	$L\,1\beta_2$	1811	8	$L\,1\beta_3$
1583	58	$L\,1\beta_1$	1883	8	$L\,1\beta_3$	1843	58	$L\,1\beta_1$
1596	6	$L\,1\beta_4$	1916	58	$L\,1\beta_1$	1850	6	$L\,1\beta_4$
1780	100	$L\,1\alpha_1$	1922	6	$L\,1\beta_4$	2042	100	$L\,1\alpha_1$
1791	12	$L\,1\alpha_2$	2116	100	$L\,1\alpha_1$	2053	12	$L\,1\alpha_2$
2015	3	$L\,1l$	2127	12	$L\,1\alpha_2$	2307	3	$L\,1l$
2726	2	$L\,2\gamma_1$	2390	3	$L\,1l$	3178	2,2	$L\,2\gamma_1$
3022	4	$L\,2\beta_2$	3308	2,2	$L\,2\gamma_1$	3484	4	$L\,2\beta_2$
3116	1,6	$L\,2\beta_3$	3616	4	$L\,2\beta_2$	3622	1,6	$L\,2\beta_3$
3166	12	$L\,2\beta_1$	3763	1,6	$L\,2\beta_3$	3686	12	$L\,2\beta_1$
3192	1,2	$L\,2\beta_4$	3832	12	$L\,2\beta_1$	3700	1,2	$L\,2\beta_4$
3560	20	$L\,2\alpha_1$	4232	20	$L\,2\alpha_1$	4084	20	$L\,2\alpha_1$
3582	2,4	$L\,2\alpha_2$	4254	2,4	$L\,2\alpha_2$	4106	2,4	$L\,2\alpha_2$
4030	0,6	$L\,2l$	4870	0,6	$L\,2l$	4614	0,6	$L\,2l$
4089	0,7	$L\,3\gamma_1$	4962	0,8	$L\,3\gamma_1$	4767	0,8	$L\,3\gamma_1$
4533	1,5	$L\,3\beta_2$	5424	1,5	$L\,3\beta_2$	5226	1,5	$L\,3\beta_2$
4674	0,5	$L\,3\beta_3$	5649	0,5	$L\,3\beta_3$	5433	0,5	$L\,3\beta_3$
4749	4	$L\,3\beta_1$	5748	4	$L\,3\beta_1$	5529	4	$L\,3\beta_1$
4788	0,4	$L\,3\beta_4$	5766	0,4	$L\,3\beta_4$	5550	0,4	$L\,3\beta_4$
5340	7	$L\,3\alpha_1$	6348	7	$L\,3\alpha_1$	6126	7	$L\,3\alpha_1$
5373	1	$L\,3\alpha_2$	6381	0,9	$L\,3\alpha_2$	6159	0,9	$L\,3\alpha_2$
5452	0,3	$L\,4\gamma_2$	6616	0,4	$L\,4\gamma_1$	6356	0,4	$L\,4\gamma_1$
6045	0,2	$L\,3l$	7170	0,2	$L\,3l$	6921	0,2	$L\,3l$
6066	0,7	$L\,4\beta_2$	7232	0,7	$L\,4\beta_2$	6968	0,7	$L\,4\beta_2$
6232	0,2	$L\,4\beta_3$	7526	0,2	$L\,4\beta_3$	7244	0,2	$L\,4\beta_3$
6332	2	$L\,4\beta_1$	7664	2	$L\,4\beta_1$	7372	2	$L\,4\beta_1$
6384	0,2	$L\,4\beta_4$	8270	0	$L\,5\gamma_1$	7400	0,2	$L\,4\beta_4$
6815	0	$L\,5l$	8464	3	$L\,4\alpha_1$	8168	3	$L\,4\alpha_1$
7120	3	$L\,4\alpha_1$	8508	0,4	$L\,4\alpha_2$	8212	0,4	$L\,4\alpha_2$
7164	0,5	$L\,4\alpha_2$						

Europium (Eu)

λ [XE]	Relative Intensität	Linie
256,5	8	$K\,1\beta_2$
263,1	28	$K\,1\beta_1$

Gadolinium (Gd)

λ [XE]	Relative Intensität	Linie
247,6	8	$K\,1\beta_2$
253,9	28	$K\,1\beta_1$
287,7	100	$K\,1\alpha_1$

Gallium (Ga)

λ [XE]	Relative Intensität	Linie
1193	0,5	$K\,1\beta_2$
1205	21	$K\,1\beta_1$
1337	100	$K\,1\alpha_1$

Tabelle 32 (Fortsetzung)

Röntgenwellenlängen der Elemente

(Relative Intensität von $K_{\alpha_1} = 100$ und $L_{\alpha_1} = 100$ gesetzt.
Intensitätsverhältnis der vier ersten Ordnungen: 100:20:7:3)

λ [XE]	Relative Intensität	Linie	λ [XE]	Relative Intensität	Linie	λ [XE]	Relative Intensität	Linie
1341	50	$K\,1\alpha_2$	369,4	10	$K\,2\alpha_2$	443	20	$K\,2\alpha_1$
2386	0,1	$K\,2\beta_2$	463	0,6	$K\,3\beta_2$	453	10	$K\,2\alpha_2$
2410	4	$K\,2\beta_1$	476	2	$K\,3\beta_1$	571	0,6	$K\,3\beta_2$
2674	20	$K\,2\alpha_1$	539	7	$K\,3\alpha_1$	586	1,7	$K\,3\beta_1$
2682	10	$K\,2\alpha_2$	554	3,5	$K\,3\alpha_2$	665	7	$K\,3\alpha_1$
3579	0	$K\,3\beta_2$	617	0,3	$K\,4\beta_2$	680	4	$K\,3\alpha_2$
3615	1,5	$K\,3\beta_1$	635	1	$K\,4\beta_1$	762	0,3	$K\,4\beta_2$
4011	7	$K\,3\alpha_1$	719	3	$K\,4\alpha_1$	780	0,8	$K\,4\beta_1$
4023	3	$K\,3\alpha_2$	739	1,7	$K\,4\alpha_2$	886	3	$K\,4\alpha_1$
4772	0	$K\,4\beta_2$				906	2	$K\,4\alpha_2$
4820	0,7	$K\,4\beta_1$	925	11	$L\,1\gamma_1$			
5348	3	$K\,4\alpha_1$	1065	8	$L\,1\beta_3$	1177	11	$L\,1\gamma_1$
5364	1,5	$K\,4\alpha_2$	1068	24	$L\,1\beta_2$	1324	20	$L\,1\beta_2$
			1081	52	$L\,1\beta_1$	1350	7	$L\,1\beta_3$
11023	60	$L\,1\beta_1$	1104	5	$L\,1\beta_4$	1371	57	$L\,1\beta_1$
11290	100	$L\,1\alpha$	1273,7	100	$L\,1\alpha_1$	1389	6	$L\,1\beta_4$
12950	3	$L\,1l$	1285	11	$L\,1\alpha_2$	1566	100	$L\,1\alpha_1$
			1457	3	$L\,1l$	1577	12	$L\,1\alpha_2$
Germanium (Ge)			1849	2,2	$L\,2\gamma_1$	1774	3	$L\,1l$
			2131	1,6	$L\,2\beta_3$	2353	2,2	$L\,2\gamma_1$
1115	1	$K\,1\beta_2$	2136	5	$L\,2\beta_2$	2647	4	$L\,2\beta_2$
1127	23	$K\,1\beta_1$	2162	10	$L\,2\beta_1$	2699	1,4	$L\,2\beta_3$
1251	100	$K\,1\alpha_1$	2208	1	$L\,2\beta_4$	2742	13	$L\,2\beta_1$
1255	50	$K\,1\alpha_2$	2547	20	$L\,2\alpha_1$	2779	1,2	$L\,2\beta_4$
2229	0,2	$K\,2\beta_2$	2570	2	$L\,2\alpha_2$	3132	20	$L\,2\alpha_1$
2253	4	$K\,2\beta_1$	2774	0,8	$L\,3\gamma_1$	3154	2,4	$L\,2\alpha_2$
2502	20	$K\,2\alpha_1$	2914	0,6	$L\,2l$	3530	0,8	$L\,3\gamma_1$
2510	10	$K\,2\alpha_2$	3197	0,6	$L\,3\beta_3$	3548	0,6	$L\,2l$
3343	0,1	$K\,3\beta_2$	3204	1,7	$L\,3\beta_2$	3971	1,4	$L\,3\beta_2$
3380	1,5	$K\,3\beta_1$	3244	4	$L\,3\beta_1$	4049	0,5	$L\,3\beta_3$
3753	7	$K\,3\alpha_1$	3313	0,4	$L\,3\beta_4$	4113	4	$L\,3\beta_1$
3765	4	$K\,3\alpha_2$	3547	7	$L\,3\alpha_1$	4168	0,5	$L\,3\beta_4$
4458	0	$K\,4\beta_2$	3570	0,8	$L\,3\alpha_2$	4698	7	$L\,3\alpha_1$
4506	0,7	$K\,4\beta_1$	3698	0,4	$L\,4\gamma_1$	4706	0,4	$L\,4\gamma_1$
5004	3	$K\,4\alpha_1$	4262	0,3	$L\,4\beta_3$	4731	0,9	$L\,3\alpha_2$
5020	2	$K\,4\alpha_2$	4272	0,8	$L\,4\beta_2$	5294	0,7	$L\,4\beta_2$
			4324	2	$L\,4\beta_1$	5372	0,2	$L\,3l$
10174	58	$L\,1\beta_1$	4371	0,2	$L\,3l$	5398	0,2	$L\,4\beta_3$
10435	100	$L\,1\alpha$	4416	0,2	$L\,4\beta_4$	5484	2	$L\,4\beta_1$
11922	3	$L\,1l$	4635	0	$L\,5\gamma_1$	5558	0,2	$L\,4\beta_4$
			5094	3	$L\,4\alpha_1$	5883	0	$L\,5\gamma_1$
Gold (Au)			5140	0,4	$L\,4\alpha_2$	6264	3	$L\,4\alpha_1$
						6308	0,4	$L\,4\alpha_2$
154,3	9	$K\,1\beta_2$	Hafnium (Hf)					
158,7	26	$K\,1\beta_1$				Holmium (Ho)		
179,8	100	$K\,1\alpha_1$	190,4	8	$K\,1\beta_2$			
184,7	52	$K\,1\alpha_2$	195,2	25	$K\,1\beta_1$	260,3	100	$K\,1\alpha_1$
308,6	1,9	$K\,2\beta_2$	221,7	100	$K\,1\alpha_1$	265	52	$K\,1\alpha_2$
317,4	5	$K\,2\beta_1$	226,5	52	$K\,1\alpha_2$	521	20	$K\,2\alpha_1$
359,6	20	$K\,2\alpha_1$	381	1,6	$K\,2\beta_2$	530	10	$K\,2\alpha_2$
			390	5	$K\,2\beta_1$	781	7	$K\,3\alpha_1$

Tabelle 32 (Fortsetzung)

Röntgenwellenlängen der Elemente

(Relative Intensität von $K_{\alpha_1} = 100$ und $L_{\alpha_1} = 100$ gesetzt.
Intensitätsverhältnis der vier ersten Ordnungen: 100: 20: 7: 3)

λ [XE]	Relative Intensität	Linie	λ [XE]	Relative Intensität	Linie	λ [XE]	Relative Intensität	Linie
795	3	$K 3\alpha_2$	1776	0,2	$K 4\beta_2$	1155	52	$L 1\beta_1$
1042	3	$K 4\alpha_1$	1814	1	$K 4\beta_1$	1177	5	$L 1\beta_4$
1060	1,5	$K 4\alpha_2$	2044	3	$K 4\alpha_1$	1348	100	$L 1\alpha_1$
			2062	2	$K 4\alpha_2$	1360	11	$L 1\alpha_2$
1414	11	$L 1\gamma_1$				1531	3	$L 1l$
1564	20	$L 1\beta_2$	3156	12	$L 1\gamma_1$	1977	2	$L 2\gamma_1$
1616	7	$L 1\beta_3$	3332	21	$L 1\beta_2$	2266	4	$L 2\beta_2$
1644	57	$L 1\beta_1$	3463	9	$L 1\beta_3$	2277	1,6	$L 2\beta_3$
1655	6	$L 1\beta_4$	3500	6	$L 1\beta_4$	2311	10	$L 2\beta_1$
1841	100	$L 1\alpha_1$	3548	58	$L 1\beta_1$	2354	1	$L 2\beta_4$
1852	12	$L 1\alpha_2$	3764	100	$L 1\alpha_1$	2697	20	$L 2\alpha_1$
2082	3	$L 1l$	3773	12	$L 1\alpha_2$	2720	2	$L 2\alpha_2$
2829	2,2	$L 2\gamma_1$	4260	3	$L 1l$	2966	0,7	$L 3\gamma_1$
3128	4	$L 2\beta_2$	6311	2,4	$L 2\gamma_1$	3062	0,6	$L 2l$
3232	1,4	$L 2\beta_3$	6663	4	$L 2\beta_2$	3399	1,6	$L 3\beta_2$
3287	13	$L 2\beta_1$	6925	1,9	$L 2\beta_3$	3414	0,6	$L 3\beta_3$
3311	1,2	$L 2\beta_4$	7000	1,2	$L 2\beta_4$	3465	4	$L 3\beta_1$
3682	20	$L 2\alpha_1$	7096	12	$L 2\beta_1$	3531	0,4	$L 3\beta_4$
3704	2,4	$L 2\alpha_2$	7529	20	$L 2\alpha_1$	3955	0,3	$L 4\gamma_1$
4164	0,6	$L 2l$	7546	2,4	$L 2\alpha_2$	4044	7	$L 3\alpha_1$
4242	0,8	$L 3\gamma_1$	8520	0,6	$L 2l$	4080	0,8	$L 3\alpha_2$
4692	1,4	$L 3\beta_2$	9467	1	$L 3\gamma_1$	4532	0,8	$L 4\beta_2$
4848	0,5	$L 3\beta_3$	10000	1,6	$L 3\beta_2$	4554	0,3	$L 4\beta_3$
4931	4	$L 3\beta_1$	10389	0,7	$L 3\beta_3$	4593	0,2	$L 3l$
4966	0,5	$L 3\beta_4$	10500	0,4	$L 3\beta_4$	4622	2	$L 4\beta_1$
5523	7	$L 3\alpha_1$	10644	4	$L 3\beta_1$	4708	0,2	$L 4\beta_4$
5556	0,9	$L 3\alpha_2$	11292	7	$L 3\alpha_1$	5394	3	$L 4\alpha_1$
5658	0,4	$L 4\gamma_1$	11319	1	$L 3\alpha_2$	5440	0,4	$L 4\alpha_2$
6246	0,2	$L 3l$						
6256	0,7	$L 4\beta_2$	\multicolumn{3}{c}{Irdium (Ir)}		\multicolumn{3}{c}{Jod (J)}		
6464	0,2	$L 4\beta_3$	163,6	8	$K 1\beta_2$	374,7	7	$K 1\beta_2$
6574	2	$L 4\beta_1$	168,2	25	$K 1\beta_1$	383	30	$K 1\beta_1$
6622	0,2	$L 4\beta_4$	190,7	100	$K 1\alpha_1$	432,4	100	$K 1\alpha_1$
7070	0	$L 5\gamma_1$	195,5	53	$K 1\alpha_2$	436,9	50	$K 1\alpha_2$
7364	3	$L 4\alpha_1$	327	1,6	$K 2\beta_2$	749	1,4	$K 2\beta_2$
7408	0,4	$L 4\alpha_2$	336	5	$K 2\beta_1$	766	6	$K 2\beta_1$
			381	20	$K 2\alpha_1$	865	20	$K 2\alpha_1$
\multicolumn{3}{c}{Indium (In)}	391	11	$K 2\alpha_2$	874	10	$K 2\alpha_2$
444	6	$K 1\beta_2$	491	0,1	$K 3\beta_2$	1124	0,5	$K 3\beta_2$
453,6	29	$K 1\beta_1$	505	0,4	$K 3\beta_1$	1149	2	$K 3\beta_1$
511	100	$K 1\alpha_1$	572	7	$K 3\alpha_1$	1297	7	$K 3\alpha_1$
515,5	50	$K 1\alpha_2$	587	0,8	$K 3\alpha_2$	1311	3	$K 3\alpha_2$
888	1,2	$K 2\beta_2$	654	0	$K 4\beta_2$	1498	0,2	$K 4\beta_2$
907	6	$K 2\beta_1$	672	0,2	$K 4\beta_1$	1532	1	$K 4\beta_1$
1022	20	$K 2\alpha_1$	762	3	$K 4\alpha_1$	1730	3	$K 4\alpha_1$
1031	10	$K 2\alpha_2$	782	0,4	$K 4\alpha_2$	1748	1,5	$K 4\alpha_2$
1332	0,4	$K 3\beta_2$						
1361	2	$K 3\beta_1$	989	10	$L 1\gamma_1$	2577	12	$L 1\gamma_1$
1533	7	$K 3\alpha_1$	1133	22	$L 1\beta_2$	2745	20	$L 1\beta_2$
1547	4	$K 3\alpha_2$	1138	8	$L 1\beta_3$	2868	7	$L 1\beta_3$

Tabelle 32 (Fortsetzung)

Röntgenwellenlängen der Elemente

(Relative Intensität von $K_{\alpha_1} = 100$ und $L_{\alpha_1} = 100$ gesetzt.
Intensitätsverhältnis der vier ersten Ordnungen: 100: 20: 7: 3)

λ [XE]	Relative Intensität	Linie	λ [XE]	Relative Intensität	Linie	λ [XE]	Relative Intensität	Linie
2906	6	$L\,1\beta_4$	\multicolumn{3}{c}{Kupfer (Cu)}	5319	20	$L\,2\alpha_1$
2931	59	$L\,1\beta_1$				5338	1,4	$L\,2\alpha_2$
3142	100	$L\,1\alpha_1$	1389,4	20	$K\,1\beta_1$	6000	0,6	$L\,2l$
3151	12	$L\,1\alpha_2$	1537,4	100	$K\,1\alpha_1$	6412	0,9	$L\,3\gamma_1$
3550	3	$L\,1l$	1541,2	50	$K\,1\alpha_2$	6894	1,5	$L\,3\beta_2$
5154	2,4	$L\,2\gamma_1$	2779	4	$K\,2\beta_1$	7216	0,6	$L\,3\beta_3$
5490	4	$L\,2\beta_2$	3075	20	$K\,2\alpha_1$	7331	0,4	$L\,3\beta_4$
5737	1,4	$L\,2\beta_3$	3082	10	$K\,2\alpha_2$	7360	4	$L\,3\beta_1$
5812	1,2	$L\,2\beta_4$	4168	1,5	$K\,3\beta_1$	7979	7	$L\,3\alpha_1$
5863	12	$L\,2\beta_1$	4612	7	$K\,3\alpha_1$	8007	0,9	$L\,3\alpha_2$
6284	20	$L\,2\alpha_1$	4624	3	$K\,3\alpha_2$	8549	0,4	$L\,4\gamma_1$
6303	2,4	$L\,2\alpha_2$	5558	0,7	$K\,4\beta_1$	9000	0,2	$L\,3l$
7100	0,6	$L\,2l$	6150	3	$K\,4\alpha_1$	9192	0,7	$L\,4\beta_2$
7731	0,9	$L\,3\gamma_1$	6164	1,5	$K\,4\alpha_2$	9622	0,3	$L\,4\beta_3$
8235	1,5	$L\,3\beta_2$				9776	0,2	$L\,4\beta_4$
8605	0,5	$L\,3\beta_3$	12070	14	$L\,1\beta_3$	9814	2	$L\,4\beta_1$
8718	0,4	$L\,3\beta_4$	13053	62	$L\,1\beta_1$	10638	3	$L\,4\alpha_1$
8794	4	$L\,3\beta_1$	13330	100	$L\,1\alpha$	10676	0,4	$L\,4\alpha_2$
9426	7	$L\,3\alpha_1$	\multicolumn{3}{c}{Lanthan (La)}	\multicolumn{3}{c}{Lutetium (Lu)}
9454	0,9	$L\,3\alpha_2$						
10308	0,4	$L\,4\gamma_1$	319,5	8	$K\,1\beta_2$	196,5	8	$K\,1\beta_2$
10650	0,2	$L\,3l$	327,3	30	$K\,1\beta_1$	201,7	25	$K\,1\beta_1$
10980	0,7	$L\,4\beta_2$	370	100	$K\,1\alpha_1$	228,8	100	$K\,1\alpha_1$
11474	0,2	$L\,4\beta_3$	374,5	50	$K\,1\alpha_2$	233,6	52	$K\,1\alpha_2$
11624	0,2	$L\,4\beta_4$	639	1,6	$K\,2\beta_2$	393	1,6	$K\,2\beta_2$
11726	2	$L\,4\beta_1$	655	6	$K\,2\beta_1$	403	5	$K\,2\beta_1$
12568	3	$L\,4\alpha_1$	740	20	$K\,2\alpha_1$	458	20	$K\,2\alpha_1$
12606	0,4	$L\,4\alpha_2$	749	10	$K\,2\alpha_2$	467	10	$K\,2\alpha_2$
\multicolumn{3}{c}{Kalium (K)}	958	0,6	$K\,3\beta_2$	590	0,6	$K\,3\beta_2$
			982	2	$K\,3\beta_1$	605	1,7	$K\,3\beta_1$
3447	20	$K\,1\beta_1$	1110	7	$K\,3\alpha_1$	686	7	$K\,3\alpha_1$
3734	100	$K\,1\alpha_1$	1124	3	$K\,3\alpha_2$	701	4	$K\,3\alpha_2$
3737	52	$K\,1\alpha_2$	1278	0,3	$K\,4\beta_2$	786	0,3	$K\,4\beta_2$
6894	4	$K\,2\beta_1$	1310	1	$K\,4\beta_1$	806	0,8	$K\,4\beta_1$
7467	20	$K\,2\alpha_1$	1480	3	$K\,4\alpha_1$	916	3	$K\,4\alpha_1$
7474	10	$K\,2\alpha_2$	1498	1,5	$K\,4\alpha_2$	934	2	$K\,4\alpha_2$
\multicolumn{3}{c}{Kobalt (Co)}	2137	12	$L\,1\gamma_1$	1220	11	$L\,1\gamma_1$
			2298	20	$L\,1\beta_2$	1367	20	$L\,1\beta_2$
1617,5	16	$K\,1\beta_1$	2405	8	$L\,1\beta_3$	1398	8	$L\,1\beta_3$
1785,3	100	$K\,1\alpha_1$	2444	6	$L\,1\beta_4$	1421	58	$L\,1\beta_1$
1789,2	50	$K\,1\alpha_2$	2453	58	$L\,1\beta_1$	1437	6	$L\,1\beta_4$
3235	3	$K\,2\beta_1$	2660	100	$L\,1\alpha_1$	1616	100	$L\,1\alpha_1$
3571	20	$K\,2\alpha_1$	2669	12	$L\,1\alpha_2$	1626	12	$L\,1\alpha_2$
3578	10	$K\,2\alpha_2$	3000	3	$L\,1l$	1832	3	$L\,1l$
4853	1	$K\,3\beta_1$	4274	2,4	$L\,2\gamma_1$	2441	2,2	$L\,2\gamma_1$
5356	7	$K\,3\alpha_1$	4596	4	$L\,2\beta_2$	2734	4	$L\,2\beta_2$
5368	3	$K\,3\alpha_2$	4811	1,6	$L\,2\beta_3$	2796	1,6	$L\,2\beta_3$
6470	0,5	$K\,4\beta_1$	4888	1,2	$L\,2\beta_4$	2841	12	$L\,2\beta_1$
7142	3	$K\,4\alpha_1$	4907	12	$L\,2\beta_1$	2874	1,2	$L\,2\beta_4$
7156	1,5	$K\,4\alpha_2$						

Tabelle 32 (Fortsetzung)

Röntgenwellenlängen der Elemente

(Relative Intensität von $K_{\alpha_1} = 100$ und $L_{\alpha_1} = 100$ gesetzt.
Intensitätsverhältnis der vier ersten Ordnungen: 100: 20: 7: 3)

λ [XE]	Relative Intensität	Linie	λ [XE]	Relative Intensität	Linie	λ [XE]	Relative Intensität	Linie
3231	20	$L\,2\alpha_1$	1262	4	$K\,2\beta_1$	1170	1	$K\,4\beta_1$
3253	2,4	$L\,2\alpha_2$	1416	20	$K\,2\alpha_1$	1324	3	$K\,4\alpha_1$
3661	0,8	$L\,3\gamma_1$	1424	10	$K\,2\alpha_2$	1344	1,7	$K\,4\alpha_2$
3664	0,6	$L\,2l$	1859	0,4	$K\,3\beta_2$			
4102	1,4	$L\,3\beta_2$	1893	1,6	$K\,3\beta_1$	1874	12	$L\,1\gamma_1$
4195	0,6	$L\,3\beta_3$	2123	7	$K\,3\alpha_1$	2031	20	$L\,1\mu_2$
4262	4	$L\,3\beta_1$	2136	3,5	$K\,3\alpha_2$	2122	8	$L\,1\beta_3$
4312	0,4	$L\,3\beta_4$	2478	0,2	$K\,4\beta_2$	2162	58	$L\,1\beta_1$
4847	7	$L\,3\alpha_1$	2524	0,8	$K\,4\beta_1$	2365	100	$L\,1\alpha_1$
4879	0,9	$L\,3\alpha_2$	2832	3	$K\,4\alpha_1$	2376	12	$L\,1\alpha_2$
4882	0,4	$L\,4\gamma_1$	2848	1,7	$K\,4\alpha_2$	2670	3	$L\,1l$
5468	0,7	$L\,4\beta_2$				3863	2,4	$L\,2\gamma_1$
5495	0,2	$L\,3l$	4716	7	$L\,1\gamma_1$	4063	4	$L\,2\beta_2$
5592	0,3	$L\,4\beta_3$	4913	8	$L\,1\beta_2$	4244	1,6	$L\,2\beta_3$
5682	2	$L\,4\beta_1$	5003	14	$L\,1\beta_3$	4324	12	$L\,2\beta_1$
5748	0,2	$L\,4\beta_4$	5038	10	$L\,1\beta_4$	4731	20	$L\,2\alpha_1$
6462	3	$L\,4\alpha_1$	5166	62	$L\,1\beta_1$	4751	2,4	$L\,2\alpha_2$
6506	0,4	$L\,4\alpha_2$	5395	100	$L\,1\alpha_1$	5341	0,6	$L\,2l$
			5403	13	$L\,1\alpha_2$	5621	0,9	$L\,3\gamma_1$
Magnesium (Mg)			6138	4	$L\,1l$	6094	1,4	$L\,3\beta_2$
9532	15	$K\,1\beta_1$	9432	1,4	$L\,2\gamma_1$	6367	0,6	$L\,3\beta_3$
9869	100	$K\,1\alpha$	9826	1,6	$L\,2\beta_2$	6487	4	$L\,3\beta_1$
			10006	2,8	$L\,2\beta_3$	7096	7	$L\,3\alpha_1$
Mangan (Mn)			10077	2	$L\,2\beta_4$	7127	0,9	$L\,3\alpha_2$
1906	17	$K\,1\beta_1$	10333	12	$L\,2\beta_1$	7726	0,4	$L\,4\gamma_1$
2098	100	$K\,1\alpha_1$	10791	20	$L\,2\alpha_1$	8011	0,2	$L\,3l$
2101	50	$K\,1\alpha_2$	10806	1,6	$L\,2\alpha_2$	8126	0,7	$L\,4\beta_2$
3813	3,4	$K\,2\beta_1$	12276	0,8	$L\,2l$	8488	0,3	$L\,4\beta_3$
4195	20	$K\,2\alpha_1$				8648	2	$L\,4\beta_1$
4203	10	$K\,2\alpha_2$	*Natrium (Na)*			9462	3	$L\,4\alpha_1$
5719	1,2	$K\,3\beta_1$	11598	15	$K\,1\beta_1$	9502	0,4	$L\,4\alpha_2$
6293	7	$K\,3\alpha_1$	11886	100	$K\,1\alpha$			
6304	3	$K\,3\alpha_2$				*Nickel (Ni)*		
7626	0,6	$K\,4\beta_1$				1497	18	$K\,1\beta_1$
8390	3	$K\,4\alpha_1$	*Neodym (Nd)*			1654,5	100	$K\,1\alpha_1$
8406	1,5	$K\,4\alpha_2$	285,7	7	$K\,1\beta_2$	1658,3	50	$K\,1\alpha_2$
17540	10	$L\,1\beta_4$	292,7	28	$K\,1\beta_1$	2994	3,6	$K\,2\beta_1$
19120	62	$L\,1\beta_1$	331,2	100	$K\,1\alpha_1$	3309	20	$K\,2\alpha_1$
22270	4	$L\,1l$	335,8	50	$K\,1\alpha_2$	3317	10	$K\,2\alpha_2$
19450	100	$L\,1\alpha$	571	1,4	$K\,2\beta_2$	4491	1,3	$K\,3\beta_1$
			585	6	$K\,2\beta_1$	4964	7	$K\,3\alpha_1$
Molybdän (Mo)			662	20	$K\,2\alpha_1$	4975	3	$K\,3\alpha_2$
619,7	5	$K\,1\beta_2$	672	10	$K\,2\alpha_2$	5988	0,6	$K\,4\alpha_1$
631	23	$K\,1\beta_1$	857	0,5	$K\,3\beta_2$	6618	3	$K\,4\beta_1$
707,8	100	$K\,1\alpha_1$	878	2	$K\,3\beta_1$	6634	1,5	$K\,4\alpha_2$
712,1	50	$K\,1\alpha_2$	994	7	$K\,3\alpha_1$	13120	14	$L\,1\beta_3$
1239	1	$K\,2\beta_2$	1007	3,5	$K\,3\alpha_2$	14279	62	$L\,1\beta_1$
			1142	0,2	$K\,4\beta_2$	14566	100	$L\,1\alpha$

Tabelle 32 (Fortsetzung)
Röntgenwellenlängen der Elemente
(Relative Intensität von $K_{\alpha_1} = 100$ und $L_{\alpha_1} = 100$ gesetzt.
Intensitätsverhältnis der vier ersten Ordnungen: 100:20:7:3)

λ [XE]	Relative Intensität	Linie	λ [XE]	Relative Intensität	Linie	λ [XE]	Relative Intensität	Linie
Niob (Nb)			786	3	$K\,4\alpha_1$	3717	9	$L\,1\gamma_1$
			804	2	$K\,4\alpha_2$	3901	13	$L\,1\beta_2$
652,8	5	$K\,1\beta_2$				4027	10	$L\,1\beta_3$
664,4	28	$K\,1\beta_1$				4063	6	$L\,1\beta_4$
744,7	100	$K\,1\alpha_1$	1023	10	$L\,1\gamma_1$	4138	59	$L\,1\beta_1$
748,9	50	$K\,1\alpha_2$	1169	22	$L\,1\beta_2$	4359	100	$L\,1\alpha_1$
1306	1	$K\,2\beta_2$	1177	8	$L\,1\beta_3$	4367	12	$L\,1\alpha_2$
1329	6	$K\,2\beta_1$	1195	52	$L\,1\beta_1$	4942	4	$L\,1l$
1489	20	$K\,2\alpha_1$	1215	5	$L\,1\beta_4$	7434	1,9	$L\,2\gamma_1$
1498	10	$K\,2\alpha_2$	1389	100	$L\,1\alpha_1$	7802	2,6	$L\,2\beta_2$
1958	0,4	$K\,3\beta_2$	1399	12	$L\,1\alpha_2$	8052	2	$L\,2\beta_3$
1993	2	$K\,3\beta_1$	2046	2	$L\,2\gamma_1$	8125	1,2	$L\,2\beta_4$
2234	7	$K\,3\alpha_1$	2338	4	$L\,2\beta_2$	8275	12	$L\,2\beta_1$
2247	4	$K\,3\alpha_2$	2354	1,6	$L\,2\beta_3$	8718	20	$L\,2\alpha_1$
2612	0,2	$K\,4\beta_2$	2390	10	$L\,2\beta_1$	8734	2,4	$L\,2\alpha_2$
2658	1	$K\,4\beta_1$	2430	1	$L\,2\beta_4$	9685	0,8	$L\,2l$
2978	3	$K\,4\alpha_1$	2777	20	$L\,2\alpha_1$	11151	0,7	$L\,3\gamma_1$
2996	2	$K\,4\alpha_2$	2797	24	$L\,2\alpha_2$	11702	1	$L\,3\beta_2$
			3069	0,7	$L\,3\gamma_1$	12079	0,7	$L\,3\beta_3$
5026	7	$L\,1\gamma_1$	3506	1,6	$L\,3\beta_2$	12188	0,4	$L\,3\beta_4$
5227	8	$L\,1\beta_2$	3532	0,6	$L\,3\beta_3$	12413	4	$L\,3\beta_1$
5299	14	$L\,1\beta_3$	3585	3,6	$L\,3\beta_1$	13076	7	$L\,3\alpha_1$
5335	10	$L\,1\beta_4$	3645	0,4	$L\,3\beta_4$	13101	0,9	$L\,3\alpha_2$
5481	62	$L\,1\beta_1$	4092	0,3	$L\,4\gamma_1$			
5713	100	$L\,1\alpha_1$	4166	7	$L\,3\alpha_1$	*Phosphor (P)*		
5720	13	$L\,1\alpha_2$	4196	0,9	$L\,3\alpha_2$			
6504	3	$L\,1l$	4676	0,8	$L\,4\beta_2$	5792	15	$K\,1\beta_1$
10051	0,5	$L\,2\gamma_1$	4708	0,3	$L\,4\beta_3$	6142,5	100	$K\,1\alpha$
10454	0,6	$L\,2\beta_2$	4780	1,8	$L\,4\beta_1$	11584	3	$K\,2\beta_1$
10599	1	$L\,2\beta_3$	4860	0,2	$L\,4\beta_4$	12285	20	$K\,2\alpha$
10669	0,7	$L\,2\beta_4$	5554	3	$L\,4\alpha_1$			
10962	4	$L\,2\beta_1$	5594	0,4	$L\,4\alpha_2$	*Platin (Pt)*		
11425	7	$L\,2\alpha_1$				158,9	9	$K\,1\beta_2$
11440	1	$L\,2\alpha_2$	*Palladium (Pd)*			163,3	25	$K\,1\beta_1$
			509,2	6	$K\,1\beta_2$	185,1	100	$K\,1\alpha_1$
Osmium (Os)			519,5	28	$K\,1\beta_1$	190	54	$K\,1\alpha_2$
168,6	9	$K\,1\beta_2$	584,2	100	$K\,1\alpha_1$	318	1,8	$K\,2\beta_2$
173,3	25	$K\,1\beta_1$	588,6	50	$K\,1\alpha_2$	327	5	$K\,2\beta_1$
196,4	100	$K\,1\alpha_1$	1018	1,2	$K\,2\beta_2$	370	20	$K\,2\alpha_1$
201,2	55	$K\,1\alpha_2$	1039	6	$K\,2\beta_1$	380	11	$K\,2\alpha_2$
337	1,8	$K\,2\beta_2$	1168	20	$K\,2\alpha_1$	477	0,7	$K\,3\beta_2$
347	5	$K\,2\beta_1$	1177	10	$K\,2\alpha_2$	490	1,7	$K\,3\beta_1$
393	20	$K\,2\alpha_1$	1528	0,4	$K\,3\beta_2$	555	7	$K\,3\alpha_1$
402	11	$K\,2\alpha_2$	1559	2	$K\,3\beta_1$	570	4	$K\,3\alpha_2$
506	0,6	$K\,3\beta_2$	1753	7	$K\,3\alpha_1$	636	0,3	$K\,4\beta_2$
520	1,7	$K\,3\beta_1$	1766	4	$K\,3\alpha_2$	653	0,8	$K\,4\beta_1$
589	7	$K\,3\alpha_1$	2037	0,2	$K\,4\beta_2$	740	3	$K\,4\alpha_1$
604	4	$K\,3\alpha_2$	2078	1	$K\,4\beta_1$	760	2	$K\,4\alpha_2$
674	0,3	$K\,4\beta_2$	2337	3	$K\,4\alpha_1$			
693	0,8	$K\,4\beta_1$	2354	2	$K\,4\alpha_2$	956	11	$L\,1\gamma_1$

Tabelle 32 (Fortsetzung)

Röntgenwellenlängen der Elemente

(Relative Intensität von $K_{\alpha_1} = 100$ und $L_{\alpha_1} = 100$ gesetzt.
Intensitätsverhältnis der vier ersten Ordnungen: 100:20:7:3)

λ [XE]	Relative Intensität	Linie	λ [XE]	Relative Intensität	Linie	λ [XE]	Relative Intensität	Linie
1100	23	$L\,1\beta_2$	1392	1	$K\,4\alpha_2$	6834	7	$L\,3\alpha_1$
1102	8	$L\,1\beta_3$				6864	4	$L\,3\alpha_2$
1118	52	$L\,1\beta_1$	1957	12	$L\,1\gamma_1$	7180	0,4	$L\,4\gamma_1$
1140	8	$L\,1\beta_4$	2115	20	$L\,1\beta_2$	7808	0,7	$L\,4\beta_2$
1310	100	$L\,1\alpha_1$	2212	8	$L\,1\beta_3$	8152	0,3	$L\,4\beta_3$
1322	11	$L\,1\alpha_2$	2250	6	$L\,1\beta_4$	8302	2	$L\,4\beta_1$
1496	3	$L\,1l$	2254	58	$L\,1\beta_1$	9110	3	$L\,4\alpha_1$
1912	2	$L\,2\gamma_1$	2458	100	$L\,1\alpha_1$	9152	0,3	$L\,4\alpha_2$
2199	5	$L\,2\beta_2$	2468	12	$L\,1\alpha_2$			
2203	16	$L\,2\beta_3$	2778	3	$L\,1l$	**Quecksilber (Hg)**		
2235	10	$L\,2\beta_1$	3914	2,4	$L\,2\gamma_1$			
2280	1	$L\,2\beta_4$	4230	4	$L\,2\beta_2$	894,6	12	$L\,1\gamma_1$
2321	20	$L\,2\alpha_1$	4425	1,6	$L\,2\beta_3$	1030	5	$L\,1\beta_3$
2343	2	$L\,2\alpha_2$	4500	1,2	$L\,2\beta_4$	1038	25	$L\,1\beta_2$
2868	0,8	$L\,3\gamma_1$	4508	12	$L\,2\beta_1$	1047	51	$L\,1\beta_1$
2993	0,6	$L\,2l$	4915	20	$L\,2\alpha_1$	1069	5	$L\,1\beta_4$
3299	1,8	$L\,3\beta_2$	4935	2,4	$L\,2\alpha_2$	1239	100	$L\,1\alpha_1$
2993	0,6	$L\,2l$	5556	0,6	$L\,2l$	1250	12	$L\,1\alpha_2$
3299	1,8	$L\,3\beta_2$	5870	0,9	$L\,3\gamma_1$	1418	3	$L\,1l$
3305	0,6	$L\,3\beta_3$	6344	1,5	$L\,3\beta_2$	1789	2,4	$L\,2\gamma_1$
3353	4	$L\,3\beta_1$	6637	0,6	$L\,3\beta_3$	2061	1	$L\,2\beta_3$
3420	0,3	$L\,3\beta_4$	6750	0,4	$L\,3\beta_1$	2075	5	$L\,2\beta_2$
3824	0,4	$L\,4\gamma_1$	6762	4	$L\,3\beta_4$	2093	10	$L\,2\beta_1$
3931	7	$L\,3\alpha_1$	7373	7	$L\,3\alpha_1$	2138	1	$L\,2\beta_4$
3965	0,8	$L\,3\alpha_2$	7403	0,9	$L\,3\alpha_2$	2477	20	$L\,2\alpha_1$
4489	0,2	$L\,3l$	7828	0,4	$L\,4\gamma_1$	2499	2,4	$L\,2\alpha_2$
4400	0,9	$L\,4\beta_2$	8334	0,2	$L\,3l$	2684	0,9	$L\,3\gamma_1$
4406	0,3	$L\,4\beta_3$	8460	0,7	$L\,4\beta_2$	2837	0,6	$L\,2l$
4470	2	$L\,4\beta_1$	8850	0,3	$L\,4\beta_3$	3091	0,4	$L\,3\beta_3$
4560	0,1	$L\,4\beta_4$	9000	0,2	$L\,4\beta_4$	3113	1,7	$L\,3\beta_2$
4642	3	$L\,4\alpha_1$	9016	2	$L\,4\beta_1$	3140	3,5	$L\,3\beta_1$
4686	0,4	$L\,4\alpha_2$	9830	3	$L\,4\alpha_1$	3208	0,4	$L\,3\beta_4$
4780	0	$L\,5\gamma_1$	9870	1	$L\,4\alpha_2$	3578	0,4	$L\,4\gamma_1$
						3716	7	$L\,3\alpha_1$
Praseodym (Pr)			**Promethium (Pm)**			3749	0,9	$L\,3\alpha_2$
						4122	0,2	$L\,4\beta_3$
296,2	7	$K\,1\beta_2$	1795	12	$L\,1\gamma_1$	4150	0,8	$L\,4\beta_2$
303,6	28	$K\,1\beta_1$	1952	20	$L\,1\beta_2$	4186	1,7	$L\,4\beta_1$
343,4	100	$K\,1\alpha_1$	2038	8	$L\,1\beta_3$	4255	0,2	$L\,3l$
348	50	$K\,1\alpha_2$	2075	58	$L\,1\beta_1$	4276	0,2	$L\,4\beta_4$
592	1,4	$K\,2\beta_2$	2278	100	$L\,1\alpha_1$	4956	3	$L\,4\alpha_1$
607	6	$K\,2\beta_1$	2288	12	$L\,1\alpha_2$	4996	0,4	$L\,4\alpha_2$
687	20	$K\,2\alpha_1$	3590	2,4	$L\,2\gamma_1$			
696	10	$K\,2\alpha_2$	3904	4	$L\,2\beta_2$	**Rhenium (Re)**		
889	0,5	$K\,3\beta_2$	4076	1,6	$L\,2\beta_3$			
911	2	$K\,3\beta_1$	4151	12	$L\,2\beta_1$	173,9	9	$K\,1\beta_2$
1030	7	$K\,3\alpha_1$	4555	20	$L\,2\alpha_1$	178,5	25	$K\,1\beta_1$
1044	3	$K\,3\alpha_2$	4576	2,4	$L\,2\alpha_2$	202,4	100	$K\,1\alpha_1$
1184	0,2	$K\,4\beta_2$	5386	0,9	$L\,3\gamma_1$	207,2	55	$K\,1\alpha_2$
1214	1	$K\,4\beta_1$	5855	1,5	$L\,3\beta_2$	348	1,8	$K\,2\beta_2$
1374	3	$K\,4\alpha_1$	6114	0,6	$L\,3\beta_1$	357	5	$K\,2\beta_1$

Tabelle 32 (Fortsetzung)

Röntgenwellenlängen der Elemente

(Relative Intensität von $K_{\alpha_1} = 100$ und $L_{\alpha_1} = 100$ gesetzt.
Intensitätsverhältnis der vier ersten Ordnungen: 100:20:7:3)

λ [XE]	Relative Intensität	Linie	λ [XE]	Relative Intensität	Linie	λ [XE]	Relative Intensität	Linie
405	20	$K\,2\alpha_1$	1224	20	$K\,2\alpha_1$	7310	13	$L\,1\alpha_2$
414	11	$K\,2\alpha_2$	1233	10	$K\,2\alpha_2$	8346	4	$L\,1l$
522	0,7	$K\,3\beta_2$	1602	0,4	$K\,3\beta_2$	13548	2,8	$L\,2\beta_3$
536	1,7	$K\,3\beta_1$	1634	2	$K\,3\beta_1$	13614	2	$L\,2\beta_4$
607	7	$K\,3\alpha_1$	1836	7	$K\,3\alpha_1$	14122	12	$L\,2\beta_1$
622	4	$K\,3\alpha_2$	1849	3,5	$K\,3\beta_2$	14606	20	$L\,2\alpha_1$
696	0,3	$K\,4\beta_2$	2136	0,2	$K\,4\alpha_2$	14620	2,6	$L\,2\alpha_2$
714	0,8	$K\,4\beta_1$	2178	1	$K\,4\beta_1$			
810	3	$K\,4\alpha_1$	2448	3	$K\,4\alpha_1$	\multicolumn{3}{c}{Ruthenium (Ru)}		
828	2	$K\,4\alpha_2$	2466	1,7	$K\,4\alpha_2$	560,5	6	$K\,1\beta_2$
1059	10	$L\,1\gamma_1$	3936	8	$L\,1\gamma_1$	571,3	29	$K\,1\beta_1$
1204	22	$L\,1\beta_2$	4122	13	$L\,1\beta_2$	641,7	100	$K\,1\alpha_1$
1218	8	$L\,1\beta_3$	4244	12	$L\,1\beta_3$	646,1	50	$K\,1\alpha_2$
1236	52	$L\,1\beta_1$	4280	8	$L\,1\beta_4$	1121	1,2	$K\,2\beta_2$
1256	5	$L\,1\beta_4$	4365	61	$L\,1\beta_1$	1143	6	$K\,2\beta_1$
1430	100	$L\,1\alpha_1$	4588	100	$L\,1\alpha_1$	1283	20	$K\,2\alpha_1$
1441	12	$L\,1\alpha_2$	4596	13	$L\,1\alpha_2$	1296	10	$K\,2\alpha_2$
1627	3	$L\,1l$	5206	4	$L\,1l$	1682	0,4	$K\,3\beta_2$
2117	2	$L\,2\gamma_1$	7871	1,6	$L\,2\gamma_1$	1714	2	$K\,3\beta_1$
2408	4,4	$L\,2\beta_2$	8244	2,6	$L\,2\beta_2$	1925	7	$K\,3\alpha_1$
2435	1,6	$L\,2\beta_3$	8487	2,4	$L\,2\beta_3$	1938	3,5	$K\,3\alpha_2$
2472	10	$L\,2\beta_1$	8560	1,6	$L\,2\beta_4$	2242	0,2	$K\,4\beta_2$
2513	1	$L\,2\beta_4$	8730	12	$L\,2\beta_1$	2286	1	$K\,4\beta_1$
2860	20	$L\,2\alpha_1$	9176	20	$L\,2\alpha_1$	2566	3	$K\,4\alpha_1$
2882	2,4	$L\,2\alpha_2$	9192	1,6	$L\,2\alpha_2$	2592	1,7	$K\,4\alpha_2$
3176	0,7	$L\,3\gamma_1$	10412	0,8	$L\,2l$			
3255	0,2	$L\,2l$				4174	7	$L\,1\gamma_1$
3612	1,6	$L\,3\beta_2$	\multicolumn{3}{c}{Rubidium (Rb)}	4363	10	$L\,1\beta_2$
3653	0,6	$L\,3\beta_3$	814,8	3	$K\,1\beta_2$	4478	13	$L\,1\beta_3$
3708	3,5	$L\,3\beta_1$	827	23	$K\,1\beta_1$	4514	9	$L\,1\beta_4$
3769	0,4	$L\,3\beta_4$	923,6	100	$K\,1\alpha_1$	4611	62	$L\,1\beta_1$
4234	0,3	$L\,4\gamma_1$	927,8	49	$K\,1\alpha_2$	4836	100	$L\,1\alpha_1$
4290	7	$L\,3\alpha_1$	1630	0,6	$K\,2\beta_2$	4844	13	$L\,1\alpha_2$
4323	0,9	$L\,3\alpha_2$	1654	4,6	$K\,2\beta_1$	5492	4	$L\,1l$
4816	0,8	$L\,4\beta_2$	1847	20	$K\,2\alpha_1$	8347	1,4	$L\,2\gamma_1$
4870	0,3	$L\,4\beta_3$	1856	10	$K\,2\alpha_2$	8725	2	$L\,2\beta_2$
4882	0,2	$L\,3l$	2444	0,2	$K\,3\beta_2$	8955	2,6	$L\,2\beta_3$
4944	1,7	$L\,4\beta_1$	2481	1,8	$K\,3\beta_1$	9027	1,8	$L\,2\beta_4$
5026	0,2	$L\,4\beta_4$	2771	7	$K\,3\alpha_1$	9222	12	$L\,2\beta_1$
5720	3	$L\,4\alpha_1$	2783	3,5	$K\,3\alpha_2$	9672	10	$L\,2\alpha_1$
5764	0,4	$L\,4\alpha_2$	3260	0,1	$K\,4\beta_2$	9687	1,6	$L\,2\alpha_2$
			3308	0,9	$K\,4\beta_1$	10985	0,8	$L\,2l$
\multicolumn{3}{c}{Rhoelium (Rh)}	3694	3	$K\,4\alpha_1$			
534	6	$K\,1\beta_2$	3712	1,7	$K\,4\alpha_2$	\multicolumn{3}{c}{Samarimu (Sm)}		
544,5	27	$K\,1\beta_1$				265,8	8	$K\,1\beta_2$
612	100	$K\,1\alpha_1$	6774	14	$L\,1\beta_3$	272,5	27	$K\,1\beta_1$
616,4	50	$K\,1\alpha_2$	6807	10	$L\,1\beta_4$	308,5	100	$K\,1\alpha_1$
1068	1,2	$K\,2\beta_2$	7061	62	$L\,1\beta_1$	313,2	50	$K\,1\alpha_2$
1089	5	$K\,2\beta_1$	7303	100	$L\,1\alpha_1$	532	1,6	$K\,2\beta_2$

Tabelle 32 (Fortsetzung)

Röntgenwellenlängen der Elemente

(Relat. Intensität von $K_{\alpha_1} = 100$ und $L_{\alpha_1} = 100$ gesetzt.
Intensitätsverhältnis der 4 ersten Ordnungen: 100:20:7:3)

λ [XE]	Relative Intensität	Linie	λ [XE]	Relative Intensität	Linie	λ [XE]	Relative Intensität	Linie
545	5	$K\,2\beta_1$	6057	10	$K\,2\alpha_2$	1488	2	$K\,3\beta_1$
617	20	$K\,2\alpha_1$	8322	1	$K\,3\beta_1$	1675	7	$K\,3\alpha_1$
626	10	$K\,2\alpha_2$	9076	7	$K\,3\alpha_1$	1688	3,5	$K\,3\alpha_2$
797	0,6	$K\,3\beta_2$	9086	3,5	$K\,3\alpha_2$	1944	0,2	$K\,4\beta_2$
818	2	$K\,3\beta_1$	11096	0,5	$K\,4\beta_1$	1984	1	$K\,4\beta_1$
926	7	$K\,3\alpha_1$	12102	3	$K\,4\alpha_1$	2232	3	$K\,4\alpha_1$
940	3,5	$K\,3\alpha_2$	12114	1,7	$K\,4\alpha_1$	2250	1,7	$K\,4\alpha_2$
1064	0,3	$K\,4\beta_2$						
1090	1	$K\,4\beta_1$	*Schwefel (S)*			3515	12	$L\,1\gamma_1$
1234	3	$K\,4\alpha_1$				3696	21	$L\,1\beta_2$
1252	1,7	$K\,4\alpha_2$	5022	15	$K\,1\beta_1$	3825	9	$L\,1\beta_3$
			5361	100	$K\,1\alpha_1$	3862	6	$L\,1\beta_4$
1723	12	$L\,1\gamma_1$	5364	52	$K\,1\alpha_2$	3927	59	$L\,1\beta_1$
1878	20	$L\,1\beta_2$	10043	3	$K\,2\beta_1$	4146	100	$L\,1\alpha_1$
1958	8	$L\,1\beta_3$	10722	20	$K\,2\alpha_1$	4154	12	$L\,1\alpha_2$
1994	12	$L\,1\beta_1$	10728	10	$K\,2\alpha_1$	4698	4	$L\,1l$
1996	6	$L\,1\beta_4$				7031	2,4	$L\,2\gamma_1$
2195	100	$L\,1\alpha_1$	*Selen (Se)*			7391	4	$L\,2\beta_2$
2206	12	$L\,1\alpha_2$				7651	1,8	$L\,2\beta_3$
2477	3	$L\,1l$	977,9	1	$K\,1\beta_2$	7725	1,2	$L\,2\beta_4$
3446	2,4	$L\,2\gamma_1$	990,1	21	$K\,1\beta_1$	7853	12	$L\,2\beta_1$
3756	4	$L\,2\beta_2$	1102	100	$K\,1\alpha_1$	8291	20	$L\,2\alpha_1$
3916	1,6	$L\,2\beta_3$	1106,5	50	$K\,1\alpha_2$	8309	2,4	$L\,2\alpha_2$
3987	2,4	$L\,2\beta_1$	1956	0,2	$K\,2\beta_2$	9396	0,8	$L\,2l$
3993	1,2	$L\,2\beta_4$	1980	4	$K\,2\beta_1$	10547	0,9	$L\,3\gamma_1$
4390	20	$L\,2\alpha_1$	2205	20	$K\,2\alpha_1$	11087	1,8	$L\,3\beta_2$
4411	2,4	$L\,2\alpha_2$	2213	10	$K\,2\alpha_2$	11477	0,7	$L\,3\beta_3$
4954	0,6	$L\,2l$	2934	0	$K\,3\beta_2$	11587	0,4	$L\,3\beta_4$
5169	0,9	$L\,3\gamma_1$	2970	1,6	$K\,3\beta_1$	11780	4	$L\,3\beta_1$
5634	1,5	$L\,3\beta_2$	3307	7	$K\,3\alpha_1$	12437	7	$L\,3\alpha_1$
5874	0,6	$L\,3\beta_3$	3320	3,5	$K\,3\alpha_2$	12463	0,9	$L\,3\alpha_2$
5981	0,9	$L\,3\beta_1$	3912	0	$K\,4\beta_2$			
5989	0,4	$L\,3\beta_4$	3960	0,8	$K\,4\beta_1$	*Silicium (Si)*		
6590	7	$L\,3\alpha_1$	4410	3	$K\,4\alpha_1$			
6617	0,9	$L\,3\alpha_2$	4426	1,7	$K\,4\alpha_2$	6753	14	$K\,1\beta_1$
6892	0,4	$L\,4\gamma_1$				7111	100	$K\,1\alpha_1$
7431	0,2	$L\,3l$	8718	63	$L\,1\beta_1$	7113	52	$K\,1\alpha_2$
7512	0,7	$L\,4\beta_2$	8972	100	$L\,1\alpha$	13506	1,8	$K\,2\beta_1$
7832	0,3	$L\,4\beta_3$	10272	4	$L\,1l$	14222	20	$K\,2\alpha_1$
7974	0,4	$L\,4\beta_1$				14226	10	$K\,2\alpha_2$
7986	0,2	$L\,4\beta_4$	*Silber (Ag)*					
8780	3	$L\,4\alpha_1$	486	6	$K\,1\beta_2$	*Strontium (Sr)*		
8822	0,4	$L\,4\alpha_2$	496	29	$K\,1\beta_1$			
			558,2	100	$K\,1\alpha_1$	769,2	4	$K\,1\beta_2$
Scandium (Sc)			562,6	50	$K\,1\alpha_2$	781,3	27	$K\,1\beta_1$
			972	1,2	$K\,2\beta_2$	873,5	100	$K\,1\alpha_1$
2774	15	$K\,1\beta_1$	992	6	$K\,2\beta_1$	877,6	50	$K\,1\alpha_2$
3025	100	$K\,1\alpha_1$	1116	20	$K\,2\alpha_1$	1538	0,8	$K\,2\beta_2$
3029	52	$K\,1\alpha_2$	1125	10	$K\,2\alpha_2$	1563	5	$K\,2\beta_1$
5548	3	$K\,2\beta_1$	1458	0,4	$K\,3\beta_2$	1747	20	$K\,2\alpha_1$
6051	20	$K\,2\alpha_1$				1755	10	$K\,2\alpha_2$

Tabelle 32 (Fortsetzung)

Röntgenwellenlängen der Elemente

(Relative Intensität von $K_{\alpha_1} = 100$ und $L_{\alpha_1} = 100$ gesetzt.
Intensitätsverhältnis der vier ersten Ordnungen: 100:20:7:3)

λ [XE]	Relative Intensität	Linie	λ [XE]	Relative Intensität	Linie	λ [XE]	Relative Intensität	Linie
2308	0,3	$K\,3\beta_2$	2648	11	$L\,2\beta_1$	1198	2	$K\,3\beta_1$
2344	2	$K\,3\beta_1$	2686	1,2	$L\,2\beta_4$	1351	7	$K\,3\alpha_1$
2621	7	$K\,3\alpha_1$	3038	20	$L\,2\alpha_1$	1364	3,5	$K\,3\alpha_2$
2632	3,5	$K\,3\alpha_2$	3060	2,2	$L\,2\alpha_2$	1562	0,2	$K\,4\beta_2$
3076	0,1	$K\,4\beta_2$	3407	0,8	$L\,3\gamma_1$	1596	1	$K\,4\beta_1$
3126	1	$K\,4\beta_1$	3450	0,8	$L\,2l$	1802	3	$K\,4\alpha_1$
3494	3	$K\,4\alpha_1$	3846	1,5	$L\,3\beta_2$	1820	1,7	$K\,4\alpha_2$
3510	1,7	$K\,4\alpha_2$	3912	0,5	$L\,3\beta_3$			
			3973	4	$L\,3\beta_1$	2707	9	$L\,1\gamma_1$
6354	14	$L\,1\beta_3$	4029	0,4	$L\,3\beta_4$	2876	10	$L\,1\beta_2$
6390	10	$L\,1\beta_4$	4542	0,4	$L\,4\gamma_1$	3003	13	$L\,1\beta_3$
6610	62	$L\,1\beta_1$	4557	7	$L\,3\alpha_1$	3040	9	$L\,1\beta_4$
6849	100	$L\,1\alpha_1$	4589	0,8	$L\,3\alpha_2$	3070	62	$L\,1\beta_1$
6856	13	$L\,1\alpha_2$	5128	0,7	$L\,4\beta_2$	3282	100	$L\,1\alpha_1$
7820	4	$L\,1l$	5175	0,3	$L\,3l$	3292	13	$L\,1\alpha_2$
12709	2,8	$L\,2\beta_3$	5216	0,2	$L\,4\beta_3$	3709	4	$L\,1l$
12779	2	$L\,2\beta_4$	5296	2	$L\,4\beta_1$	5414	1,8	$L\,2\gamma_1$
13221	12	$L\,2\beta_1$	5372	0,2	$L\,4\beta_4$	5753	2	$L\,2\beta_2$
13695	20	$L\,2\alpha_1$	6076	3	$L\,4\alpha_1$	6006	2,6	$L\,2\beta_3$
13711	2,6	$L\,2\alpha_2$	6120	0,4	$L\,4\alpha_2$	6081	1,8	$L\,2\beta_4$
						6141	12	$L\,2\beta_1$
Tantal (Ta)			*Technecium (Tc)*			6565	20	$L\,2\alpha_1$
						6583	2,6	$L\,2\alpha_2$
184,6	8	$K\,1\beta_2$	589,9	5	$K\,1\beta_2$	7419	0,8	$L\,2l$
189,7	24	$K\,1\beta_1$	601,4	28	$K\,1\beta_1$	8120	0,6	$L\,3\gamma_1$
215,1	100	$K\,1\alpha_1$	673,5	100	$K\,1\alpha_1$	8629	0,7	$L\,3\beta_2$
219,8	52	$K\,1\alpha_2$	677,8	50	$K\,1\alpha_2$	9008	0,9	$L\,3\beta_3$
368	1,6	$K\,2\beta_2$	1180	1	$K\,2\beta_2$	9121	0,6	$L\,3\beta_4$
379	4,8	$K\,2\beta_1$	1203	6	$K\,2\beta_1$	9211	4,5	$L\,3\beta_1$
430	20	$K\,2\alpha_1$	1347	20	$K\,2\alpha_1$	9848	7	$L\,3\alpha_1$
440	10	$K\,2\alpha_2$	1356	10	$K\,2\alpha_2$	9875	0,9	$L\,3\alpha_2$
554	0,6	$K\,3\beta_2$	1770	0,4	$K\,3\beta_2$	10828	0,3	$L\,4\gamma_1$
569	1,7	$K\,3\beta_1$	1804	2	$K\,3\beta_1$	11128	0,3	$L\,3l$
645	7	$K\,3\alpha_1$	2021	7	$K\,3\alpha_1$	11506	0,3	$L\,4\beta_2$
659	3,6	$K\,3\alpha_2$	2033	3,5	$K\,3\alpha_2$	12012	0,4	$L\,4\beta_3$
738	0,3	$K\,4\beta_2$	2360	0,2	$K\,4\beta_2$	12161	0,3	$L\,4\beta_4$
758	0,8	$K\,4\beta_1$	2406	1	$K\,4\beta_1$	12282	2	$L\,4\beta_1$
860	3	$K\,4\alpha_1$	2694	3	$K\,4\alpha_1$	13130	3	$L\,4_1\alpha$
880	1,7	$K\,4\alpha_2$	2712	1,7	$K\,4\alpha_2$	13166	0,4	$L\,4\alpha_2$
1136	11	$L\,1\gamma_1$	*Tellur (Te)*			*Terbium (Tb)*		
1282	20	$L\,1\beta_2$						
1304	7	$L\,1\beta_3$	390,4	7	$K\,1\beta_2$	239,1	8	$K\,1\beta_2$
1324	57	$L\,1\beta_1$	399,2	30	$K\,1\beta_1$	245,5	24	$K\,1\beta_1$
1343	6	$L\,1\beta_4$	450,4	100	$K\,1\alpha_1$	278,2	100	$K\,1\alpha_1$
1519	100	$L\,1\alpha_1$	454,8	50	$K\,1\alpha_2$	282,9	52	$K\,1\alpha_2$
1530	11	$L\,1\alpha_2$	781	1,4	$K\,2\beta_2$	478	1,6	$K\,2\beta_2$
1725	4	$L\,1l$	798	6	$K\,2\beta_1$	491	4,8	$K\,2\beta_1$
2271	2,2	$L\,2\gamma_1$	901	20	$K\,2\alpha_1$	556	20	$K\,2\alpha_1$
2564	4	$L\,2\beta_2$	910	10	$K\,2\alpha_2$	566	10	$K\,2\alpha_2$
2608	1,4	$L\,2\beta_3$	1171	0,5	$K\,3\beta_2$	717	0,6	$K\,3\beta_2$

Tabelle 32 (Fortsetzung)

Röntgenwellenlängen der Elemente

(Relative Intensität von $K_{\alpha_1} = 100$ und $L_{\alpha_1} = 100$ gesetzt.
Intensitätsverhältnis der vier ersten Ordnungen: 100:20:7:3)

λ [XE]	Relative Intensität	Linie	λ [XE]	Relative Intensität	Linie	λ [XE]	Relative Intensität	Linie
737	1,7	$K\,3\beta_1$	449	2	$K\,3\beta_1$	352	2	$K\,3\beta_1$
835	5,7	$K\,3\alpha_1$	509	7	$K\,3\alpha_1$	398	7	$K\,3\alpha_1$
849	3,6	$K\,3\alpha_2$	524	4	$K\,3\alpha_2$	413	3,8	$K\,3\alpha_2$
956	0,3	$K\,4\beta_2$	582	0,3	$K\,4\beta_2$	456	0,4	$K\,4\beta_2$
982	0,8	$K\,4\beta_1$	600	1	$K\,4\beta_1$	468	1	$K\,4\beta_1$
1112	3	$K\,4\alpha_1$	680	3	$K\,4\alpha_1$	530	3	$K\,4\alpha_1$
1132	1,7	$K\,4\alpha_2$	698	2	$K\,4\alpha_2$	550	1,7	$K\,4\alpha_2$
1527	12	$L\,1\gamma_1$	865,7	12	$L\,1\gamma_1$	651,8	14	$L\,1\gamma_1$
1679	20	$L\,1\beta_2$	999	5	$L\,1\beta_2$	753,2	3	$L\,1\beta_3$
1743	7	$L\,1\beta_3$	1008	24	$L\,1\beta_3$	763,6	51	$L\,1\beta_1$
1774	57	$L\,1\beta_1$	1013	52	$L\,1\beta_1$	791,9	26	$L\,1\beta_2; 1\beta_4$
1783	6	$L\,1\beta_4$	1037	5	$L\,1\beta_4$	954	100	$L\,1\alpha_1$
1972	100	$L\,1\alpha_1$	1205	100	$L\,1\alpha_1$	965,9	12	$L\,1\alpha_2$
1982	11	$L\,1\alpha_2$	1216	12	$L\,1\alpha_2$	1113	4	$L\,1l$
2229	4	$L\,1l$	1382	3	$L\,1l$	1304	2,8	$L\,2\gamma_1$
3054	2,4	$L\,2\gamma_1$	1731	2,4	$L\,2\gamma_1$	1506	0,6	$L\,2\beta_3$
3359	4	$L\,2\beta_2$	1997	1	$L\,2\beta_3$	1527	10	$L\,2\beta_1$
3485	1,4	$L\,2\beta_3$	2016	5	$L\,2\beta_2$	1584	5	$L\,2\beta_2; 2\beta_4$
3548	11	$L\,2\beta_1$	2026	10	$L\,2\beta_1$	1908	20	$L\,2\alpha_1$
3565	1,2	$L\,2\beta_4$	2074	1	$L\,2\beta_4$	1932	2,4	$L\,2\alpha_2$
3943	20	$L\,2\alpha_1$	2410	20	$L\,2\alpha_1$	1955	1	$L\,3\gamma_1$
3965	2,2	$L\,2\alpha_2$	2433	2,4	$L\,2\alpha_2$	2226	0,8	$L\,2l$
4458	0,8	$L\,2l$	2597	0,9	$L\,3\gamma_1$	2260	0,2	$L\,3\beta_3$
4581	0,8	$L\,3\gamma_1$	2764	0,6	$L\,2l$	2291	3,6	$L\,3\beta_1$
5039	1,5	$L\,3\beta_2$	2996	0,4	$L\,3\beta_3$	2376	1,9	$L\,2\beta\,;\,3\beta_4$
5228	0,5	$L\,3\beta_3$	3025	1,7	$L\,3\beta_2$	2607	0,5	$L\,4\gamma_1$
5321	4	$L\,3\beta_1$	3039	3,6	$L\,3\beta_1$	2862	7	$L\,3\alpha_1$
5348	0,4	$L\,3\beta_4$	3111	0,4	$L\,3\beta_4$	2898	0,9	$L\,3\alpha_2$
5915	7	$L\,3\alpha_1$	3462	0,4	$L\,4\gamma_1$	3012	0,1	$L\,4\beta_3$
5947	0,8	$L\,3\alpha_2$	3615	7	$L\,3\alpha_1$	3054	1,7	$L\,4\beta_1$
6108	0,4	$L\,4\gamma_1$	3649	0,9	$L\,3\alpha_2$	3168	0,9	$L\,4\beta_2\,;\,4\beta_4$
6687	0,3	$L\,3l$	3994	0,2	$L\,4\beta_3$	3339	0,3	$L\,3l$
6718	0,7	$L\,4\beta_2$	4032	0,8	$L\,4\beta_2$	3816	3	$L\,4\alpha_1$
6970	0,2	$L\,4\beta_3$	4052	1,7	$L\,4\beta_1$	3864	0,4	$L\,4\alpha_2$
7096	2	$L\,4\beta_1$	4146	0,2	$L\,3l$			
7130	0,2	$L\,4\beta_4$	4148	0,2	$L\,4\beta_4$	\multicolumn{3}{c}{Thulium (Tm)}		
7886	3	$L\,4\alpha_1$	4820	3	$L\,4\alpha_1$	214,9	24	$K\,1\beta_1$
7930	4,0	$L\,4\alpha_2$	4866	0,4	$L\,4\alpha_2$	243,9	100	$K\,1\alpha_1$
						248,6	50	$K\,1\alpha_2$
\multicolumn{3}{c}{Thallium (Tl)}	\multicolumn{3}{c}{Thorium (Th)}	430	5	$K\,2\beta_1$
145,4	10	$K\,1\beta_2$	114	12	$K\,1\beta_2$	488	20	$K\,2\alpha_1$
149,8	26	$K\,1\beta_1$	117,2	28	$K\,1\beta_1$	497	10	$K\,4\alpha_2$
196,8	100	$K\,1\alpha_1$	132,5	100	$K\,1\alpha_1$	645	1,7	$K\,3\beta_1$
174,7	56	$K\,1\alpha_2$	137,5	53	$K\,1\alpha_2$	732	7	$K\,3\alpha_1$
291	2	$K\,2\beta_2$	228	2,4	$K\,2\beta_2$	746	3,5	$K\,3\alpha_2$
300	5	$K\,2\beta_1$	234	6	$K\,2\beta_1$	860	0,8	$K\,4\beta_1$
340	20	$K\,2\alpha_1$	265	20	$K\,2\alpha_1$	976	3	$K\,4\alpha_1$
349	11	$K\,2\alpha_2$	275	11	$K\,2\alpha_2$	994	1,7	$K\,4\alpha_2$
436	0,7	$K\,3\beta_2$	342	0,9	$K\,3\beta_2$			

Tabelle 32 (Fortsetzung)

Röntgenwellenlängen der Elemente

(Relative Intensität von $K_{\alpha_1} = 100$ und $L_{\alpha_1} = 100$ gesetzt.
Intensitätsverhältnis der vier ersten Ordnungen: 100:20:7:3)

λ [XE]	Relative Intensität	Linie	λ [XE]	Relative Intensität	Linie	λ [XE]	Relative Intensität	Linie
1313	12	$L\,1\gamma_1$	130,7	55	$K\,1\alpha_2$	4559	3	$K\,2\beta_1$
1460	20	$L\,1\beta_2$	207	2,4	$K\,2\beta_2$	4997	20	$K\,2\alpha_1$
1502	8	$L\,1\beta_3$	222	6	$K\,2\beta_1$	5004	10	$K\,2\alpha_2$
1527	58	$L\,1\beta_1$	251	20	$K\,2\alpha_1$	6839	1	$K\,3\beta_1$
1541	6	$L\,1\beta_4$	261	11	$K\,2\alpha_2$	7495	7	$K\,3\alpha_1$
1723	100	$L\,1\alpha_1$	310	0,9	$K\,3\beta_2$	7507	3,5	$K\,3\alpha_2$
1734	12	$L\,1\alpha_2$	334	2	$K\,3\beta_1$	9118	0,5	$_4K\,4\beta_1$
1951	4	$L\,1l$	377	7	$K\,3\alpha_1$	9994	3	$K\,4\alpha_1$
2625	2,4	$L\,2\gamma_1$	392	4	$K\,3\alpha_2$	10008	1,7	$K\,4\alpha_2$
2920	4	$L\,2\beta_2$	414	0,4	$K\,4\beta_2$			
3005	1,6	$L\,2\beta_3$	445	1	$K\,4\beta_1$	Wismut (Bi)		
3053	12	$L\,2\beta_1$	503	3	$K\,4\alpha_1$	137,7	10	$K\,1\beta_2$
3082	1,2	$L\,2\beta_4$	523	2	$K\,4\alpha_2$	141,7	27	$K\,1\beta_1$
3446	20	$L\,2\alpha_1$				160,5	100	$K\,1\alpha_1$
3468	2,4	$L\,2\alpha_2$	613,6	12	$L\,1\gamma_1$	165,3	55	$K\,1\alpha_2$
3902	0,8	$L\,2l$	708,8	4	$L\,1\beta_3$	275	2	$K\,2\beta_2$
3938	0,9	$L\,3\gamma_1$	718,5	50	$L\,1\beta_1$	283	5	$K\,2\beta_1$
4381	1,5	$L\,3\beta_2$	746,4	4	$L\,1\beta_4$	321	20	$K\,2\alpha_1$
4507	0,6	$L\,3\beta_3$	753,7	28	$L\,1\beta_2$	331	11	$K\,2\alpha_2$
4580	4	$L\,3\beta_1$	908,7	100	$L\,1\alpha_1$	413	0,7	$K\,3\beta_2$
4624	0,4	$L\,3\beta_4$	920,6	11	$L\,1\alpha_2$	425	2	$K\,3\beta_1$
5168	7	$L\,3\alpha_1$	1065	2	$L\,1l$	482	7	$K\,3\alpha_1$
5202	0,9	$L\,3\alpha_2$	1227	2,4	$L\,2\gamma_1$	496	4	$K\,3\alpha_2$
5250	0,4	$L\,4\gamma_1$	1418	0,8	$L\,2\beta_3$	550	0,3	$K\,4\beta_2$
5840	0,7	$L\,4\beta_2$	1437	10	$L\,2\beta_1$	566	1	$K\,4\beta_1$
5853	0,3	$L\,3l$	1493	0,8	$L\,2\beta_4$	642	3	$K\,4\alpha_1$
6010	0,3	$L\,4\beta_3$	1507	6	$L\,2\beta_2$	662	2	$K\,4\alpha_2$
6106	2	$L\,4\beta_1$	1817	20	$L\,2\alpha_1$			
6164	0,2	$L\,4\beta_4$	1841	2,2	$L\,2\alpha_2$	811,4	12	$L\,1\gamma_1$
6892	3	$L\,4\alpha_1$	1841	0,9	$L\,3\gamma_1$	936,7	5	$L\,1\beta_3$
6936	0,4	$L\,4\alpha_2$	2126	0,3	$L\,3\beta_3$	950	51	$L\,1\beta_1$
			2130	0,4	$L\,2l$	953,2	24	$L\,1\beta_2$
Titan (Ti)			2156	3,5	$L\,3\beta_1$	975	4	$L\,1\beta_4$
2509	25	$K\,1\beta_1$	2245	0,3	$L\,3\beta_4$	1142	100	$L\,1\alpha_1$
2743	100	$K\,1\alpha_1$	2261	2	$L\,3\beta_2$	1153	12	$L\,1\alpha_2$
2747	50	$K\,1\alpha_2$	2454	0,4	$L\,4\gamma_1$	1314	3	$L\,1l$
5018	3	$K\,2\beta_1$	2726	7	$L\,3\alpha_1$	1623	2,4	$L\,2\gamma_1$
5486	20	$K\,2\alpha_1$	2762	0,8	$L\,3\alpha_2$	1873	1	$L\,2\beta_3$
5494	10	$K\,2\alpha_2$	2836	0,1	$L\,4\beta_3$	1900	10	$L\,2\beta_1$
7526	1	$K\,3\beta_1$	2874	1,7	$L\,4\beta_1$	1906	5	$L\,2\beta_2$
8228	7	$K\,3\alpha_1$	2986	0,1	$L\,4\beta_4$	1950	0,8	$L\,2\beta_4$
8240	3,5	$K\,3\alpha_2$	3014	1	$L\,4\beta_2$	2283	20	$L\,2\alpha_1$
10035	0,5	$K\,4\beta_1$	3195	0,1	$L\,3l$	2306	2,4	$L\,2\alpha_2$
10971	3	$K\,4\alpha_1$	3634	3	$L\,4\alpha_1$	2434	0,9	$L\,3\gamma_1$
10986	1,7	$K\,4\alpha_2$	3682	0,4	$L\,4\alpha_2$	2627	0,6	$L\,2l$
						2810	0,4	$L\,3\beta_3$
Uran (U)			Vanadin (V)			2850	3,6	$L\,3\beta_1$
103,4	12	$K\,1\beta_2$	2280	15	$K\,1\beta_1$	2860	1,7	$L\,3\beta_2$
111,2	28	$K\,1\beta_1$	2498	100	$K\,1\alpha_1$	2925	0,3	$L\,3\beta_4$
125,7	100	$K\,1\alpha_1$	2502	52	$K\,1\alpha_2$	3246	0,4	$L\,4\gamma_1$

Tabelle 32 (Fortsetzung)

Röntgenwellenlängen der Elemente

(Relative Intensität von $K_{\alpha_1} = 100$ und $L_{\alpha_1} = 100$ gesetzt.
Intensitätsverhältnis der vier ersten Ordnungen: 100:20:7:3)

λ [XE]	Relative Intensität	Linie	λ [XE]	Relative Intensität	Linie	λ [XE]	Relative Intensität	Linie
3425	7	$L\,3\alpha_1$	4386	0,3	$L\,4\gamma_1$	5037	0,9	$L\,3\alpha_2$
3459	0,9	$L\,3\alpha_2$	4420	7	$L\,3\alpha_1$	5060	0,4	$L\,4\gamma_1$
3746	0,2	$L\,4\beta_3$	4455	0,9	$L\,3\alpha_2$	5652	0,7	$L\,4\beta_2$
3800	1,7	$L\,4\beta_1$	4968	0,7	$L\,4\beta_2$	5670	0,3	$L\,3l$
3812	0,8	$L\,4\beta_2$	5024	0,2	$L\,3l$	5798	0,3	$L\,4\beta_3$
3900	0,1	$L\,4\beta_4$	5042	0,3	$L\,4\beta_3$	5890	2	$L\,4\beta_1$
3941	0,2	$L\,3l$	5116	1,7	$L\,4\beta_1$	5952	0,2	$L\,4\beta_4$
4566	3	$L\,4\alpha_1$	5196	0,2	$L\,4\beta_4$	6672	3	$L\,4\alpha_1$
4612	0,4	$L\,4\alpha_2$	5894	3	$L\,4\alpha_1$	6716	0,4	$L\,4\alpha_2$
			5938	0,4	$L\,4\alpha_2$			
Wolfram (W)			**Ytterbium (Yb)**			**Yttrium (Y)**		
179,1	9	$K\,1\beta_2$	203,2	8	$K\,1\beta_2$	727,3	4	$K\,1\beta_2$
184	25	$K\,1\beta_1$	208,3	24	$K\,1\beta_1$	739,2	27	$K\,1\beta_1$
208,6	100	$K\,1\alpha_1$	236,2	100	$K\,1\alpha_1$	827	100	$K\,1\alpha_1$
213,4	53	$K\,1\alpha_2$	241	52	$K\,1\alpha_2$	831,2	50	$K\,1\alpha_2$
358	1,8	$K\,2\beta_2$	406	1,6	$K\,2\beta_2$	1455	0,8	$K\,2\beta_2$
368	5	$K\,2\beta_1$	417	5	$K\,2\beta_1$	1478	5	$K\,2\beta_1$
417	20	$K\,2\alpha_1$	472	20	$K\,2\alpha_1$	1654	20	$K\,2\alpha_1$
427	11	$K\,2\alpha_2$	482	10	$K\,2\alpha_2$	1662	10	$K\,2\alpha_2$
537	0,6	$K\,3\beta_2$	610	0,6	$K\,3\beta_2$	2182	0,3	$K\,3\beta_2$
552	1,8	$K\,3\beta_1$	625	1,7	$K\,3\beta_1$	2218	2	$K\,3\beta_1$
626	7	$K\,3\alpha_1$	709	7	$K\,3\alpha_1$	2481	7	$K\,3\alpha_1$
640	3,6	$K\,3\alpha_2$	723	3,6	$K\,3\alpha_2$	2494	3,6	$K\,3\alpha_2$
716	0,3	$K\,4\beta_2$	813	0,3	$K\,4\beta_2$	2910	0,1	$K\,4\beta_2$
736	0,9	$K\,4\beta_1$	833	0,8	$K\,4\beta_1$	2956	1	$K\,4\beta_1$
834	3	$K\,4\alpha_1$	964	1,7	$K\,4\alpha_2$	3308	3	$K\,4\alpha_1$
854	1,7	$K\,4\alpha_2$				3324	1,7	$K\,4\alpha_2$
			1265	11	$L\,1\gamma_1$			
1096	9	$L\,1\gamma_1$	1413	20	$L\,1\beta_2$	5971	14	$L\,1\beta_3$
1242	20	$L\,1\beta_2$	1449	8	$L\,1\beta_3$	6006	10	$L\,1\beta_4$
1260	8	$L\,1\beta_3$	1473	58	$L\,1\beta_1$	6199	62	$L\,1\beta_1$
1279	52	$L\,1\beta_1$	1488	6	$L\,1\beta_4$	6436	100	$L\,1\alpha_1$
1299	5	$L\,1\beta_4$	1668	100	$L\,1\alpha_1$	6443	13	$L\,1\alpha_2$
1473	100	$L\,1\alpha_1$	1679	12	$L\,1\alpha_2$	7341	4	$L\,1l$
1484	12	$L\,1\alpha_2$	1890	4	$L\,1l$	11942	2,8	$L\,2\beta_3$
1675	3	$L\,1l$	2530	2,2	$L\,2\gamma_1$	12012	2	$L\,2\beta_4$
2193	1,8	$L\,2\gamma_1$	2826	4	$L\,2\beta_2$	12398	12	$L\,2\beta_1$
2484	4	$L\,2\beta_2$	2899	1,6	$L\,2\beta_3$	12871	20	$L\,2\alpha_1$
2521	1,6	$L\,2\beta_3$	2945	12	$L\,2\beta_1$	12885	2,6	$L\,2\alpha_2$
2558	10	$L\,2\beta_1$	2976	1,2	$L\,2\beta_4$			
2598	1	$L\,2\beta_4$	3336	20	$L\,2\alpha_1$	**Zink (Zn)**		
2947	20	$L\,2\alpha_1$	3358	2,4	$L\,2\alpha_2$	1281	0,4	$K\,1\beta_2$
2969	2,4	$L\,2\alpha_2$	3794	0,8	$L\,3\gamma_1$	1293	20	$K\,1\beta_1$
3289	0,6	$L\,3\gamma_1$	3980	0,8	$L\,2l$	1432	100	$K\,1\alpha_1$
3350	0,6	$L\,2l$	4238	1,5	$L\,3\beta_2$	1436	50	$K\,1\alpha_2$
3726	1,5	$L\,3\beta_2$	4348	0,6	$L\,3\beta_3$	2562	0	$K\,2\beta_2$
3781	0,6	$L\,3\beta_3$	4418	4	$L\,3\beta_1$	2584	4	$K\,2\beta_1$
3837	3,6	$L\,3\beta_1$	4465	0,4	$L\,3\beta_4$	2864	20	$K\,2\alpha_1$
3897	0,4	$L\,3\beta_4$	5003	7	$L\,3\alpha_1$	2872	10	$K\,2\alpha_2$

Tabelle 32 (Fortsetzung)

Röntgenwellenlängen der Elemente

(Relative Intensität von $K_{\alpha_1} = 100$ und $L_{\alpha_1} = 100$ gesetzt.
Intensitätsverhältnis der vier ersten Ordnungen: 100:20:7:3)

λ [XE]	Relative Intensität	Linie	λ [XE]	Relative Intensität	Linie	λ [XE]	Relative Intensität	Linie
3843	0	$K\,3\beta_2$	2995	12	$L\,1\gamma_1$	788,5	50	$K\,1\alpha_2$
3878	1,5	$K\,3\beta_1$	3169	20	$L\,1\beta_2$	1377	1	$K\,2\beta_2$
4297	7	$K\,3\alpha_1$	3299	9	$L\,1\beta_3$	1401	5	$K\,2\beta_1$
4308	3,6	$K\,3\alpha_2$	3337	6	$L\,1\beta_4$	1569	20	$K\,2\alpha_1$
5124	0	$K\,4\beta_2$	3378	59	$L\,1\beta_1$	1577	10	$K\,2\alpha_2$
5168	0,7	$K\,4\beta_1$	3593	100	$L\,1\alpha_1$	2066	0,4	$K\,3\beta_2$
5728	3	$K\,4\alpha_1$	3601	12	$L\,1\alpha_2$	2101	2	$K\,3\beta_1$
5744	1,7	$K\,4\alpha_2$	4063	4	$L\,1l$	2353	7	$K\,3\alpha_1$
			5990	2,4	$L\,2\gamma_1$	2366	3,6	$K\,3\alpha_2$
11163	14	$L\,1\beta_3$	6238	4	$L\,2\beta_2$	2754	0,2	$K\,4\beta_2$
11985	62	$L\,1\beta_1$	6598	1,8	$L\,2\beta_3$	2802	1	$K\,4\beta_1$
12257	100	$L\,1\alpha$	6673	1,2	$L\,2\beta_4$	3138	3	$K\,4\alpha_1$
			6756	12	$L\,2\beta_1$	3154	1,7	$K\,4\alpha_2$
			7185	20	$L\,2\alpha_1$			
Zinn (Sn)			7203	2,4	$L\,2\alpha_2$	5373	6	$L\,1\gamma_1$
425	7	$K\,1\beta_2$	8127	0,8	$L\,2l$	5575	8	$L\,1\beta_2$
434,3	30	$K\,1\beta_1$	8985	0,9	$L\,3\gamma_1$	5621	14	$L\,1\beta_3$
489,6	100	$K\,1\alpha_1$	9506	1,5	$L\,3\beta_2$	5657	10	$L\,1\beta_4$
494	50	$K\,1\alpha_2$	9897	0,6	$L\,3\beta_3$	5824	62	$L\,1\beta_1$
850	1,4	$K\,2\beta_2$	10010	0,4	$L\,3\beta_4$	6058	100	$L\,1\alpha_1$
869	6	$K\,2\beta_1$	10134	4	$L\,3\beta_1$	6065	13	$L\,1\alpha_2$
979	20	$K\,2\alpha_1$	10778	7	$L\,3\alpha_1$	6904	4	$L\,1l$
988	10	$K\,2\alpha_2$	10807	0,9	$L\,3\alpha_2$	10746	1,2	$L\,2\gamma_1$
1275	0,5	$K\,3\beta_2$	11980	0,4	$L\,4\gamma_1$	11150	1,6	$L\,2\beta_2$
1303	2	$K\,3\beta_1$	12190	0,3	$L\,3l$	11243	2,8	$L\,2\beta_3$
1469	7	$K\,3\alpha_1$				11313	2	$L\,2\beta_4$
1482	3,6	$K\,3\alpha_2$	*Zirkonium (Zr)*			11648	12	$L\,2\beta_1$
1700	0,2	$K\,4\beta_2$				12116	20	$L\,2\alpha_1$
1738	1	$K\,4\beta_1$	688,5	5	$K\,1\beta_2$	12131	2,6	$L\,2\alpha_2$
1958	3	$K\,4\alpha_1$	700,3	27	$K\,1\beta_1$	13809	0,8	$L\,2l$
1976	1,7	$K\,4\alpha_2$	784,3	100	$K\,1\alpha_1$			

Tabelle 33

Geeignete Vergleichslinien für die quantitative Emissionsanalyse

Zu bestimmendes Element	Linie	λ [XE]	Kante λ [XE]	Vergleichselement	Linie	λ [XE]	Kante [XE]
11 Na	$K\alpha_2$	11886	11516	30 Zn	$L\beta_1$	11985	11837
12 Mg	$K\beta_1$	9532	9493	33 As	$L\beta_1$	9395	9348
13 Al	$K\beta_1$	7962	7935	35 Br	$L\beta_1$	8109	7724
14 Si	$K\alpha_1$	7110,7	6715,2	37 Rb	$L\alpha_1$	7303,3	6849,5
15 P	$K\alpha$	6142,5	5774,9	39 Y	$L\beta_1$	6199,2	5737,3
16 S	$K\beta_1$	5021,56	5008,1	42 Ho	$L\beta_2$	4913,1	4902,6
90 Ca	$K\beta_1$	3083,34	3064,3	48 Cd	$L\gamma_2$	3131,2	3078,3
21 Sc	$K\beta_1$	2774,05	2751,7	50 Sn	$L\gamma_2$	2826,8	2771,5
22 Ti	$K\beta_1$	2508,74	2491,2	55 Cs	$L\beta_2$	2506,4	2468,9
23 V	$K\beta_1$	2279,73	2263,0	57 La	$L\beta_2$	2298,0	2253,7
24 Cr	$K\beta_1$	2080,597	2065,9	59 Pr	$L\beta_2$	2114,8	2072,8
25 Mn	$K\beta_1$	1906,30	1892,54	60 Nd	$L\gamma_1$	1873,8	1840,16
26 Fe	$K\beta_1$	1752,99	1739,83	63 Eu	$L\beta_2$	1808,0	1771,7
27 Co	$K\beta_1$	1617,483	1604,87	66 Dy	$L\beta_2$	1619,8	1576,0
28 Ni	$K\beta_1$	1497,08	1485,02	68 Er	$L\beta_2$	1510,6	1479,1
29 Cu	$K\beta_1$	1389,36	1377,65	71 Lu	$L\beta_2$	1367,2	1337,5
31 Ga	$K\beta_1$	1205,41	1193,4	75 Re	$L\beta_2$	1204,1	1175,5
32 Ge	$K\beta_1$	1126,618	1114,3	73 Ta	$L\gamma_1$	1135,58	1110,2
34 Se	$K\beta_1$	990,13	977,73	77 Ir	$L\gamma_1$	988,76	965,4
38 Sr	$L\alpha_1$	6848,70	6368,0	15 P	$K\alpha_1$	6142,5	5774,9
40 Zr	$K\beta_1$	700,28	687,38	94 Po	$L\beta_2$	717,05	685,25
41 Nb	$L\beta_1$	5481,0	5012,0	42 Mo	$L\alpha_1$	5395,35	4902,6
46 Pd	$L\gamma_2$	3482,1	3427,8	19 K	$K\beta_1$	3446,94	3431,0
47 Ag	$L\beta_1$	3926,5	3506,7	48 Cd	$L\alpha_1$	3948,30	3496,7
49 In	$L\alpha_1$	3764,31	3317,7	11 Na	$L\beta_1$	3730,54	3319,0
51 Sb	$L\alpha_1$	3432,22	2993,9	50 Sn	$L\beta_1$	3377,96	2976,3
52 Te	$L\alpha_1$	3282,46	2849,6	51 Sb	$L\beta_1$	3219,1	2824,0
72 Hf	$L\beta_2$	1323,5	1293,0	30 Zn	$K\beta_1$	1292,61	1280,7
74 W	$L\gamma_2$	1065,89	1022,53	33 As	$K\beta_1$	1055,10	1042,63
78 Pt	$L\alpha_1$	1310,33	1070,0	73 Ta	$L\beta_3$	1304,09	1057

Tabelle 34
Periodisches System der chemischen Elemente (mit den Ordnungszahlen und Verbindungsgewichten)

Periode	Gruppe I a	Gruppe I b	Gruppe II a	Gruppe II b	Gruppe III a	Gruppe III b	Gruppe IV a	Gruppe IV b	Gruppe V a	Gruppe V b	Gruppe VI a	Gruppe VI b	Gruppe VII a	Gruppe VII b	Gruppe VIII			O
I	1 H 1,008																	2 He 4,00
II	2 Li 6,94		4 Be 9,1		5 B 10,8		6 C 12,00		7 N 14,008		8 O 16,000		9 F 19,00					10 Ne 20,2
III	11 Na 23,00		12 Mg 24,32			13 Al 27,1	14 Si 28,3		15 P 31,04		16 S 32,07		17 Cl 35,46					18 Ar 39,9
IV	19 K 39,10	29 Cu 63,57	20 Ca 40,7	30 Zn 65,37	21 Sc 45,10	31 Ga 69,9	22 Ti 48,1	32 Ge 72,5	23 V 51,0	33 As 74,96	24 Cr 52,0	34 Se 79,2	25 Mn 54,94	35 Br 79,92	26 Fe 55,85	27 Co 58,97	28 Ni 58,68	36 Kr 82,92
V	37 Rb 85,5	47 Ag 107,88	38 Sr 87,6	48 Cd 112,4	39 Y 88,7	49 In 114,8	40 Zr 90,6	50 Sn 118,7	41 Nb 93,5	51 Sb 120,2	42 Mo 96,0	52 Te 127,5	43 —	53 J 126,92	44 Ru 101,7	45 Rh 102,9	46 Pd 106,7	54 X 130,2
VI	55 Cs 132,8	79 Au 197,2	56 Ba 137,4	80 Hg 200,6	57 bis 71 Seltene Erden*	81 Tl 204,4	72 Hf	82 Pb 207,2	73 Ta 181,5	83 Bi 209,0	74 W 184,0	84 Po 210	75 —	85 —	76 Os 190,9	77 Ir 193,1	78 Pt 195,2	86 Em 222
VII	87 —		88 Ra 226,0		89 Ac		90 Th 232,1		91 Pa		92 U 238,2							

*Seltene Erden

VI 57—71	57 La 139,0	58 Ce 140,25	59 Pr 140,9	60 Nd 144,3	61 —	62 Sm 150,4	63 Eu 152,0	64 Gd 157,3	65 Tb 159,2	66 Dy 162,5	67 Ho 163,5	68 Er 167,7	69 Tu 169,4	70 Yb 173,5	71 Lu 175,0

Tabelle 35
Schalenbau und periodisches System der Elemente

		s $l=0$	p $l=1$	d $l=2$	f $l=3$
		(2)	(6)	(10)	(14)
K $n=1$	(2)	1 H, 2 He	2 He		
L $n=2$	(8)	3 Li, 4 Be	5 B, 6 C, 7 N, 8 O, 9 F, 10 Ne		
M $n=3$	(18)	11 Na, 12 Mg	13 Al, 14 Si, 15 P, 16 S, 17 Cl, 18 Ar	21 Sc, 22 Ti, 23 V, 24 Cr, 25 Mn, 26 Fe, 27 Co, 28 Ni, 29 Cu, 30 Zn	
N $n=4$	(32)	19 K, 20 Ca	31 Ga, 32 Ge, 33 As, 34 Se, 35 Br, 36 Kr	39 Y, 40 Zr, 41 Nb, 42 Mo, 43 Tc, 44 Ru, 45 Rh, 46 Pd, 47 Ag, 48 Cd	58 Ce, 59 Pr, 60 Nd, 61 Il, 62 Sm, 63 Eu, 64 Gd, 65 Tb, 66 Dy, 67 Ho, 68 Er, 69 Tm, 70 Yb, 71 Cp
O $n=5$	(50)	37 Rb, 38 Sr	49 In, 50 Sn, 51 Sb, 52 Te, 53 J, 54 X	57 La; 72 Hf, 73 Ta, 74 W, 75 Re, 76 Os, 77 Ir, 78 Pt, 79 Au, 80 Hg	90 Th, 91 Pa, 92 U, 93 Np, 94 Pu, 95 Am, 96 Cm, 97 Bk, 98 Cf
P $n=6$	(72)	55 Cs, 56 Ba	81 Tl, 82 Pb, 83 Bi, 84 Po, 85 At, 86 Rn	89 Ac	
Q $n=7$		87 Fr, 88 Ra			
		Alkalien, Erdalkalien	Halogene, Edelgase	(Edelmetalle)	seltene Erden

Namenverzeichnis

Allison, S. K. 48

Beattie, H. J. 21
Beckman, O. 43
Birks, L. S. 15, 33
Blochin, M. A. 5, 91, 20, 37
Böhlen, R. 58
Brissey, R. M. 21
Brooks, E. J. 15, 33

Caugherty, B. 36
Chalkin, F. C. 25
Cranston, R. W. 25

Evans, N. 25

Faessler, A. 32, 53
Fine, S. 35
Friedmann, H. 15, 33
Friedrich 27
Friman, E. 1
Frohnmeyer, G. 24

Geiling, S. 58
Glocker, R. 1, 8, 24, 36
Gyorgy, E. M. 35

Hasler, M. F. 31
Hendree, C. F. 35
Hevesy, G. 36

Hicks, V. 48

Jönsson, E. 8

Kemp, J. W. 31
Kingston, R. M. 35
Koh, P. K. 36

Lang, G. 35, 36
Lipson, H. 33

Matthew, F. H. 25
Mayer, H. T. 43

Nelson, J. B. 33

Panish, W. 36

Regler, F. 17, 52
Riley, D. P. 33
Rogers, J. L. 35
Rosseland, S. 19

Sagel, K. 54, 95
Seemann 27
Siegbahn, M. 1, 26

Trost, A. 35

Williams, J. H. 43

Sachverzeichnis

Abschirmungsfaktor 5
Absorptions-analyse, qualitativ 15
—·—, quantitativ 24
—-kante 7, 8, 9, 52
—-spektrum 7, 8, 9
—-sprung 8, 9, 53
Analysatorkristall 13, 14, 31, 59
Anregungsspannung 2, 3, 4
Atomniveau 2, 3, 37
Auflösungsvermögen 28
Auslösezähler 33
Auswahlregel 5
Azimutale Quantenzahl 4, 5

Braggsche Gleichung 10, 11
Brechungskorrektur 11, 96
Bremsstrahlung 1, 20

Detektor 29, 33
Diskriminator 33
Dispersion 11, 28
Doppelkristallspektrometer 27
Drehkristallmethode 26
Duplett 5, 45

Eigenstrahlung 23
Elektronen-anregung 12, 15
—-ladung 1
Emissionsanalyse, qualitativ 12
—·—, quantitativ 18
—-linien 2, 14, 15
—-spektrum 1
Energieniveaus 2, 3, 35, 37

Feinstrukturkonstante 5
Film 17
Fluoreszenz-anregung 12, 13, 15
—-intensität 21, 30
Fokussierung 31
Frequenzgrenze 1
Funkenlinien 6

Geiger-Müller-Rohr 33
Glanzwinkel 10

Hadding-Spektrograph 26
Hauptlinien 5
Hauptquantenzahl 5

Innere Standards 23
Intensität, integrale 2
—, relative 3, 19, 20, 113
Ionisierungsarbeit 2
Ionisationskammer 17

K-Absorptionskante 8, 12, 52
K-Serie 2, 4, 13, 40
Kaltanregung 12, 13
Kathode 1
Koinzidenzen 13
Kristalle 13, 31, 59
Krümmungsradius 31

L-Absorptionskante 8, 52
L-Serie 2, 4, 13, 46, 52
Linien-intensität 19, 43
—-koinzidenzen 13
—-verschiebung 7, 52
Lochkameramethode 27
Löschmittel 33

M-Absorptionskante 8
Massenschwächungskoeffizient 7, 9, 54, 58
M-Serie 2, 5, 12, 50
Mosaikstruktur 32
Moseleysches Gesetz 6
Multiplizität 33, 59

N-Absorptionskante 8
N-Serie 2, 13, 49
Nachweisbarkeit 15
Netzebenenabstand 10, 59

Optimaldicke 16
Ordnung der Reflexionen 10, 16, 32

Periodisches System 131
Photoelektronen 2
Plancksche Konstante 1, 5
Proportionalzähler 33

Quantenzahlen 4

Rasterblende 29
Reflexionswinkel 15

Sachverzeichnis

Registriergerät 17
Röntgenenergieniveau 3
RYDBERG-Konstante 5

Satelliten 5
Schalenbau 132
Selbstabsorption 19
Siegbahn-Spektrograph 26
Spektralapparat 26
Spektrale Empfindlichkeit 34
Spektrum 1, 2
Sollerblende 13, 29
Standardpräparat 23
Streuung 7
Szintillationszähler 33
Schlitzraster 29

Schneidenmethode 27
Schwächungskoeffizient 7, 17

Termschema 2, 3
Totzeit 33

Untergruppen 4

Verstärkungsfaktor 34

Wellenlängen, K-Serie 2, 4
—, L-Serie 4
—, maximale 1
—-kontinuum 1
Winkeldispension 29

Zählrohr 13, 33

Kalziumfluorid-Kris[tall]

Eichlinien: Sn Kα_1: 7°17,2[']

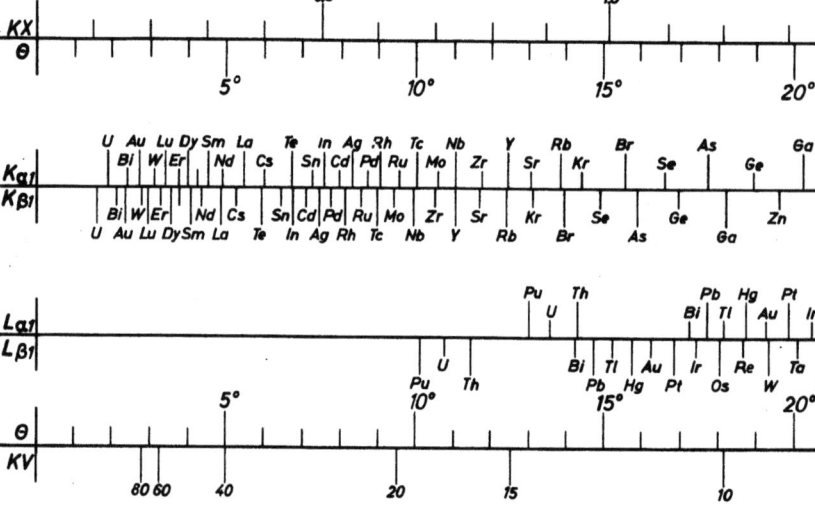

Lithiumfluorid-Krista[ll]

Eichlinien: Sn Kα_1: 7°; Mo Kα_1: 10°

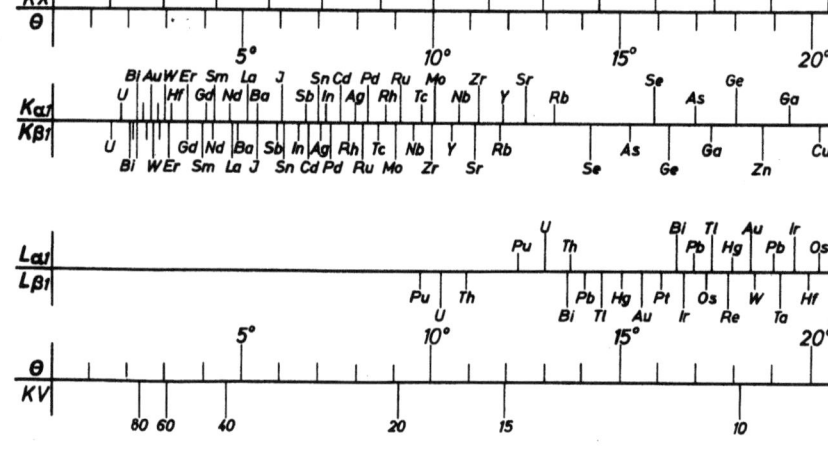

Tafel I

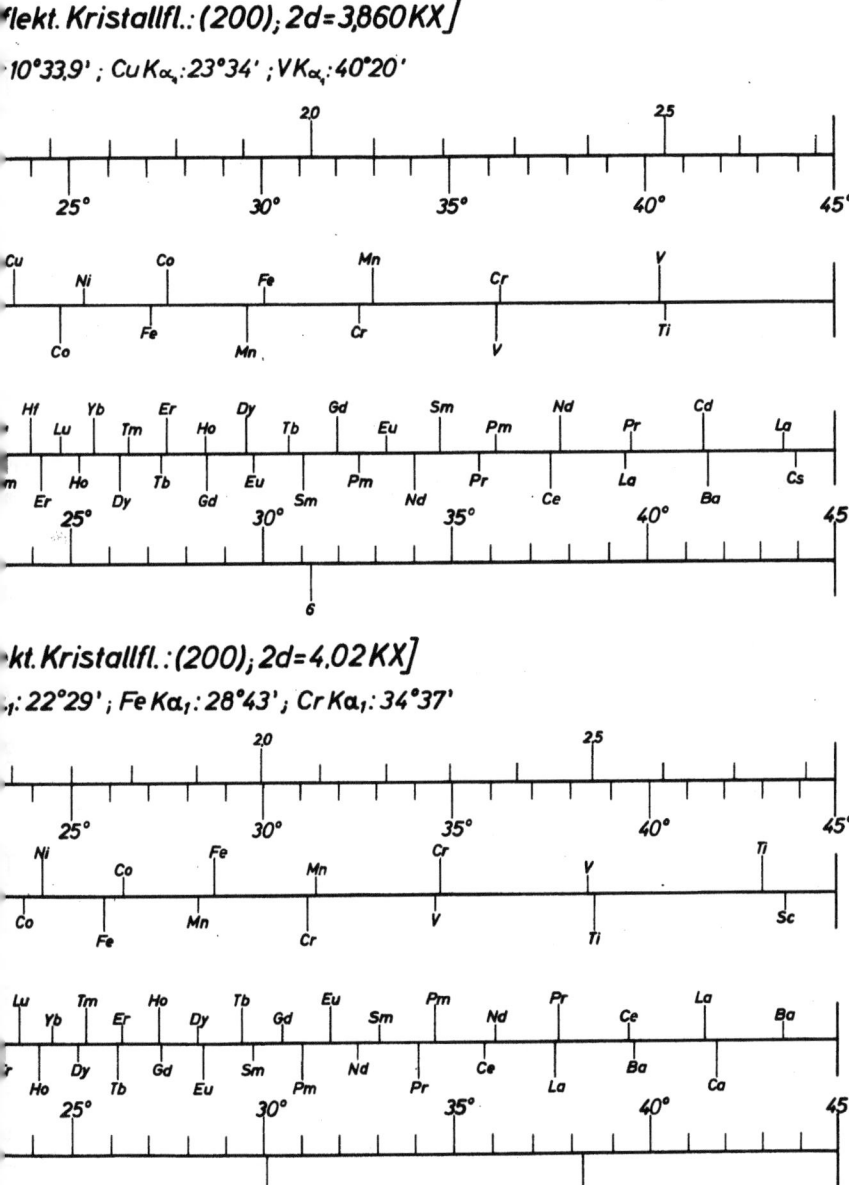

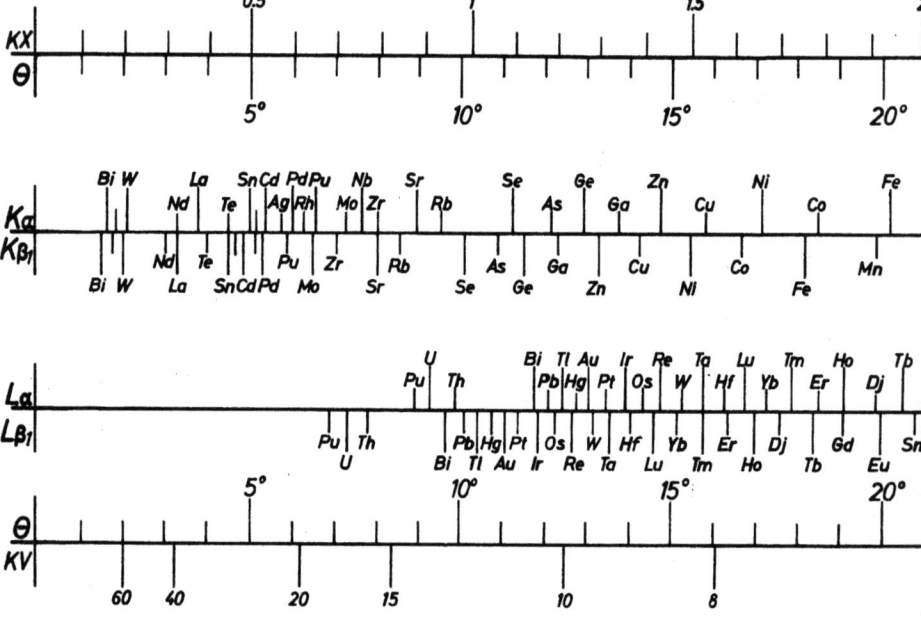
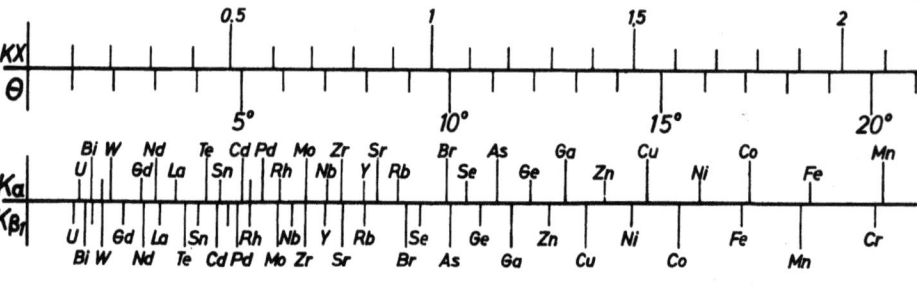
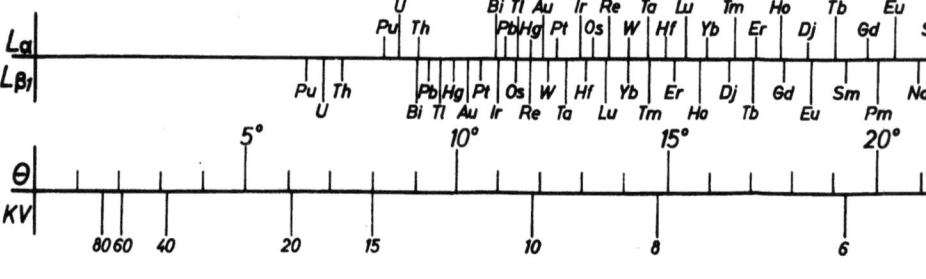

Sagel, Röntgen-Emissions- u. Absorptions-Analyse

Tafel II

stallfl.:(200); 2d= 5,620KX]

$_1$: 15°51,2'; Fe K$α_1$: 20°5'; Cr K$α_1$: 23°57'

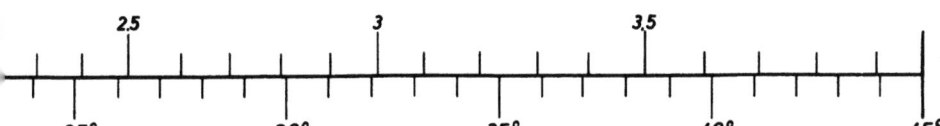
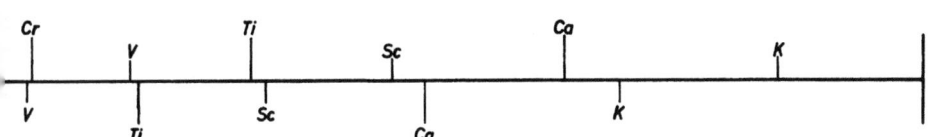
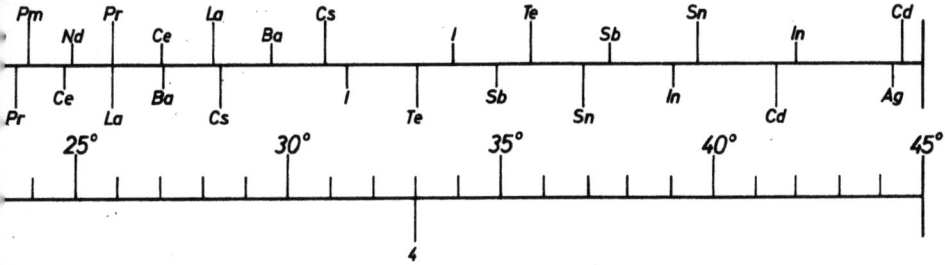

allfl.:(200); 2d= 6,06KX]

$α_1$: 14°42'; Fe K$α_1$: 18°36'; Cr K$α_1$: 22°10'

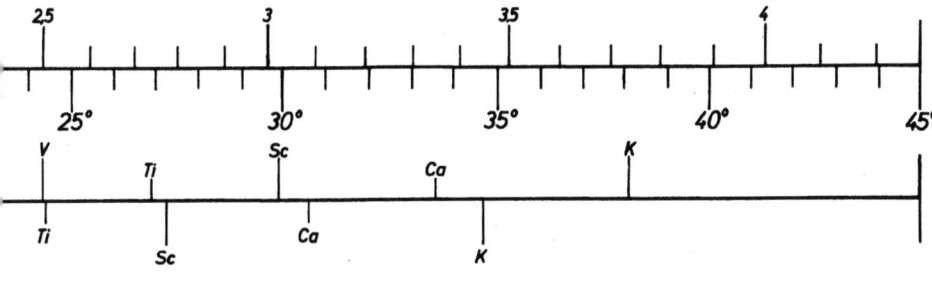
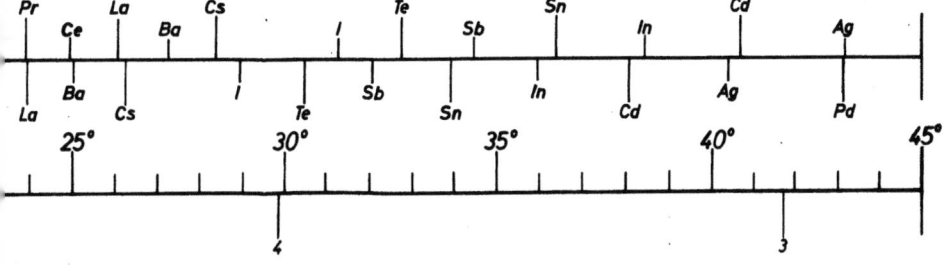

Springer-Verlag, Berlin · Göttingen · Heidelberg

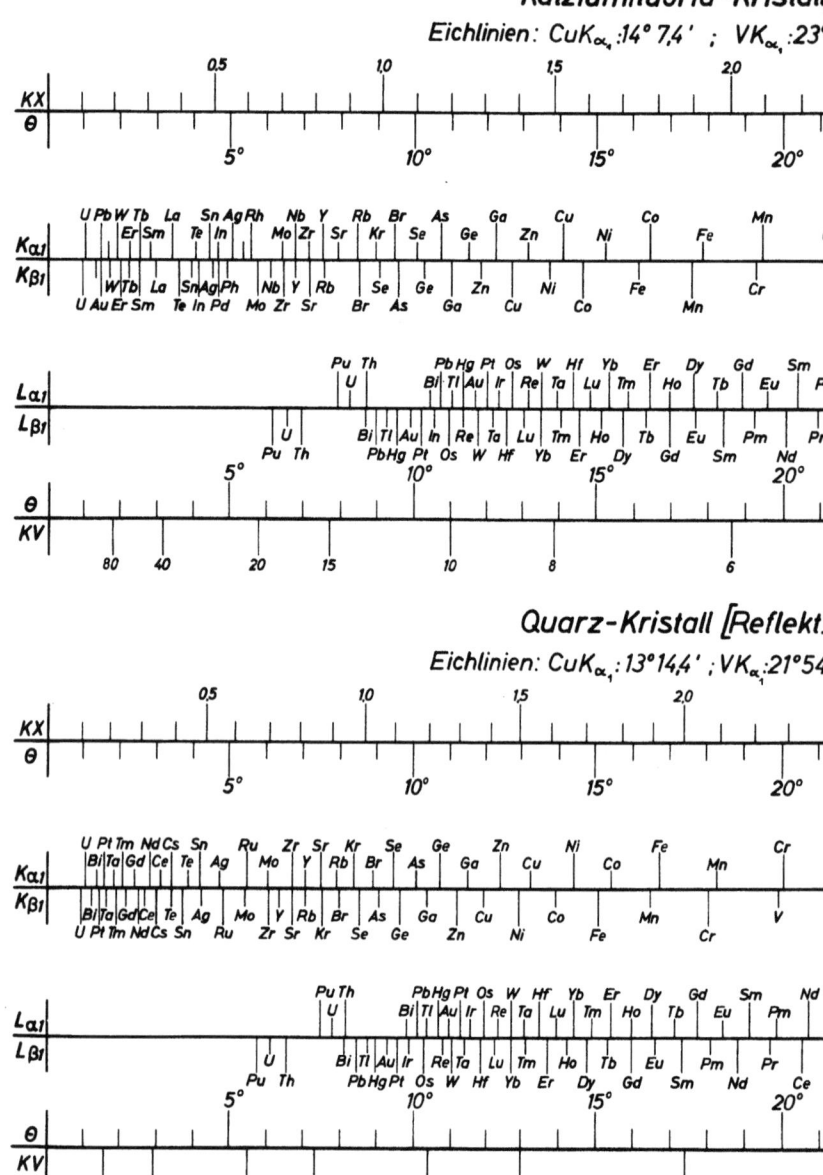

Sagel, Röntgen-Emissions- u. Absorptions-Analyse

Tafel III

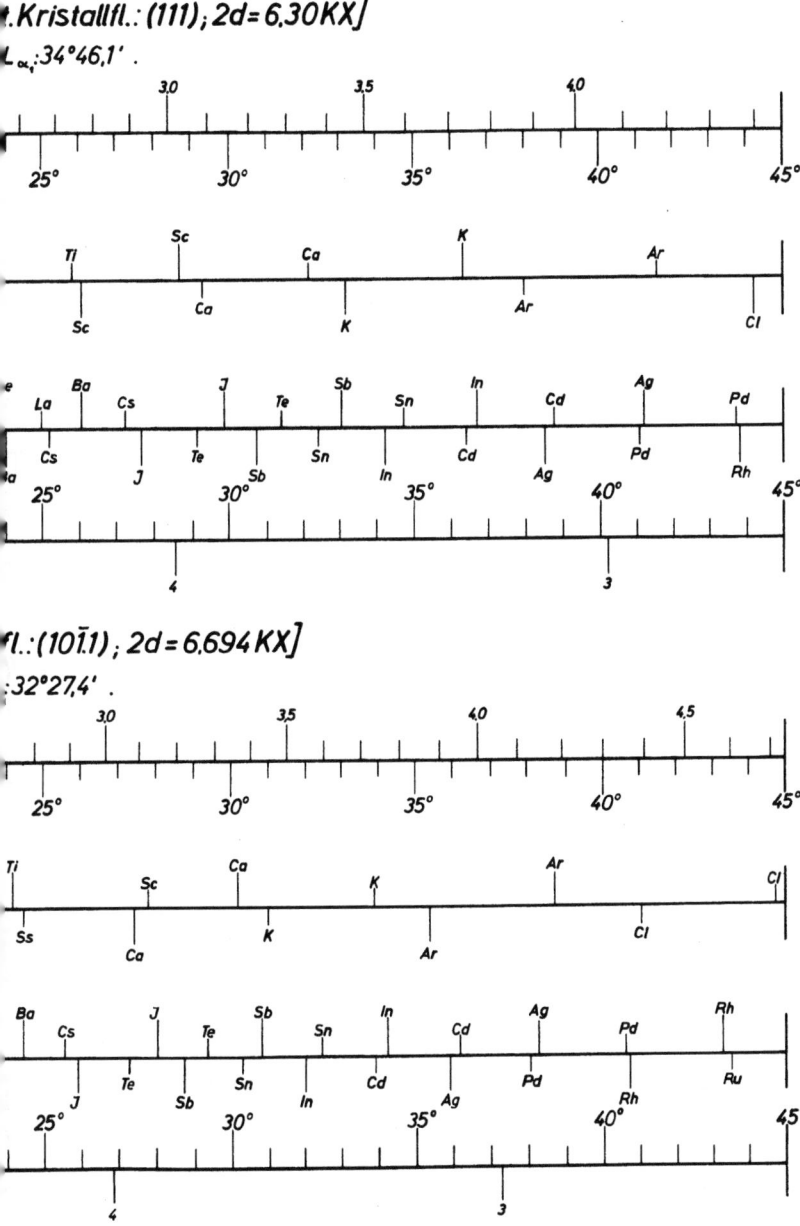

Quarz-Kristall [Refle
Eichlinien: Sn $K_{\alpha1}$: 3°18,2'; Mo $K_{\alpha1}$: 9°

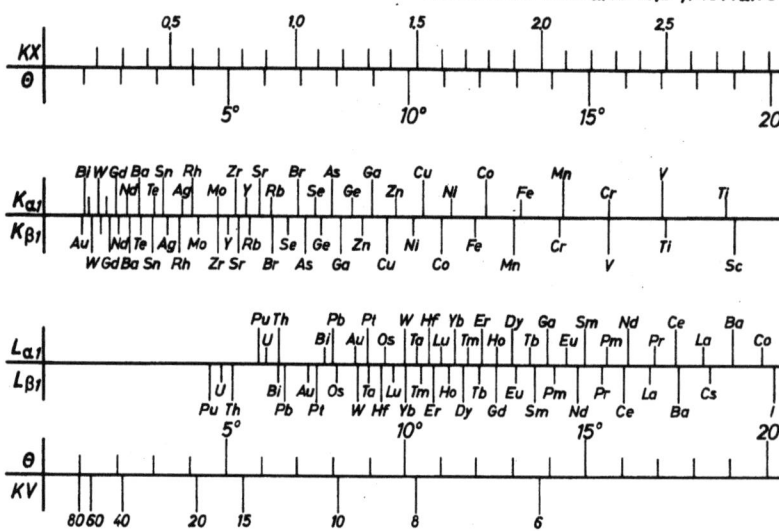

Pentaerythrit-Kristall
Eichlinien: Cu K_{α_1}: 10°5,1'; V K_α

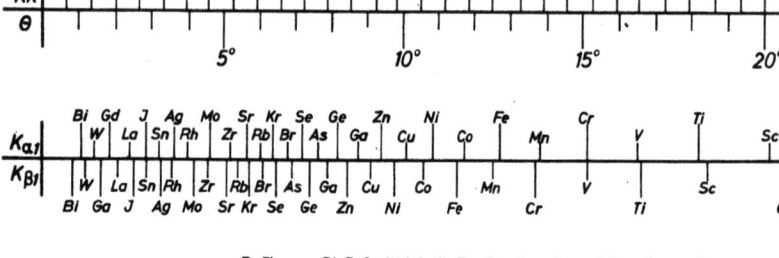

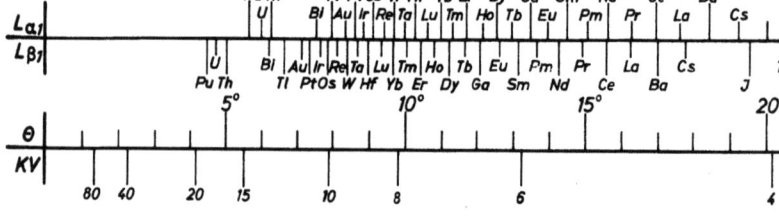

Sagel, Röntgen-Emissions- u. Absorptions-Analyse

Tafel IV

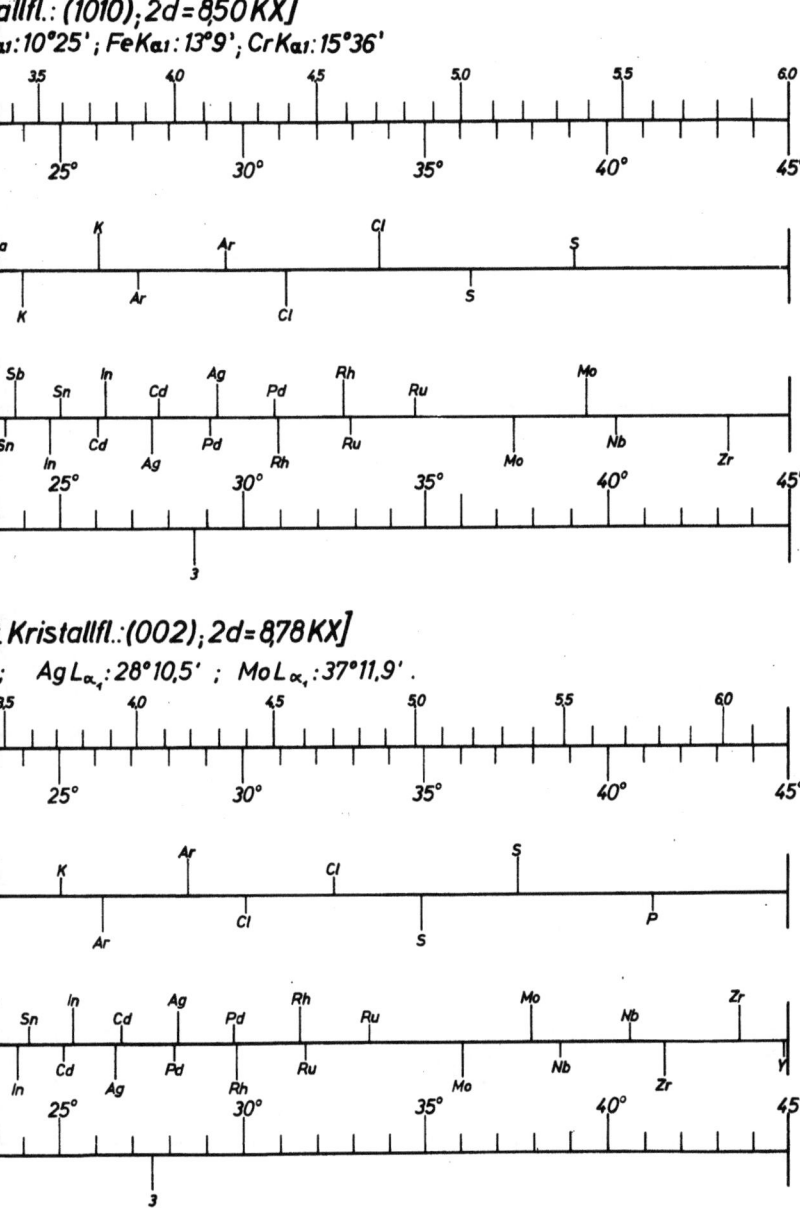

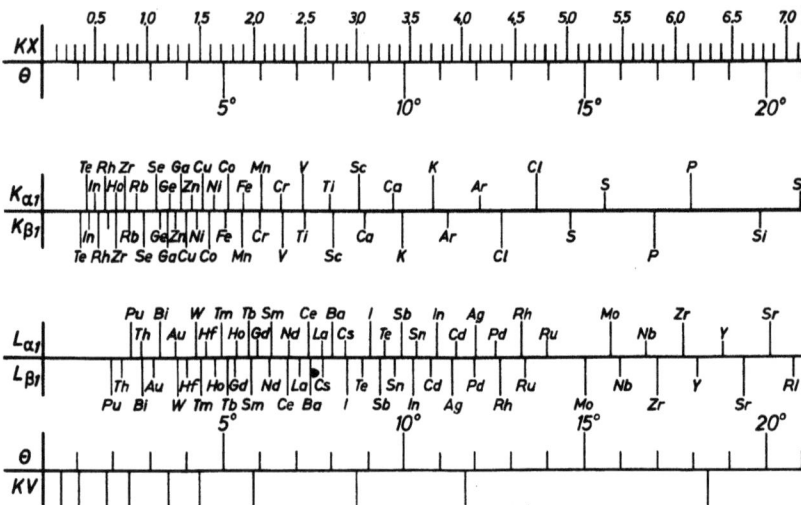

Tafel V

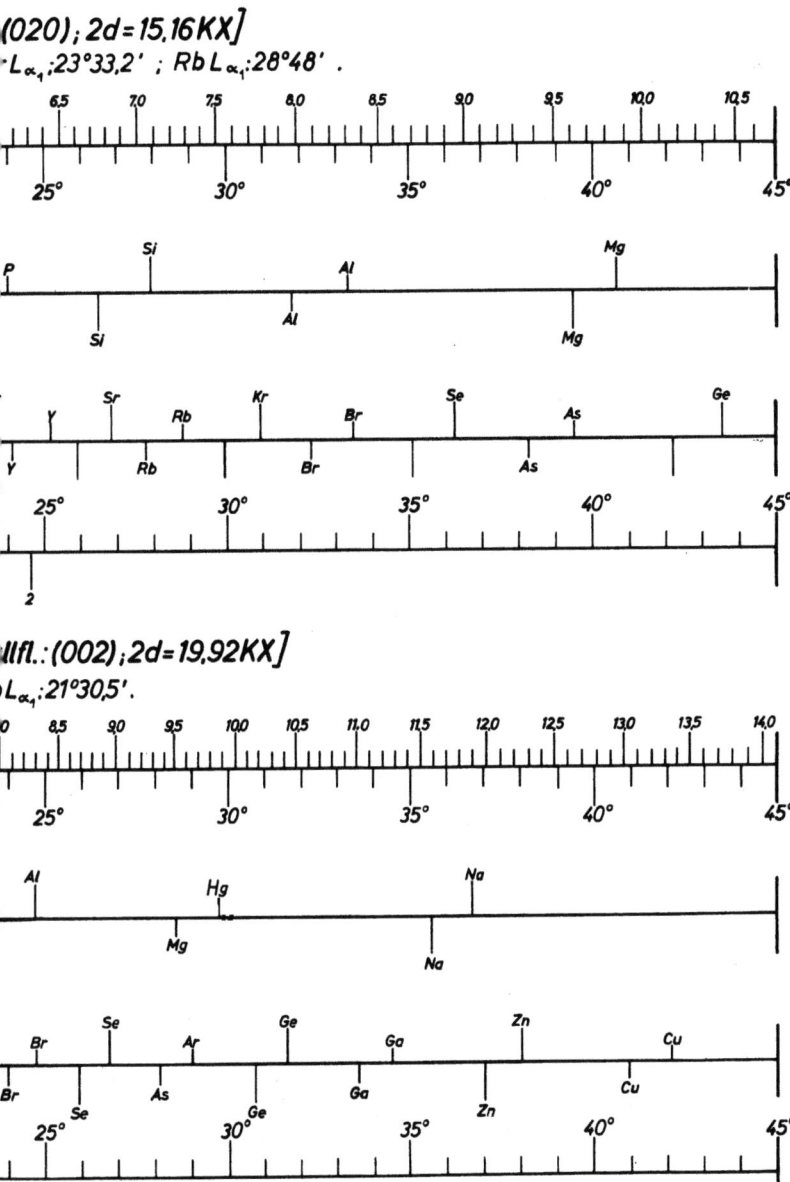

Zucker-Kristall [Reflekt. Kri...
Eichlinien: $Ag\,L_{\alpha_1}: 11°18{,}5'$; $Zr\,L_{\alpha_1}: 16°39{,}1$

Korund-Kristall [Reflekt. ...
Eichlinien: $Ag\,L_{\alpha_1}: 10°38{,}9'$; $Zr\,L_{\alpha_1}: 15°39{,}9$

Tafel VI

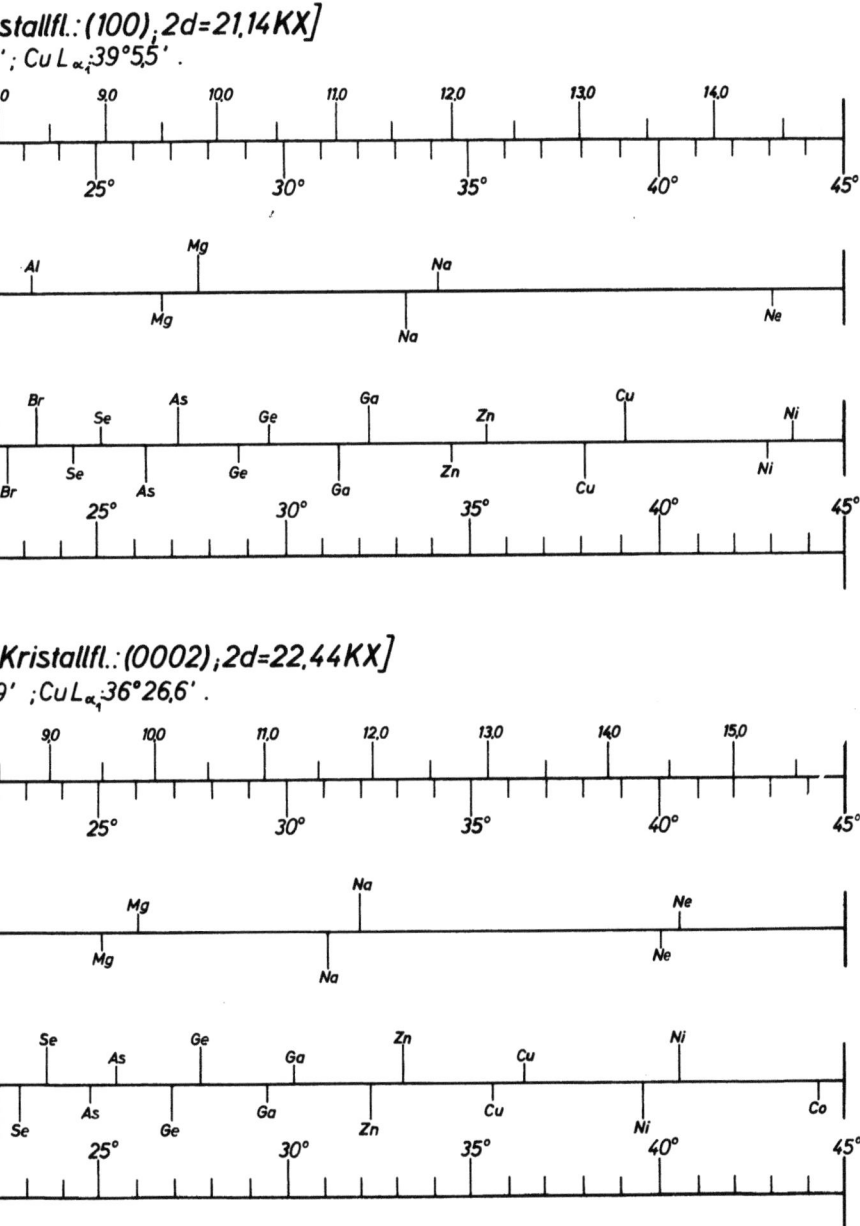

MIX
Papier aus verantwortungsvollen Quellen
Paper from responsible sources
FSC® C105338

If you have any concerns about our products,
you can contact us on
ProductSafety@springernature.com

In case Publisher is established outside the EU,
the EU authorized representative is:
**Springer Nature Customer Service Center GmbH
Europaplatz 3, 69115 Heidelberg, Germany**

Printed by Libri Plureos GmbH
in Hamburg, Germany